材料美学与造型艺术

（第二版）

Aesthetics and Formative Arts of Materials

(Second Edition)

江静华　陈建清　王家佳　马爱斌　宋　丹　等　编著

赵永好　陈伟刚　刘　欢　主审

科 学 出 版 社

北 京

内 容 简 介

本书从材料特性与科学美学及工业设计的关系出发，介绍常用造型材料（金属、陶瓷、玻璃、塑料、涂料、纤维、木材等）的组成、性能、选用及其加工与表饰工艺等基本知识，分析纳米材料等新型造型材料的应用开发前景，旨在引导学生对材料设计、开发与应用等所体现出的美学问题进行思考，树立“科学与艺术”融合的理念，通过跨学科的互动实现“科学艺术化，艺术科学化”。

本书可作为材料科学与工程专业以及其他涉及工程建设及产品开发的理工类各专业高年级本科生的教材，也可供从事相关工作的科研人员和工程技术人员参考。

图书在版编目（CIP）数据

材料美学与造型艺术 / 江静华等编著. -- 2版. 北京 : 科学出版社，2025. 3. -- ISBN 978-7-03-080868-4

Ⅰ. TB3-05；TB472

中国国家版本馆 CIP 数据核字第 2024CN5929 号

责任编辑：李涪汁 / 责任校对：郝璐璐

责任印制：张　伟 / 封面设计：许　瑞

科学出版社 出版

北京东黄城根北街 16 号

邮政编码：100717

http://www.sciencep.com

北京汇瑞嘉合文化发展有限公司印刷

科学出版社发行　各地新华书店经销

*

2018 年 3 月第　一　版　开本：787×1092　1/16

2025 年 3 月第　二　版　印张：16 3/4

2025 年 3 月第三次印刷　字数：395 000

定价：139.00 元

（如有印装质量问题，我社负责调换）

《材料美学与造型艺术（第二版）》
编写人员名单

江静华　陈建清　王家佳　马爱斌　宋　丹
薛　琳　谢秋媛　徐雪薇

第二版说明

高校美育教学作为“培根铸魂”的重要工作，在中华民族伟大复兴中有着重要的战略地位和以美育人的重要价值。2023年12月，教育部印发《关于全面实施学校美育浸润行动的通知》，强化美育育人功能。为充分挖掘材料学科的科学美育功能，我们编写了《材料美学与造型艺术》并于2018年出版。六年来，诸多高校的师生和社会同行对本教材给予了高度认同，并提出了不少宝贵意见和建议，由此也促成了本教材第二版的出版，以满足当前高校美育高质量发展之需。

这些年，在创新驱动引领下，以“三高一新”为特色的现代产业飞速发展，相应的新材料、新工艺大量涌现，而传统材料和生产技术也不断更新提高。为保持本教材的先进性、科学性、实用性与美育功能的有机融合，我们在第二版适当增补了部分内容，主要有以下三个方面：

（1）伴随不可再生资源的日益枯竭，木质材料以其特有的天然属性和优良的加工利用特性引起了更多的关注。第二版增加了“木质材料及其造型艺术”章节，意在倡导坚持绿色发展、促进和谐共生。

（2）第二版紧扣新材料发展方向及其对国家竞争力的提升作用，增加“复合材料及其造型艺术”章节，强化“合则兼美”的理念，挖掘阐发中国优秀传统文化的时代价值。

（3）除了增加的两章，第二版还对原有章节进行了若干修改，主要针对第一版表述不清或用词不当之处进行了修改。另外，第二版还对原有章节补充了一些内容。例如，“陶瓷材料及其造型艺术”这一章增加了高熵陶瓷这一当前研究热点的相关内容，“纳米材料及其应用发展”这一章更新了上一版至今的纳米工艺制品。

本书在内容上紧扣理论与实践教学并重之宗旨，以培养创新能力为目标，每章内容均实现了基础知识介绍和实践训练的有机结合，通过强化审美形态的感性形象体验以利于充分发挥其科学美育功能。

虽然我们在修订中做了不少努力，但疏漏和不当之处终归难免，敬请广大读者继续提出宝贵意见。

作　者

2024年8月

第一版前言

目前，各类高校都在深化素质教育的试点工作，美育对开发创造力、培养创造型人才具有重大作用和深远意义。材料是科技发展的基石与依托，借助人类文明发展过程中的丰富事例可充分展现科学与艺术融合的魅力。因此，作者依托河海大学校级重点学科“材料科学与工程”及相关平台建设，结合自身专业知识背景，开设了全校性人文素质公共选修课“材料美学与造型艺术”。该课程可引起理工科各专业间的共鸣，依托课程建设及互动式课堂教学，实施审美教育，培养创新能力，已取得了良好的实践效果。

本教材是在作者给全校本科生开设人文素质课“材料美学与造型艺术”讲义的基础上撰写而成。材料是构成人类文明社会的基础，只有发挥材料固有的美学特性，才能更好地展现工业时代的美与价值。本教材从材料造型与美学艺术及工业设计的关系出发，简要介绍工程建设及产品造型设计中常用材料（金属、陶瓷、玻璃、塑料、涂料等）的组成、性能、选用及其加工技术和表面装饰工艺等基本知识，初步分析了纳米材料等新型造型材料的应用开发前景。本教材旨在引导学生对材料设计、开发与应用等所体现出的美学问题进行思考，树立“科学与艺术”整合的理念，从美学的角度分析材料在人类发展史上的作用，并掌握常用工程（造型）材料的工艺与应用。

目前，虽然国内一些艺术设计类专业开设了产品造型设计材料及工艺类课程，但其编写的相关教材主要面向艺术设计类有关专业及从事产品造型设计的人员。本教材以科学发展观为指导，信守“以人为本、以创新能力培养为目标”的理念，符合理工科院校学生的特点。本教材的编写人员均具有深厚的材料学科知识背景以及丰富的教学经验，在编写过程中充分吸收材料学科国内外前沿研究成果，科学系统地归纳材料学科知识点的相互联系与发展规律。

本教材在内容上紧扣理论与实践教学并重之宗旨，以培养创新能力为目标；既有基础知识与前沿研究成果介绍，又有实践设计与综合分析。现代工程材料的开发和研究是一个长期的任务，这需要学生有广博的知识，以精深的学识和创作的灵感与独特的工业造型材料相碰撞，产生智慧的火花。为促进学生知识、能力、素质的协调发展，本教材按循序渐进、逐渐提高的原则，每章内容均实现了基础知识介绍和实践训练的有机结合。

我们坚信，本教材的编辑与出版，不仅可为理工类学生提供一本内容创新、富有应用特色的公共选修课教材，而且可为广大专业教师提升美学修养提供一份珍贵的参考文献，同时也必将对我国理工类高校深化素质教育产生积极影响。敬请广大读者提出宝贵意见。

作　者

2017 年 9 月

第一版前言

目　录

第1章 材料美学基础

材料是人类文明的基石。现代工业文明推动了审美活动的日常化，艺术活动已深入百姓的日常生活，从而赋予了造物以更多的精神内涵。材料作为各类产品设计与工艺过程中审美信息的转化和传递的载体，直接影响到人对产品功能的判断。在利用各种材料进行产品造型时，应关注材质的表现力，即材料的质感、色彩、硬度、可塑性以及人赋予它的情感和含义等审美特性，实现其精神属性与实用功能的和谐统一。现代产品造型，应充分利用新的加工工艺，挖掘材料固有的表现力，以深刻体现现代人在高科技时代对自然本质的追求，满足人们的实用诉求与心理需求。只有了解把握材料的特性，在实用功能与外在形式要求下合理选用材料，充分发挥每一种材料的优势，才能物尽其用，满足工程设计的各项需求。

1.1 材料与人类生活

人们的周围到处都是材料，具体地说，材料是人类用以制成生活和生产中的物品、器件、构件和其他产品的各种物质。材料和物质是两个紧密联系而又含义不同的概念。材料是物质，但不是所有的物质都可以成为材料。材料总是和一定的应用场合相联系的。同一种化学成分的物质，由于制备或成型过程的不同，将获得不同的显微组织和使役性能，从而成为用途迥异的不同类型材料。例如，石墨和金刚石的组成元素均为碳，在工程上却是不同的材料，皆因其微观结构不同而导致的性能差异（图 1.1），前者质

(a) 石墨原石　　(b) 金刚石原石　　(c) 钻石

图 1.1　同一种物质的不同形态

软，常用作润滑材料，后者硬度极高，常用作首饰品（钻石）和切削工具。迄今，人类发现的材料已逾千余万种，并且每年还有大量的新材料被发现和报道。材料的种类如此繁多，其性能千差万别，应用领域十分广阔，在人类的生存和发展过程中发挥了极其重要的作用。事实上，人类文明进化的时代就是以某种材料的使用来划分的。

1.1.1 材料是人类文明的里程碑

纵观人类利用材料的历史可知，每一种重要材料的发现和利用，都会把人类改造和利用自然的能力提高到一个新水平，从而使人类物质文明和精神文明向前推进一大步。

早在 100 万年以前，原始人类就开始使用某种适当形态的石头作为工具，如用棱角尖锐的石头作为狩猎武器（图 1.2（a））。这是人类最早利用石头的自然形态造型，来提升自身的生存实力，史称旧石器时代。当人类逐步摆脱对自然界的依赖，懂得了通过研磨、砍凿等手段对石头进行加工，使之成为简陋的工具和器皿（图 1.2（b）），标志着人类进入了新石器时代。

(a) 王府井遗址出土的旧石器

(b) 新石器

图 1.2　不同时期的石器造型特点

人类很早就开始使用黏土成型，再火烧固化后制成陶器。此前，人类对工具的造型都只是改变材料的形状，而并未改变材料的性质。原始社会的陶器造型不仅具有实用价值，而且具有一定的审美价值。制陶术的发明，意味着人类已能制造新的造型材料，标志着人类社会的一大进步。

原始人类在寻找石料的过程中认识了矿石，在烧制陶器的过程中还原出铜和锡，进而发展出了铜的冶炼技术。我国的青铜冶炼在夏代以前就已开始，商周时进入了青铜器的鼎盛时期，技术上达到了当时世界顶峰。湖北随县出土的战国曾侯乙编钟是我国古代文化艺术高度发达的见证（图 1.3），香港回归庆典上用其演奏的《交响曲 1997：天地人》轰动了海内外。5000 年前，人类已开始使用铁。由于铁矿丰富，分布较广，加工性能好，公元前 10 世纪铁制工具的应用较青铜工具更为普遍。公元前 8 世纪出现了用铁制造的犁、锄等农具，使人类生产力获得了巨大的发展。铁器这一时期，通过对材料性能、工艺和使用特性的研究积累，在材料使用上逐步实现了实用和审美的结合，功能和形式的统一。

图 1.3　湖北随县出土的战国曾侯乙编钟

到了 18 世纪，蒸汽机的发明使工业发展获得了强大而廉价的动力，材料在新品开发和规模生产等方面均发生了飞跃。此时，生产模式已由初期依赖手工业的单品生产，转向了以机器为手段的同类产品大批量生产，必须考虑材料实现批量生产、加工成型的可能性和方法。随后，不同类型的特殊钢种也相继出现，人类步入了钢铁时代，铝、镁、稀有金属等也相继问世，使金属材料在 20 世纪占据了结构材料的主导地位（图 1.4）。

(a) 高强耐候厚壁冷弯高频焊管用于东方明珠塔　　(b) 镀锌C型钢用于上海大剧院屋架桁架

图 1.4　大型户外金属结构

20 世纪初期出现了人工合成高分子材料，60 年代是高分子材料发展的鼎盛时期。自 50 年代以来，通过合成化工原料或特殊方法制备出了一系列先进陶瓷，其因具有轻质、耐高温等特点而深受关注。自 60 年代以来，半导体硅材料被广泛应用，促进了现代文明的加速发展，使人类社会进入了“信息时代”。金属、陶瓷、高分子和复合材料得到了广泛应用（图 1.5），其构成的各种功能材料发展非常迅速，已成为当前研究与发展的热点。新型材料的出现和应用，扩大了产品造型的自由度和可能性。

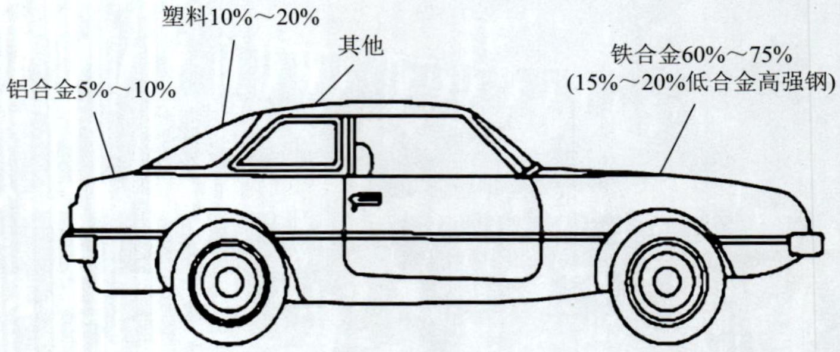

图 1.5　燃油汽车中各种材料的大致比例

回顾材料发展和应用简史，不难看出无论是手工产品还是工业产品的生产，都是利用材料制备（加工）技术去创造满足人类生活需要的产品，新材料的每次出现都会促进产品造型发生较大变化，甚至导致产品造型的观念性变革。材料早已成为人类赖以生存和生活的不可缺少的物质基础，是人类物质文明发展的支柱。随着科技进步和现代工业的发展，材料的品种、规格、档次均得到了显著提升，造型设计已成为材料通过技术手段满足社会需求的纽带。

1.1.2　材料的种类与基本性质

材料内容庞杂、种类繁多，可根据不同的需求和角度对其进行分类。

根据材料的来源和发展阶段，可将其分成天然材料、加工材料、合成材料、复合材料和智能材料。第一代的天然材料，是指未改变其在自然界中所保持的状态或仅施加轻微加工的材料，如棉、毛、木、竹、石材等。第二代的加工材料，是指天然材料经不同程度加工后得到的材料，如纸、金属、水泥、玻璃、陶瓷等。第三代的合成材料，是指将石油、天然气、煤等原料进行化学合成后得到的高分子材料，如塑料、合成橡胶、合成纤维等。第四代的复合材料，是指将金属、陶瓷、高分子等各种原材料复合而成的材料。第五代的智能材料，可随环境条件变化产生应变，是拥有潜在功能的高级形式的材料，如形状记忆合金。

任何物质均由无数微粒按一定方式聚集而成。若固态物质的组成质点（原子、离子或分子）在三维空间呈规则排列，就聚集成为晶体。组成质点之间产生的较强相互作用，称为结合键（图 1.6）。在生产、生活实践中，人们根据材料不同的特点将其区分成金属、陶瓷、高分子和复合材料四大类，不同材料的结合键及其性质各不相同。固体中的结合键可分成金属键、离子键和共价键三种化学键，以及分子键（范德瓦耳斯力）和氢键等物理键。金属材料是最重要的造型材料，按元素周期表可分成简单金属（内电子壳层全满或全空）和过渡金属（内电子壳层未全部填满），按组成可分为纯金属和合金，亦可分成黑色金属和有色金属两大类，其原子之间主要通过无饱和性和方向性的金属键结合，因此具有较好的导电性、导热性和延展性。陶瓷材料是一种（或多种）金属元素同一种非金属元素（通常为氧）形成的化合物，氧原子同金属原子化合时形成很强的离子键，同时存在一定成分的共价键，从而表现出耐热、抗压等特性。高分子材料，又称聚合物，是由许多分子质量特别大的大分子组成的（分子间以物理键结合），每个大分子由许多结构相同的单元通过很强的共价键连接而成，故其具有塑性好、耐蚀、绝缘和密度低等优良性能。复合材料是由两种或两种以上材料组成的，结合键比较复杂，可获得任何单一组成材料所无法达到的优异性能。

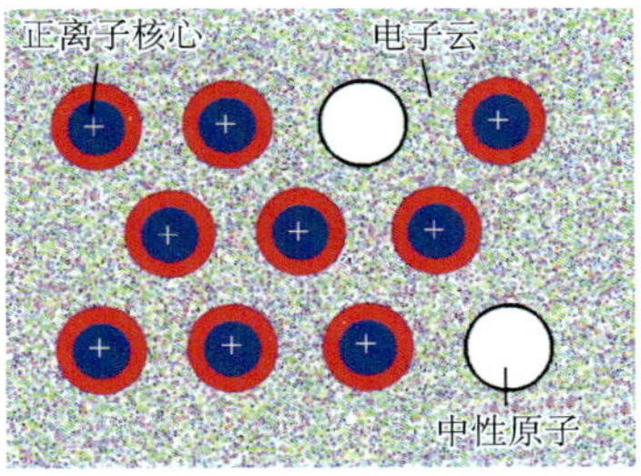

(a) 金属键

(b) 离子键

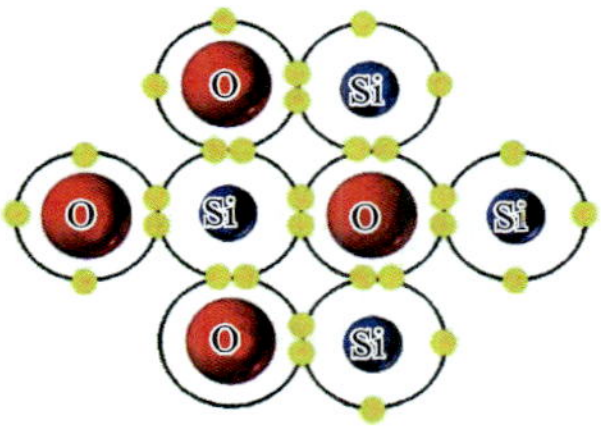

(c) 共价键

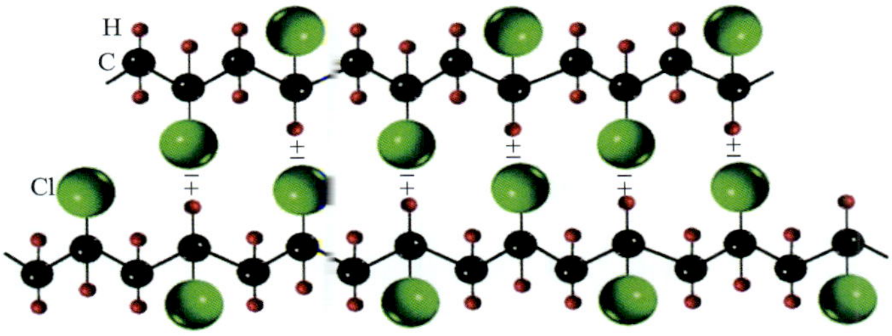

(d) 分子键

图 1.6　不同晶体的结合键示意图

产品造型所用的材料，为便于加工和使用，往往预先制成一定的形态（图 1.7），按形态通常可将其分成线状材料、板状材料、块状材料和特殊型材等。线材又包括丝材（钢丝、铜丝等）、管材（陶瓷管、塑料管等）、棒材（金属棒、塑料棒）等；板材有金属板、塑料板、玻璃板、复合板等；块材有金属块、石块、混凝土等；特殊型材有工字钢、C 型钢等。

(a) 铜棒材

(b) 复合木板

(c) 铝型材

图 1.7　不同结构形态的造型材料

此外，按材料的使用特性，可分为结构材料（如工具钢等）和功能材料（如磁性材料），前者强调利用材料的力学性能来满足工程结构上的需要，后者强调材料具有光、电、磁、热等特殊的物理性能；按材料的微观结构分类，可分为晶质材料、非晶质材料、晶质与非晶质混合材料；按材料的组合分类，可分为单一材料（如不锈钢等）与复合材料（如玻璃钢等）。

任何产品都是由特定材料加工而成的，其使用功能得以保证在很大程度上取决于材料的固有特性。材料在正常使用时，总要承受一定的外力、自重和周围介质的作用，以及各种物理作用。因此，要求其具有抵抗上述各种作用的能力，以使产品具有正常的使用功能。材料本身具有极为复杂的特性，在进行产品造型设计时，必须了解和掌握材料的特性，有效地使用物质和技术条件，才能将材料的性能发挥到极致。

产品造型所用的各类材料，均包含固有特性和派生特性这两方面的属性（图 1.8）。前者是指材料的物理、化学和力学性能，如热性能、光学性能、耐腐蚀性能、耐磨损性能等；后者是由前者派生出来的，即材料的加工特性、感觉特性、经济特性等。这些特性的综合效果在某种程度上决定了产品造型的成功与否。

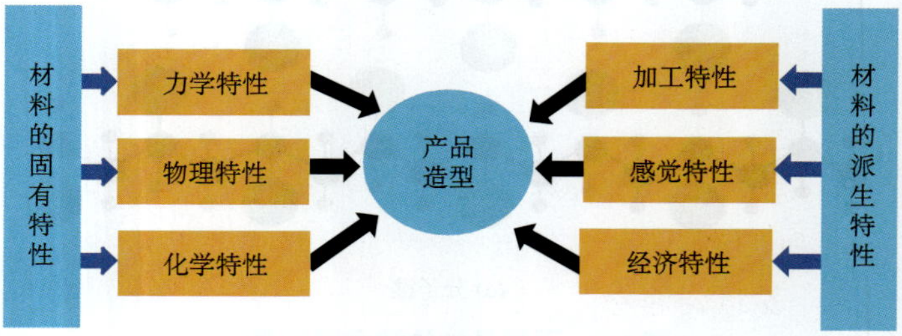

图 1.8 材料特性与产品造型的匹配关系

材料的固有特性是其内部结构的外在表现，受外界条件（使用环境）的限制和制约。材料的力学性能包括材料的强度、弹性、塑性、脆性、韧性、硬度、耐磨性等。材料在外力作用下发生变形，去除外力后仍能恢复原状的变形称为弹性变形，去除外力后不可恢复的变形为塑性变形。强度是材料抵抗外力产生明显塑性变形和破坏作用的能力表征，是设计结构和零件时选用材料的主要依据。塑性指材料在外力作用下产生永久性变形而不被破坏的能力。韧性是指材料抵抗冲击载荷破坏的能力。硬度是材料表面抵抗塑性变形或破裂的能力。金属材料具有较高的强度和韧性组合，故至今仍被视为最重要的工程材料。材料的物理性能包括密度、熔点、导热系数、热膨胀系数、电导率、电阻率、磁导率、磁感应强度、矫顽力、透射率等。熔点高的材料耐热性好，晶体具有固定的熔点（如金属），非晶体没有固定的熔点（如玻璃等）。导热系数小于 0.2W/（m·K）的材料为热绝缘材料（如高分子材料），导热系数很大的是热的良导体（如金属材料）。热膨胀系数以高分子材料为最大，金属次之，陶瓷最小。电导率高的材料导电性好，电阻越大则绝缘性越好（如陶瓷）。材料的透射率高则透明度就高（如透明塑料，图 1.9（a）），反射率很高即为高光材料（如不锈钢，图 1.9（b））。材料的化学性能，是指材料在常温或高温时抵抗各种介质或电化学侵蚀的能力，主要包括材料的耐腐蚀性、抗氧化性和耐候性。如陶瓷、玻璃的耐候性好，塑料的耐候性差。

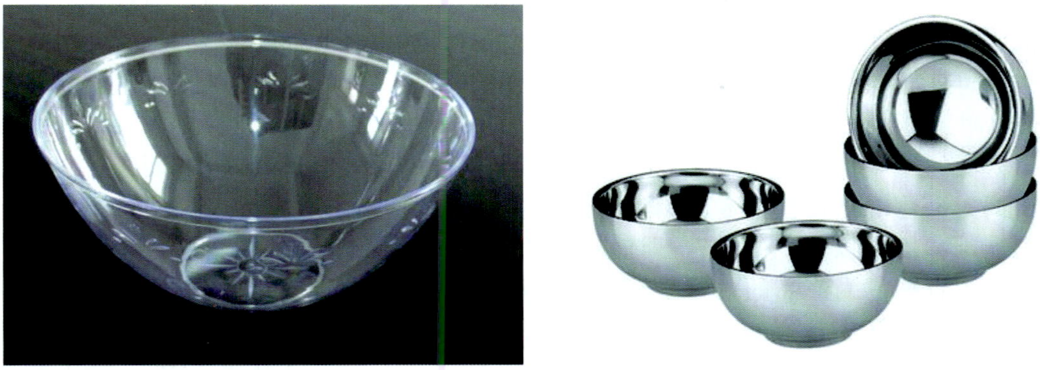

(a) 透明塑料　　(b) 不锈钢

图 1.9　光学性质差异明显的材料

1.1.3　材料在产品造型中的应用

材料通过恰当地加工成型才能成为产品，是否易于加工成型是选材时的重要考虑因素。不同的材料有不同的加工成型方法。钢铁材料具有良好的成型性，可通过铸造、锻压、焊接、切削等方法制造出机械装备和日常用品。木材具有淳朴自然的表面纹理以及易锯、易刨、易打孔、易组合等特性，至今仍是一种优良的造型材料。塑料原料易得，性能优良，可塑性很强，能塑造出几何形状非常复杂的产品，且表面装饰效果和质感丰富（图 1.10），是当今不可缺少的造型材料。

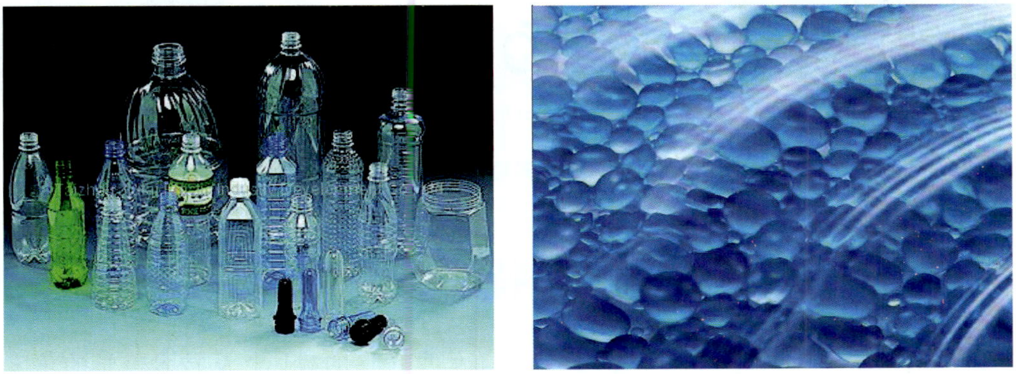

图 1.10　表现力丰富的塑料

根据材料的性质和产品使用环境，正确选择表面处理工艺是提高产品外观质量的重要途径。表面处理不只是改变了材料的表面状态，还能起到防腐蚀、耐磨损等作用。材料表面处理的方法很多，如金属镀层、表面转化膜、着色、热喷涂、涂料涂装等，具体选择表面处理工艺时应考虑绿色环保、综合利用等特性。

工业产品造型风格的形成，既与材料、结构有关，又与加工工艺密切相关。只有熟悉所选材料的性能和各种工艺方法的特点，掌握材料成型的影响因素，反复实践才能较好地完成产品造型。造型材料包含天然原料及其通过物理、化学方法加工制成的金属、无机非金属（陶瓷、玻璃）、有机高分子和复合材料等固体物质。它们一方面可作为产品造型的原材料或半成品（如金属、天然石材等），另一方面也可作为单级工艺过程中的最终产品（如玻璃和陶瓷制品）。

优良的造型产品，应具有物质和精神的双重属性，且服从于实用这一首要原则。例如，传统照相机大多以黑色为外壳表面，显示其不透光性，同时提醒人们注意避光，并给人以专业的精密严谨感；现代数码相机，则以银色、灰色以及更多鲜明的色彩系列作为产品的色彩呈现。金刚石是一种天然存在的刚性物质，用不同的高能粒子束对其进行轰击，不仅可改变其外形，还可使之呈现出红色、黄色、淡蓝色、绿色等不同色泽，达到一定的审美要求（图 1.11）。“玉不琢不成器”，恰当地琢磨，可显著改善金刚石对光的折射和反射能力，使其反射出美丽耀眼的光芒（亦称火彩），成为极受欢迎的宝石。每种材料都有其固有的自然属性和审美特性（感觉特性），审美特性是人对材料刺激的主观心理感受。材料美学，不能机械地视为材料本身固定不变的审美价值，而是人在应用和加工材料过程中的变化的、流动的审美价值。材料美学就是一门研究材料的审美特性和创美规律及材料的加工方法和使用方法的学科。了解材料的审美特性，可增加产品造型设计的可行性和创造性，使艺术与技术更好地结合。

(a) 金刚石原料　　(b) 粗加工　　(c) 精加工

图 1.11　金刚石原料及其粗加工、精加工后的形质

1.2　材料的审美特性及其制约因素

材料是产品设计与造型中功能实现、审美信息传递的载体。从技术美学的角度来看，好的产品设计不仅可满足用户的使用要求，还能获得情感上的广泛认同。在产品设计时对材料审美特性的认识非常重要，合理运用和设计材料的审美特性，可以赋予造型产品新的特色。使用不同的造型材料，会带给人冷暖、喜憎等不同的心理感受，形成不同的材质感。材质感是基于材料的色彩、光泽、表面纹理、结构等视觉、触觉特性所产生的综合印象，其感觉特性与材料的结构特征密切相关。这种感觉有自然质感和人为质

感，后者借助适当的工艺而获得，如金属和塑料经过同样的表面处理可产生完全一致的视觉质感，可见工艺的发展为产品选材、造型带来了多样性。

形态、色泽、质地是构成材料美学特性的三大要素。形态之美，是由材料的外部结构所激发的美感；色泽之美，是由材料的颜色、光泽、透明性等激发的美感；质地之美，由材料的表面纹理、内在质地等激发的美感。如图 1.12 所示，亚光塑料给人以和谐朴实之感，金属制品给人以现代科技感，稻草编织品呈现出温馨之美，白色陶瓷体现出洁净之美。

经由材料形、色、质三方面的相互交融，提升到意境层面，最终得以体现出隐藏在产品形态表象后面的情感价值。

(a) 亚光塑料　(b) 不锈钢　(c) 稻草编织品　(d) 白瓷

图 1.12　不同材质的视觉质感

1.2.1　材料的结构特性

实际上，材料结构的含义是比较丰富的，从科学研究的角度来看，材料结构从宏观到微观，按研究的尺度大致可分为四个层次，即宏观（组织）结构、显微（组织）结构、原子（分子）排列结构、原子中的电子结构及原子间的相互作用（结合键）。不同的结构层次，大体按照观察工具（设备）的分辨率来划分。

从纳米尺度上来分析，一切物质均是由无数微粒按一定方式聚集而成的。原子是化学变化中的最小微粒，它具有复杂的结构。近代科学实验证实，原子是由质子和中子组成的原子核，以及核外的电子所构成的。原子的电子结构是指原子中电子的分布规律，其尺度约为 10^{-4}nm，电子结构决定了原子键合的本身。掌握原子的电子结构，有助于从根本上了解材料的物理、化学和力学特性。

高分辨电子显微镜能直接观察固体物质中原子的排列情况（图 1.13），其晶格分辨率达到 0.14nm。高分辨电子显微镜所能分辨的结构范围，称为微观结构，又称原子级结构。材料微观结构的组成单元主要是原子、分子、离子或原子团等质点。这些质点在三维空间呈有规则的周期性排列，即为晶体结构。固态材料一般都属晶体，天然晶体往往具有规则的外形和某种宏观对称性（图 1.14）。为便于进行微观结构的分析，可将晶体中的组成质点抽象为规则排列于空间的几何点，这种点状的空间排列称为“空间点阵”（图 1.15（a））。为便于观察阵点排列的规律性（周期性和对称性），可用假想的线条将各阵点连接起来，便得到一个描述原子在晶体中排列的三维几何格架（图 1.15（b））。自然界中可能存在的晶体结构是无限多的，布拉维首先用数学方法确定，各种晶体结构总能按其质点排列的周期性和对称性归属于 14 种空间点阵（表 1.1）。为说明晶体点阵排列的规律和特点，在点阵中取出一个具有代表性的基本单元作为点阵的组成单元，称为“晶胞”（图 1.15（c））。根据其晶胞外形（即棱长和晶轴夹角）对晶体进行归类，所有晶体可归为七种晶系。晶体材料的微观结构，反映了结晶物质的单个晶胞、晶格特征等质点的聚集状态、排列形式，该结构可用 X 射线衍射的方法进行分析。

图 1.13 硅晶体中的原子排列情况

(a) 鸡冠石

(b) 毒砂

(c)砷铅矿

图 1.14 天然矿石晶体形貌

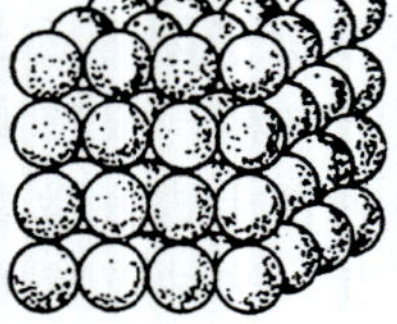

(a) 晶体

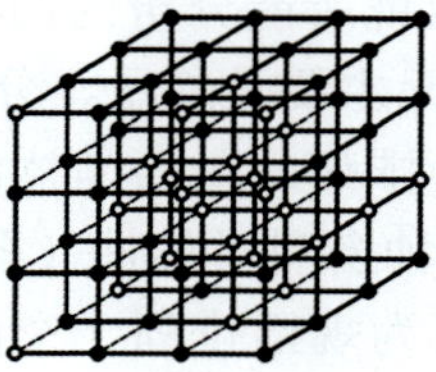

(b) 晶格

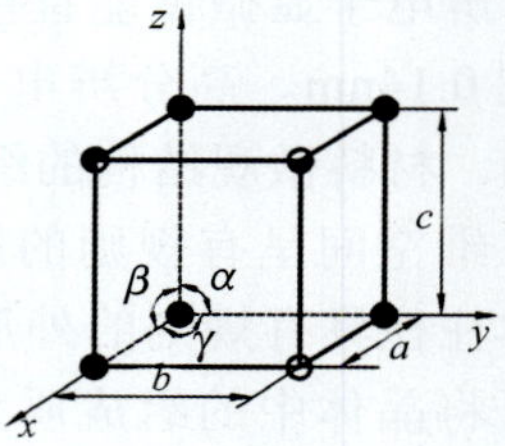

(c) 晶胞

图 1.15 晶体及其晶格、晶胞示意图

表 1.1　晶系与布拉维点阵

布拉维点阵	晶系	棱边长度及夹角关系	晶胞示意图
简单三斜	三斜	$a \neq b \neq c, \alpha \neq \beta \neq \gamma \neq 90°$	
简单单斜 底心单斜	单斜	$a \neq b \neq c, \alpha = \beta = 90° \neq \gamma$	
简单正交 底心正交 体心正交 面心正交	正交	$a \neq b \neq c, \alpha = \beta = \gamma = 90°$	
简单六方	六方	$a_1 = a_2 = a_3 \neq c, \alpha = \beta = 90°,\ \gamma = 120°$	
简单菱方	菱方	$a = b = c, \alpha = \beta = \gamma \neq 90°$	
简单四方 体心四方	四方	$a = b \neq c, \alpha = \beta = \gamma = 90°$	
简单立方 体心立方 面心立方	立方	$a = b = c, \alpha = \beta = \gamma = 90°$	

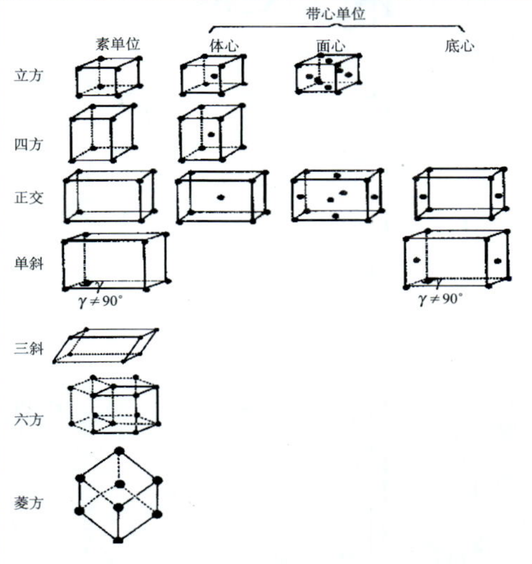

材料的显微（组织）结构，是指借助光学显微镜和普通电子显微镜所观察到的材料内部不同颗粒的集合状态，其尺度为 $10^{-7} \sim 10^{-4}$m（微米量级）。单一化学成分组成的固体物质（如纯铁），以晶体形式存在时大抵为多晶体，其由大小不同、晶体结构相同的颗粒（晶粒）聚集而成。材料中具有同一聚集状态，相同晶体结构，成分和性能均一，并以界面相互分开的组成部分，称为相。如纯铁，在不同的温度下具有不同的微观结构，称为同素异构现象（或多型性转变）。在一定的温度下，纯物质为单相体，而由多种成分组成的物质可能含有几种组成相，为多相体。材料的显微（组织）结构，有时还被细分为亚微观结构（又称细观结构）和显微结构两种。亚微观结构是指普通电子显微镜下能予以分辨的结构范围（尺度：0.2 ～ 0.01μm），其组成单元为微晶粒、胶粒等，所指为单个粒子的形状、大小和分布。材料的显微结构是指在光学显微镜下能加以分辨的结构范围（尺度：100 ～ 0.2μm），结构组成单元是该尺度范围内的各种相。显微结构，又称显微形貌，指的就是材料中所含相的种类、数量、颗粒形貌及其分布。纯铁等单相体常由块状等轴晶粒聚集而成，多相体中各相颗粒可呈块状、粒状、针状、片状等形态分布（图 1.16），材料性能主要取决于各组成相及其微观形貌。

材料的宏观（组织）结构，是指用肉眼或低倍放大镜可分辨的结构范围（尺度：＞ 100μm），其基本组成单位是粗大的晶粒或相。材料的宏观结构，从存在形式来看，可视为致密块体、孔结构、板结构等不同形式且错综复杂的组合或复合。宏观（组织）结构包括材料中的裂纹、不同组成材料的分布等，如颗粒增强复合材料中的颗粒分布、岩石的层理与斑纹等。材料的宏观结构同样是影响材料性质的重要因素，如玻璃和泡沫玻璃的性质和用途有着很大不同。

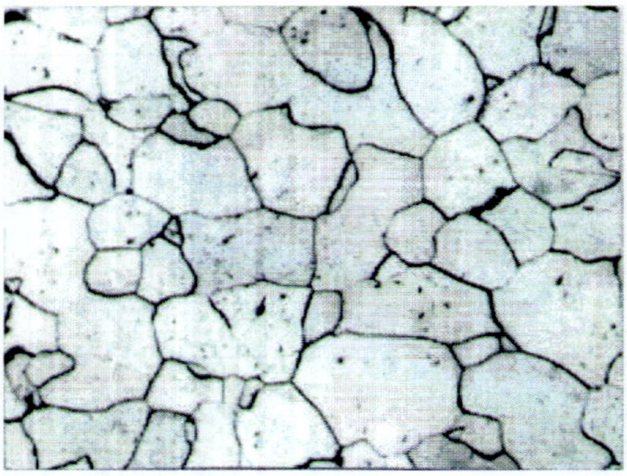

(a) 纯铁

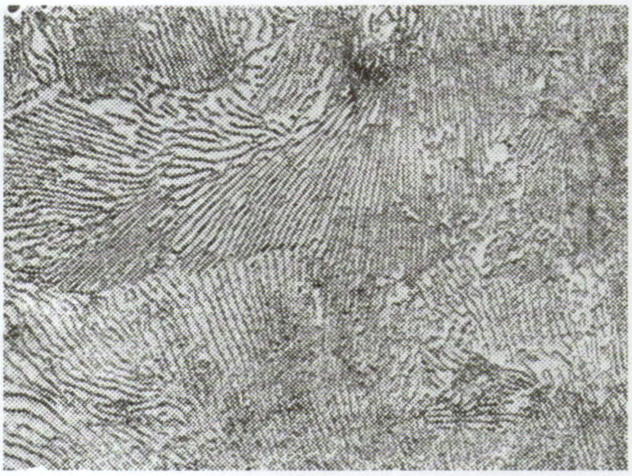

(b) 片状珠光体

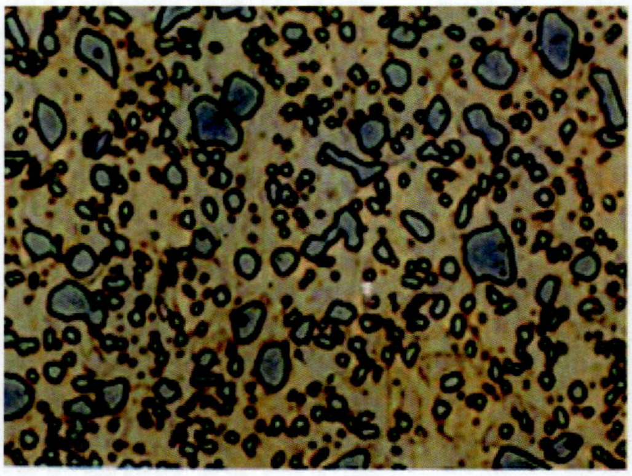

(c) 粒状珠光体

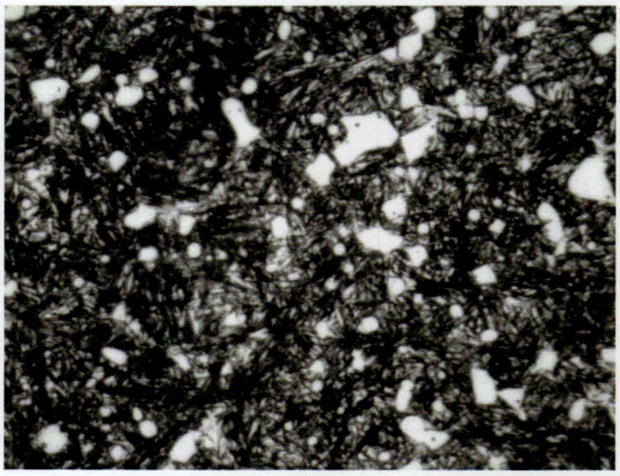

(d) 高速钢

图 1.16　铁碳合金的退火组织金相图片

长期以来，人们对结构层次的理解和划分并不一致。有时，干脆仅区分成宏观结构和显微结构两个层次，而将微观结构和亚微观结构（细观结构）包含在显微结构中。对称性是晶体材料的基本结构特性，晶体外形的宏观对称性是其内部晶体结构微观对称性的表现。如图 1.14 所示，毒砂（FeAsS）为单斜或三斜晶系，晶体常呈柱状，集合体呈粒状或致密块状；砷铅矿属六方晶系，典型晶体呈六方柱状，也呈板状、双锥状、针状，柱面上有纵纹，锥面上有横纹，集合体呈葡萄状或粒状。

金属、陶瓷、玻璃、塑料等各种材料，由于其具体成分和制备条件的不同，可形成不同的结构和组织形貌，从而表现出不同的性能特点，最终会使人产生不同的视觉、触觉质感，即感觉特性。如大多数的金属导热性好、强度高，作为门窗护栏使用，会令人产生踏实感和安全感。材料的外部结构和内在结构（图 1.17），都具有极其丰富的形态，这也是导致不同材料的性能差异很大的原因。

可以说，材料的组成和结构取决于其制备和使用条件，而其组成和结构又直接决定了材料的性能和用途。材料的组成（结构）、制备（工艺流程）、性能和效能（服役能力）这四个要素是材料科学的核心所在（图 1.18），它们相互作用构成了一个系统。要实现材料的优化设计，就必须探明四者的相互关系，从而将经验性工艺纳入科学研究的轨道。在产品造型时，可通过对材料内在结构和外部结构的改变，最终达到其所预期的实用和审美目标。

(a) 宏观外形

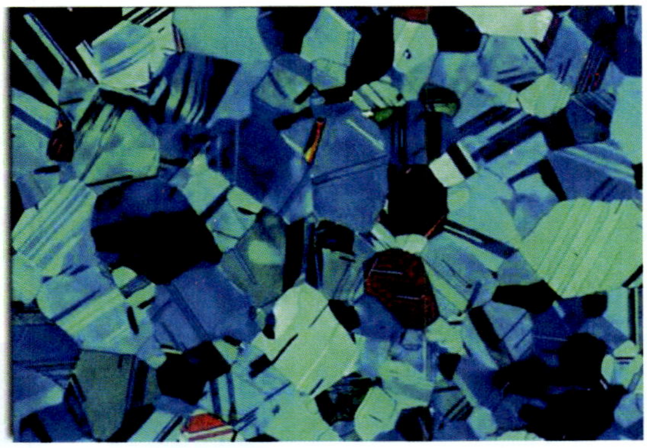

(b) 微观形貌

图 1.17　五角硬币

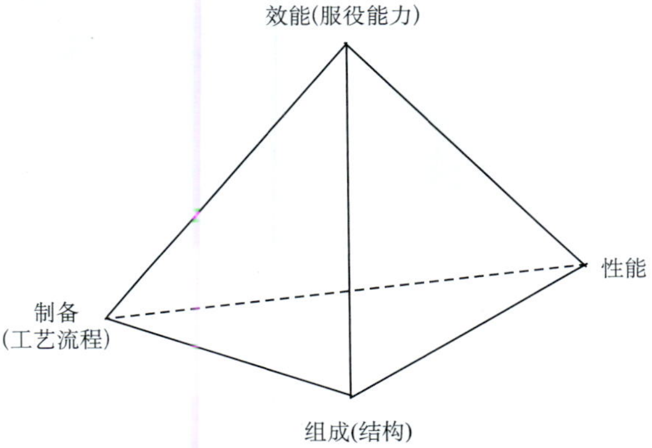

图 1.18　材料科学四要素及其关系示意图

材料的外部结构（空间形态）是产品造型的基本要素。材料自身状态的变化和建构方式的不同，可激发人类产生奇妙的形态美感。空间中，材料的形态可大致归纳为粒体、线体、面体、块体这四种最基本的形态。由相对集中的粒体构成的立体空间形态，往往给人以活泼、轻快和运动的感觉特性。在造型设计中，粒体是具有一定形状和微小体积的构成要素，可充当产品造型的中心或视觉兴趣中心，以有效激发人们的视觉情绪。空间构成中，粒体的大小不宜超过一定的相对限度，否则就会失去“中心吸力”而变成块体感觉。通常，粒体需要与线体、面体、块体等配合，才能构成支撑、附着或悬吊（图 1.19）。线体比粒体的表现力更强，无论曲、直、粗、细，都给人轻快的动感，在形态塑造上更具指引性和情感性。充分调动线的形态，可创造出各种不同意趣的空间形象（图 1.20），如细的直线体显得敏捷、秀丽、脆弱等，略粗的直线体构成显得沉着有力，弧形曲线富有自由优雅的女性美。面体可限定空间，创造出各种意境、形式、功能的空间形态（图 1.21）。面体给人一种向周围扩散的张力感，这种感觉由其所具有的厚薄与幅面的特征所决定。若厚度太大，面体就会失去明快的张力感而显得笨重。块体为三维实体，它不像线体和面体那样轻巧、明快和富有动感，却让人感到稳重、结实、有分量（图 1.22）。事实上，材质的形态是无限多的，粒体、线体、面体、块体的概念是相对的，它们常常被结合运用，不同的组合形态能带给人多样的感受。河海大学常州新校区从空中俯视，核心区呈现一个巨大的 " 河 " 字，图书馆设计带有弧线，有水波潋滟、波浪的感觉，顶上的图案正是河海大学校徽，学生活动中心、音乐厅、剧场则是“河”字的三点水（图 1.23、图 1.24）。

图 1.19　以粒体为中心构成元素的设计

河海大学西康路校区旧校门

图 1.20　以弧线为主要构成元素的结构设计

河海大学图书馆内的旋转楼梯

图 1.21　空间设计中面的应用

河海大学江宁校区体育馆

图 1.22　块体在空间中的应用

河海大学西康路校区张闻天像

图 1.23　河海大学常州校区图书馆俯视图

图 1.24　河海大学常州校区学生活动中心、音乐厅、剧场

1.2.2　材料的感觉特性

材料的感觉特性是建立在人类生理基础之上的一种心理感受。它是人的感觉系统因生理刺激对材料作出的判断或由人的知觉系统触碰材料表面得出的感觉判断经大脑复杂计算分析后得出的结果，是人类的感觉器官对材料的综合印象。感觉特性由材料的触觉质感和视觉质感所构成，技术美学就是一种运用了工程技术将人的感性与材料的本真、物品的设计特点进行联系，实现造型的方法。如，木质家具可以给人带来亲切、古典美感（图 1.25），就是因为合适的艺术加工处理，将人们潜在的感性需求转化成了细部设计的形态要素，实现了木材的感觉特性与独特造型的结合，给人带来了别样的感官享受。

图 1.25　木质家具的古典感

一般地说，材料的感觉特性是相对于人的触感而言的。由于人类长期触觉经验的积淀，大部分触觉感受已转化为视觉的间接感受，从而形成材料的视觉质感。材料的基本感觉特性，一般可归纳为：粗犷与细腻、粗糙与光滑、温暖与寒冷、华丽与朴素、浑重与单薄、沉重与轻巧、坚硬与柔软、干涩与滑润、粗俗与典雅、透明与不透明等。

1. 材料的触觉特性

人们通过触摸材料而感知材料的表面特性和体验材料的主要感受，即为其触觉特性。根据材料表面特性对人的触觉的刺激性，可将其区分为：①快适触感，如：对蚕丝质的绸缎、高级皮革、精加工的金属表面、精美陶瓷釉面等（图 1.26），人易于接受，喜欢接触，从而产生细腻、柔软、光洁、湿润、凉爽等感受。②厌憎触感，如：对锈蚀的金属器件、未干的油漆、粗糙的砖墙、泥泞的路面等，人会产生涩、粗、黏、脏等不快心理，造成反感甚至厌恶。

(a) 丝织品　　(b) 皮革制品　　(c) 瓷盘

图 1.26　令人快适的表面质感

触觉质感与材料表面组织构造（质地和肌理）的表现方式密切相关。肌理是天然材料自身的组织结构或人工材料的人为组织设计而形成的一种表面材质效果。不同的肌理会产生不同的心理反应。任何材料表面都有其特定的肌理，并由此显示出材料各自的结构特点（图 1.27），有的肌理粗犷、坚实、厚重、刚劲，有的肌理细腻、轻盈、柔和、通透。即使是同一类型的材料，其不同品种也有微妙的肌理变化。如，不同树种的木材具有细肌、粗肌、波纹木理、螺旋木理、交替木理和不规则木理等千变万化的肌理特征。触摸木材、石料、金属、玻璃等不同材料，会对材料质地产生粗细程度不同的感觉，可谓异质异感。质地粗糙的材料给人以朴实、自然、亲切、温暖的感觉，质地细腻的材料给人以高贵、冷酷、华丽、活泼的感觉。同类表面状态的材料，由于材质的不同，给人的感受也不尽相同，此为同表异感。表面粗糙的材料，如皮毛和毛石，前者触感柔软、富有人情味，后者坚硬、厚重。表面光滑细腻的材料，如丝绸和玻璃，也存在软硬、轻重等感觉差异。

(a) 树叶

(b) 丝绸布料

(c) 大理石

图 1.27 不同材料的肌理特性

造型设计中，运用各种材料的触觉质感，通过不同肌理、质地材料的组合，丰富产品的造型风格，可以给使用者更多的美学感受。

2. 材料的视觉特性

当视觉器官（人眼）受到刺激后会产生一系列的生理及心理反应，进而产生不同的情感意识，即为视觉质感。视觉质感是靠视觉来感知材料表面特性的，是材料被视觉感受后经大脑综合处理产生的一种对材料表面特性的感觉和印象。

材料视觉质感的影响因素主要为其表面特性和外部光源。人类对材料的视觉感受依赖于光线，光不仅使材料呈现出各种颜色，还会使材料产生视觉上的凹凸变化和不同的光亮感。材料对视觉器官的刺激因其表面特性（色彩、光泽、肌理等）的不同而产生视觉感受的差异，从而形成材料的精细感、粗犷感、均匀感、工整感、光洁感、透明感、素雅感、华丽感和自然感。

材料是色彩的载体，色彩有衬托材料质感的作用。如：金黄色的铜质饰件具有华贵、富丽的质感，对人的视觉具有强烈的吸引力，与暗色调的木材相互映衬，则更能呈现出动人的效果（图 1.28）。在产品设计中，运用色彩规律将材料色彩进行组合和协调，则会产生亮度对比和色度对比，面积效应和冷暖效应等现象，突出材料的色彩表现力。

(a) 花梨木素面镶铜首饰盒　　(b) 北京奥运奖牌

图 1.28　不同材质组合的视觉效果

不同材料受光后的视觉质感各不相同。透明材料（如玻璃），受光后呈透明体，常通过反映身后的景物来削弱自身的特性，给人以轻盈、明快、开阔的感觉。高反光材料（如抛光大理石面、塑料光洁面、釉面砖等）的表面光滑、不透明，受光后明暗对比强烈，因它们反射周围景物，自身的材料特性一般较难全面反映，给人以生动、活泼的感觉。漫反射材料（如毛石、原木、水泥、毛皮等），通常不透明，表面粗糙，无光或亚光，这类材料以反映自身材料特性为主，给人以质朴、柔和、平稳的感觉。

材料的视觉质感不但与材料的肌理特征相关（图 1.29），还与观察距离关系密切。如一些适于近看的材质，在远处观看时则会变得模糊不清；而一些适于远看的材质，如移到近距离观看，则会产生质地粗糙的感觉。精心选用合适空间观赏距离的材质，考虑其组合效果，是十分重要的。

图 1.29　不同肌理特征产生的动感视觉效果

1.2.3　材料审美特性的制约因素

形态、色泽、质地是构成材料审美特性的三大要素。形态是材料结构和造型艺术的结合，是营造审美主题的一个重要方面。物体的空间形态，主要有对称形、矩形、圆和椭圆形、自由曲线、残缺、变异等（图 1.30）。借助适当的加工工艺，可以改变造型材料的形状和尺寸，营造出丰富的产品形态。由材料的外在结构所激发的形态美感，主要通过材质组合的尺度、形状、比例及层次关系的变化来实现，亦可同时借助必要的环境氛围，实现对人类心理情绪的影响，使其产生拥有感、成就感、亲切感、神秘感等不同的心理。

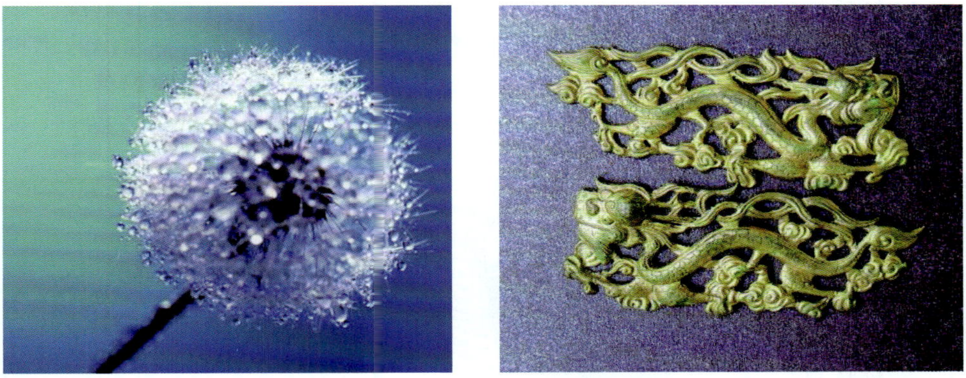

(a) 蒲公英　　(b) 江南银鎏金饰品

图 1.30　不同结构形态产生的视觉美感

色泽是情感与文化的象征。作为视觉审美的核心，色彩强烈地影响着人们的视觉感受和情绪状态（图 1.31）。色彩是材料对光线的选择性吸收结果，不同的色彩及其组合会给人带来不同的感受，如紫色显得神秘，绿色使人宁静，橙色给人温暖，蓝色让人自信，红色显得热烈，灰色显得质朴，白色显得纯净。光泽是材料表面方向性反射光线的性质，和材料本身的折射率及表面的抛光程度有关，折射率越高，表面越光滑，光泽度越高，不同的光泽度可改变材料表面明暗程度，造成虚实对比。根据材料对光线透过程

图 1.31　多彩矿石产生的视觉美感

度的不同，可将材料分成透明体、半透明体和不透明体，利用不同的透明度可营造特殊的视觉效果。

质地通常指某种材料的内在结构。材料的内在结构通过表面特征给人以视觉和触觉感受以及心理联想及象征意义，如钢铁、陶瓷、玻璃、木材、羊绒等材料在人类感官中具有软硬、轻重、粗细、冷暖等不同的感觉，这便是质感。通常，相同的表面处理可产生相同或类似的质感，但有时又不完全相同，如人造革一般都不具有真皮制品的细腻、真实感；组分相同的材料，也可以产生不同的质感，如致密铝材和泡沫铝材。材料质感将直接影响其最终所制产品的视觉感受，如竹编制品看起来有温馨、亲切之感（图 1.32）。利用良好的材质与色彩可以使产品设计以最简约的方式充满艺术性。

图 1.32　竹编制品产生的视觉美感

材料的审美特性是人对材料刺激的主观心理感受，其主要制约因素有：①自然属性，即材质固有的生理、物理属性；②科技属性，即材料的制备与加工工艺；③社会属性，指风俗习惯、时代特征等。

材料的自然生理属性有情感联想性、真实性、自然生命性和纯净性等。如，木、竹、石等传统材质，往往使人联想起祖传物件，易产生一种朴实、自然、古典、雅致的感觉。将此类材质用于产品造型，或多或少会让产品带上此种情感倾向。不同情感个性的材质的相互配合，就如颜料的搭配一般，也会产生对比、和谐、运动、统一等心理情绪，使人产生许多感觉的联想（图 1.33）。材料真实本质的展现是一种自然美，如未经表面处理的木质桌面和清水混凝土墙面可体现出木材真实的本质美感（图 1.34）。很多情况下，强加的颜色和纹理反而显得矫揉造作。许多材质来源于美丽的生物体，在自然力量支配下的生物世界充满神秘的多样性和复杂性。采用此类自然材质进行产品造型（图 1.35），可营造出自然神秘、温情脉脉的产品情调，使人产生强烈的情感共鸣。纯净性是材质纯净整洁之美的来源，如晶莹的水晶，光洁的表面、均匀的光影过渡都是纯净美在产品中的表现（图 1.36）。保证材质的纯净性，可将材质本质美真实地表达出来。

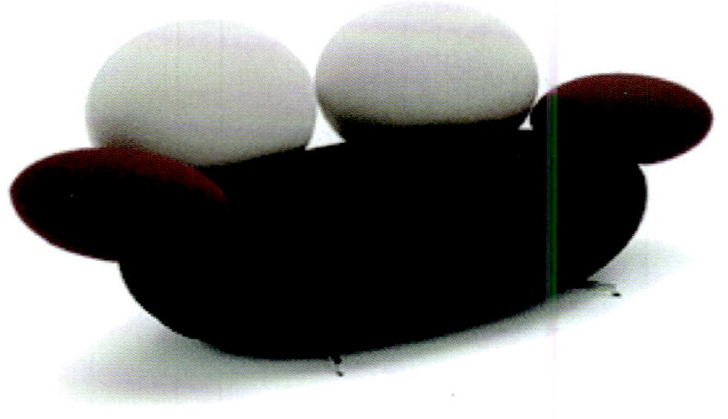

图 1.33　索特萨斯设计的沙发“妈妈”

让人联想起母亲温暖的手掌

图 1.34　材质真实感的展示

图 1.35　清乾隆“番莲纹海螺”

图 1.36　纯洁的白水晶项链

材料在加工过程中表现的特性，关系到其最终成为目标产品的能力。选择合乎目的的材料加工工艺，有助于体现产品所固有的功能。利用加工技术来表现材质的美学特性由来已久，材料技术美的来源是对材料生产工艺和表面加工技术的遵循，来源于对光学效应的运用。光线是造就各种材质美的先决条件，合理运用光照可使材质呈现出不同的光泽度和透明度，带给人视觉和触觉上的奇妙感受。高光的金属和透明的水晶相得益彰（图 1.37），彰显出一种光学效应的美感。采用不同的生产工艺和面饰技术，可改变材料的色彩、肌理和光泽等表面特性，使人产生不同的感受。如电镀使塑料表面呈现金属的光泽和质感；表面涂覆可在金属表面形成仿木纹、仿皮革、仿织物等不同肌理并获得各种符合设计要求的色彩；喷砂可使玻璃形成不透明的表面、花纹和图案，通过透明与不透明的对比，给人以柔和、含蓄、实在的感觉。表现材料的技术美，应“因地制宜”，不同的材料因其内在结构的差异而有着各自的性能，从而决定了其特定的制作方式及技术表现，如金银制品的高延展性使其易于手工制造。随着自动控制水平的提高，冲压成型、拉伸成型等新工艺的运用使材料的形态、肌理趋于多样化，明显提高了材质的表现力。这种美感来源于细致精湛的材质加工工艺，如成型后的金属产品显示出的强烈现代感（图 1.38）。

图 1.37　水晶饰品

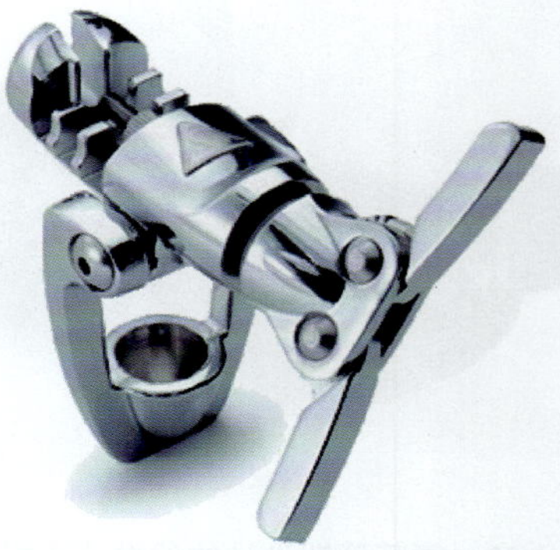

图 1.38　不锈钢金属制品

材质美的社会属性主要来源于两个方面：①材质的绿色性。对环保材料的青睐，归因于人们对于现代技术文化所引起的环境及生态破坏的反思，体现了设计者、使用者的道德和社会责任心的回归。绿色设计的核心是 3R：Reduce、Recycle 和 Reuse。在其指引下，很多高品质产品都打上了使用天然可再生资源的标签。②材质的亲和力。美来自了解，材质与人的亲切程度源于人对材质的熟悉和了解。传统的木、竹、石等自然材质朴实无华却富于细节，其亲和力一般要优于新兴人造材质。新兴的人造材质大多质地均匀，但缺少天然的细节和变化。经历 20 世纪的科技崇拜后，材质的亲和美重新被人们所审视。如，位于南京市太平北路与长江路交会处的 1912 时尚街区，采用传统砖石材质建筑，尽量选用木质框架门窗，颇受好评（图 1.39）。很多木质家具都不上油漆，仅采用磨光上蜡工艺来保持木材的自然纹理与质感，这种柔和、自然的亲和力使之广受欢迎（图 1.40）。

图 1.39　南京 1912 时尚街区

图 1.40　具有亲和力的木质家具

材料审美的社会属性，一直随着科技进步和人文情趣风格的变化而变化，除时代特征外，还存在鲜明的个体差异。材料的审美特性是人对材料刺激的主观感受，通常难以测量，它在很大程度上受时代的制约，与当时工业发展水平、材料加工工艺、审美标准、流行时尚等因素有着直接的关系。这些因素一旦转移到人们对材料的认识和选用上，就会使人们按各自的观念去评价和判断材料。由于每个人的经历、文化修养、生活环境、风俗和习惯的差异等，材料的审美特性只能是相对比较而言。在产品造型中材质的美感有着重要作用，它直接影响着产品的艺术风格和人对产品的感受，但并非说材质的美感可以凌驾于其他的设计要素之上，产品美感都是造型、材质、功能、风格的平衡与和谐。

1.3　展现材质美的造型设计原则

造型设计是产品造型中很重要的一个方面，它是对造型材料的技术性和艺术性的先期规划，是一个合乎设计规范的“识材→选材→配材→用材”的有机过程。一般产品的形体风格有一定相对稳定的时期（图 1.41），如此一来，材料及其加工工艺就起到了相当重要的作用。现代产品造型设计更加专注于挖掘材料固有的表现力和新的加工工艺，在设计中充分表现材料朴素的真实感和含蓄的天然感，以深刻体现现代人在高科技时代对自然本质的追求，满足人们的心理需求。

(a) 新石器时代人面鱼纹彩陶盆

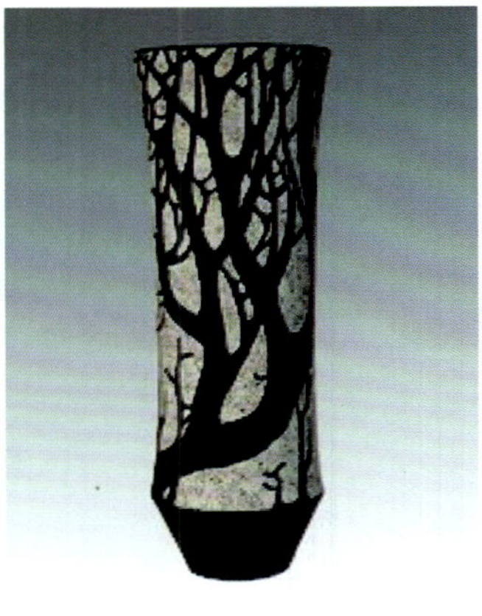

(b) 新颖的现代彩陶

图 1.41　陶器

指导产品造型设计的总体原则是，在强调使用天然材料的同时，合理使用新型人工材料。通过天然材料与人工材料的综合运用，衬托强调天然材料的自然特性，形成不同的质感，丰富人们的视觉和触觉，使设计的成品既有时代感又富有自然气息。

产品造型时的质感设计原则，实质就是各种材质有规律组合的基本法则。质感设计不是一成不变的，有一个从简单到复杂、从低级到高级的过程，它随着科技文化和艺术审美水平的发展而不断更新，需灵活掌握运用。其基本原则的主要内容如下。

1.3.1　配比原则

产品造型时可能用到多种材质　会涉及材质整体与局部、局部与局部之间的配合关系。各部位之间配合和谐，才能给人美的质感印象。配比原则的实质就是统一和谐，其包括了调和法则和对比法则。

调和法则就是使整个各部位的物面质感统一和谐，在差异中趋向于“同”和“一致”，使人感受到产品的融合性与整体性。各种自然材质与各种人为表面工艺有相亲性，也有相斥性。如塑料制品很少和木制品搭配，木制家具配上陶瓷拉手也很别扭。最好在同一材质的整体设计中对各部位作相近的表面加工处理，以达到质感的统一。

对比法则就是使整体各部位的物面质感有对比的变化，形成材质对比、工艺对比，在差异中倾向于“异”和“对立”。质感的对比，可使人产生丰富的心理感受。同一形体中，可使用不同材料形成强对比（如金属与非金属、人造材料与天然材料、高光材料与透明材料、硬质材料与软质材料等），也可采用同种材料进行不同表面处理，以产生不同的质感效果形成弱对比。

工业产品中采用调和法则的情况俯拾皆是。如：现代小轿车（图 1.42），车身外壳用有光烤漆，使其产生强烈的反光，显示出华丽、坚固的质感；车内座椅用粗糙的纺织品，让人感到温暖舒适；方向盘采用工程塑料，形成粗糙的触觉质感，给人平稳可控之感；内部其他部位也用无光漆，使之产生温和的漫反射，让人感觉亲切安定，从而获得了和谐多样的表里质感配合。

(a) 车身外壳　　(b) 车内座椅　　(c) 仪表盘

图 1.42　产品造型时调和法则的运用

1.3.2　主从原则

其本质是强调产品造型设计时要突出重点、主从分明。心理学实验证明，人的视觉在一段时间内只能抓住一个重点，即“注意力中心化”。明确这一审美心理，设计时就需用心将注意力引向最重要的点，而避免喧宾夺主的质地表现。

在产品的造型设计中，应恰当地处理一些既有区别又有联系的各个组成部分之间的主从关系。在造型中主体起着决定作用，客体起烘托作用（图 1.43）。产品造型中的重点，由功能和结构等内容决定，是表现造型目的性的关键部位（即主体部位），也可以是视觉观察中心。质感的重点处理，可以形成视觉中心和高潮，避免视线不停地游荡，借以加强工业产品的艺术表现力。没有主从的质感设计，会使产品造型显得呆板、单调。

在产品的整体设计中，对可见部位、常触部位、主要部位，如面板、商标、操纵件等，应作良好的视觉质感与触觉质感的设计，加工工艺要精良，要质感好、选材好、手感好。一般，可用材质的对比来突出重点，常采用非金属衬托金属，用轻盈的材质衬托沉重的材质，用粗糙的材质衬托光洁的材质。

图 1.43　展示时主从法则的运用

1.3.3　适合原则

其本质是强调材料质感与产品适用性的相符。每种材质都有明显的个性，在人类社会文明进步的过程中，由于政治、哲学、宗教、艺术、技术等的发展而赋予了材料不同的历史和文化的内涵，使之表现出各自的美学特性。如：石材的古朴、沉稳、庄重、神秘；木材的自然、温馨、健康、典雅；金属材料的现代、力量、沉重、精确；玻璃的整齐、光洁、锋利、艳丽；塑料的轻巧别致、多姿多彩；丝织品的润滑、柔软、轻快、华丽；羊毛的柔软、亲切、温暖和高贵等。

根据这一法则，在产品造型时应特别注意材料的质感与触觉的关系，如奇石与木底座的搭配就是适合原则的成功范例（图 1.44）。器不在料，功不在细，设计独到贵胜金。要获得优美的艺术效果，不在于贵重材料的堆积，而在于材料的合理配置与质感的和谐运用。对于贵重而富有装饰效果的材料，在使用时要利用“画龙点睛”的手法；在大面积材料的使用上，要作重点的装饰处理，如此方能充分而有效地发挥材料的特性和作用。如，产品本身质感和包装质感的搭配要符合适合原则，方能相映成趣，引人入胜，产生材质的对比美。

图 1.44　产品造型展示时适合法则的运用

在产品造型的质感设计中，要灵活地应用以上基本法则，充分地发挥不同材质的特性，利用其各自的色彩、纹理和质地等自然美的属性，获得理想的艺术效果。产品造型时的质感设计，其主要作用可归纳如下：①提高产品整体设计的适用性。如仪表开关的表面压制出凹凸细纹，不仅可产生良好的触觉质感，而且更易于安全操控。②提高产品整体设计的装饰性。如家用电器表面的涂装处理，不但具有防护效果，还带有强烈的装饰美。③实现多样化和经济性。良好的人为质感设计可替代或弥补自然质感，如各种贴墙纸能仿造锦缎的质感，这些合成材料可节约大量珍贵的自然材质，实现工业产品整体设计的多样化和经济性。④表现真实性和价值性。优良的质感设计可以提升整体产品的价值，并展示其真实性。所谓“真”就是产品材质的优良和工艺的精湛，即自然质感和人为质感的综合效果。优良的质感设计能让人感受到一种内在的美，“买椟还珠”一定程度上就是对产品造型设计效果的肯定。

美观的产品造型设计，必须通过合适材料及相应的工艺手段来实现，否则便是纸上谈兵。一定要熟悉选用材料的性能和各种工艺方法的特点，依据切实可行的工艺条件、工艺方法来进行产品造型。相同的材料和结构形式，采用不同的工艺，所获得的外观效果差异会比较大；而相同的材料、结构和工艺，由于工艺水平不同，所获得的外观效果也不同。采用新工艺替代传统工艺是提高产品造型效果的有效途径，综合运用各种工艺可增加产品的外观变化，丰富造型艺术效果，设计制造出更新颖美观的产品。

1.4 关注材料审美特性，合理开发应用材料

人类在漫长的发展过程中，不断有效地制备和利用各种材料来改善生活，逐渐从对材料表面的观察和技术经验的积累，发展到了对材料由表面到本质的普遍规律的认识和理论的总结，继而形成了关于材料成分、结构、工艺和它们的性能与用途之间有关知识的开发和应用的科学，即材料科学与工程。深入研究材料科学四要素（图 1.18）及其相互关系，在此基础上开发新材料和挖掘现有材料的潜力，有助于满足社会要求，推动社会发展。

材料是产品造型及功能实现的物质基础，因此要建立以满足产品使用功能和审美需要为导向的材料质量意识。造型材料既是一个古老的话题，也是一个同现代科技的发展密切相关的概念。产品造型设计的艺术表现很大程度上受到材料的制约，尤其受到材料物理特性（如强度、硬度、耐水性等）和表面特性（如光泽、质地、纹理等）诸多因素的影响。任何一种材料都有一定数值的指标，从事产品造型时不仅要关注材料的物理、化学等自然属性，也要重视其审美特性。如钢铁固有的黑色、坚硬、重量、尖锐挺直的线条和可塑性无不体现了它的无所不在的力量。埃菲尔铁塔（图 1.45）使用钢铁结构承担结构作用的同时，追求其自身质感和造型的表达，将技术与艺术融为一体，从而成为巴黎的标志性构筑物。

人类在社会生产和生活中不仅要合理有效地使用材料，扩大材料的用途和使用寿

图 1.45　埃菲尔铁塔——现代巴黎的标志

命，而且要不断发展新材料及其相关技术。新材料的出现和应用，会给产品造型提出新的设计要求，如伴随碳纤维在汽车工业中需求量的增加，必将导致新的汽车造型风格的出现。

当今人类正面临着资源短缺、环境恶化的难题，现代社会对新材料开发提出了结构和功能相结合、智能化、减少污染、可再生性、节约能源、长寿命等诸多要求。实际上，要同时满足这些要求是极其困难的，只能采用折中方案以尽可能满足这些要求。近年来，造型材料总的发展趋势是品种日益增多，性能越来越好。如，近年来颇受关注的铝锂合金，具有密度小、高比强度、高比刚度的特点，并能超塑性成形，若用铝锂合金代替常规铝合金制造飞机，可使每架大型客机减重 5t 左右。进入 21 世纪以来，我国材料发展主要有以下几个方向。

1）基础材料向高质量、低成本方向发展

金属材料仍是当代最重要的工程材料，金属资源的短缺和生产消耗量的不断增加是全世界必须面对和解决的问题。我国经济发展需要大量钢铁等基础材料，而我国机械工业钢材利用率仅约 60%，与发达国家相比差距甚大。一方面，需加快先进制造技术的开发（如净终成型技术等），提高材料利用率；另一方面，应扩大应用新材料，改善用材结构（如用非金属材料替代金属材料），提高用材水平。要补充钢铁材料的不足，应积极发展工程塑料等非金属材料，改变我国工程塑料与钢铁比例过低的现象。同时，还要提高产品设计水平，充分发挥材料潜力，降低材料消耗。传统的产品质量意识是以达到规定标准为依据，而未充分关注用材水平及是否符合产品造型设计的要求。应树立新的质量观念，依靠技术进步和先进的管理提高现有材料的质量，积极发展高强镁合金、钛合金等新材料。

2）新材料向复合化、功能化方向发展

单一材料存在难以克服的一些问题。如高分子材料模量低、耐热性差，陶瓷材料脆性大，钢铁材料难以兼顾高强度和高韧性等。由不同性质材料组合而成的复合材料，往往具有单一材料所不具有的优异性能，成为当前高性能材料的发展趋势之一。如第一代复合材料——玻璃钢（即玻璃纤维增强树脂）已得到普遍应用，第二代碳纤维增强树脂也已应用于航天、航空、汽车、运动器械等（图 1.46），如今正在发展的金属基、陶瓷基、碳基复合材料也有着广泛的发展前景。

图 1.46　碳纤维自行车

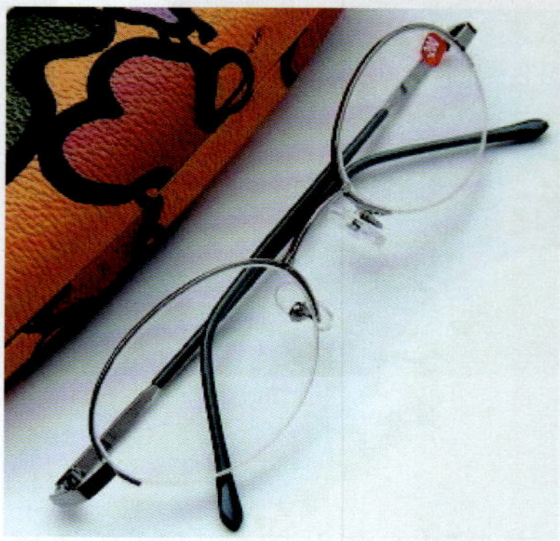

图 1.47　高弹镍钛合金眼镜

借助于光、电、磁、声、热、生物等敏感效应而具有特殊功能、可用于非结构目的的功能材料，正受到当代社会的日益重视而发展迅猛。如镍钛合金除具有独特的形状记忆功能外，还具有耐磨损、抗腐蚀、高阻尼和超弹性等优异特点，可满足各类工程和医学的应用需求，是一种非常优秀的功能材料（图 1.47）；功能高分子（聚偏氯乙烯）可用于制造高传真微音器；硅橡胶可用于制造人造肾脏、输血导管等；用半透明的氧化铝陶瓷制成的高亮度钠灯，发光效率是普通高压汞灯的 2 倍。在当代科技领域中，具有特殊使用功能的先进材料将会更有力地促进社会生产和新技术、新工艺、新设计的发展。

3）材料使用向绿色化、艺术化方向发展

材料是人类文明的物质基础，也是造成资源过度消耗、环境恶化的主要原因之一。在全球经济必须可持续发展的今天，人们不再以单纯追求最大限度地发挥材料的性能和功能为出发点，从而兴起了全球性的生态环境材料研究、开发和实施热潮。这类材料对资源和能源的消耗少，对生态、环境的污染小，再生利用率高，也即在其制造、使用、废弃直至再生利用的整个寿命周期内都与环境具有良好的协调共存性。这些材料的出现，必将对提高产品的使用功能、经济性、工艺性及审美特性有十分重要的意义。如何使用绿色环保的新材料进行造型设计，既能满足产品的功能性，又能达到“绿色产品”的标准，是任何一个技术人员都要考虑的问题。“绿色化”使材料及其造型产品都有了更多的内涵，通过完美设计实现从多方面为人类造福、促进可持续发展宗旨，将达到完美的境界。

参考文献

安迪 . 1988. 美感来自材料 [J]. 装饰，（2）：43-44.

胡赓祥，蔡珣，戎咏华，等 . 2010. 材料科学基础 [M]. 3 版 . 上海：上海交通大学出版社 .

李远，宋春艳，丁立伟，等 . 2007. 展示设计与材料 [M]. 北京：中国轻工业出版社 .

林润惠 . 2007. 工业设计应用材料 [M]. 北京：中国轻工业出版社 .

刘森林 . 1997. 室内环境设计的材料 [J]. 家具与室内装饰，（6）：6-9.

刘振武，罗雪 . 2006. 色彩构成基础教材 [M]. 北京：中国传媒大学出版社 .

孙向荣 . 1991. 材料、工艺与造型设计 [J]. 设计，（3）：30-32.

王培铭，许乾慰 . 2005. 材料研究方法 [M]. 北京：科学出版社 .

王玉林，苏全忠，曲远方，等 . 1994. 产品造型设计材料与工艺 [M]. 天津：天津大学出版社 .

杨瑞成，丁旭，陈奎，等 . 2005. 材料科学与材料世界 [M]. 北京：化学工业出版社 .

章迎尔 . 1996. 关于材质、质感与肌理的思考 [J]. 室内装饰与装修，（6）：30-31.

第2章 金属材料及其造型艺术

人类利用金属已有数千年之久，其生产与应用被视为衡量一个国家工业水平的标准。作为一种独立的材质，金属材料在人类文明的进程中、在集体无意识中，积淀了丰富而复杂的审美感性。一方面，金属材料坚硬、强大、沉重、冰冷、尖锐并具威胁性；另一方面，它高贵、奢华、迷幻、冷艳。从青铜时代、冷兵器时代，到现代工业和两次世界大战，金属的应用带给我们的有欣喜，也有伤痛。

金属材料种类繁多，性能差异很大。即使其成分相同，经不同工艺加工后也会有很大的性能差异。金属材料之所以具有不同的性能，与其内部原子排列规律和结构缺陷有密切的关系。因此有必要深究金属材料的本质，探索、揭示其质感美的来源，以其特有的材质效果和合理的工艺造型，将技术与艺术融为一体，实现产品功能的同时充分体现其文化内涵。

2.1 常用金属材料及其特性

按金属材料的成分进行分类，一般可将之分为纯金属（单质）和合金两大类。自然界已发现的100多种化学元素，除稀有气体元素和非金属元素外，其余80多种皆为金属元素。习惯上，将铁、铬、锰称为黑色金属，其余为有色金属。纯金属的主要特点包括：强度和硬度较低，塑性较高；导电性和导热性好，电阻温度系数较大。由于性能单一，纯金属的应用受到极大限制。合金是以一种金属元素为基础（含量>50%），加入其他金属或非金属元素，使之融合得到的一种新的具有金属特性的材料。按合金系进行分类，可将合金分为铁碳合金、轻有色金属合金、重有色金属合金、稀有金属合金及贵金属合金等；按用途进行分类，可将合金分为铸造合金和压力加工合金。而常用的金属材料主要有钢铁材料、铜及其合金、铝及其合金、钛及其合金、金银等。

金属材料，特别是合金，大都具有优良的综合性能或某一方面的特殊性能，包括良好的反射能力、金属光泽及不透明性（自由电子能吸收并辐射出大部分投射到金属表面的光能、机械加工后可产生各种花纹），良好的塑性变形能力（滑移时金属键不被破坏，故而材料表现出良好的塑性），可加工成各种型材和复杂结构，良好的导电性、导热性和正电阻温度系数。

2.1.1　钢铁

钢铁材料是人类社会应用最广、产量最大的一种非常重要的金属材料，是金属世界的主角。中国是世界上最早生产钢铁的国家之一。早在春秋战国时期中国就有冶炼、铸造并使用生铁的历史。考古工作者已经发现了春秋时期的铁锄、铁斧（图 2.1）以及钢制的铜柄“铁剑”等。

图 2.1　春秋时期铁工具

钢铁具有多变的性能，且冶炼工艺相对简单、原料丰富。先秦时期，我国已出现冶铁技术，即块炼法和生铁冶炼。由于冶炼技术难度大，这类钢的质地不够均匀，生产效率也极低。到东汉末年，百炼钢技术发展较为成熟。百炼钢是中国古代刀剑工艺的最高水准之一，由于其制作艰难，成本较高，主要用于制作宝刀、宝剑等比较贵重的物品，应用范围较窄，因而到南北朝时期被效率更高的灌钢法取代。明代中期以后，灌钢法进一步发展为苏钢法，采用此法能生产出含渣少且成分均匀的钢材。这些技术成就，对提高社会生产力，推动中国古代社会和中华民族的发展起了重要的作用。

转炉炼钢法首先是在高炉中对铁矿石进行冶炼得到生铁。高炉构造如图 2.2 所示，主要包括高炉物料进给设备、炉体设备、炉前处理设备和煤气处理设备。高炉炼铁是一个连续的生产过程，全过程在炉料自上而下、煤气自下而上的相互接触过程中完成。炼铁的铁矿石主要有磁铁矿、赤铁矿、褐铁矿及菱铁矿。高炉炼铁具有产量大、生产效率高和成本低的优点。生铁放到炼钢炉中进一步冶炼，过多的碳、硅以及磷和硫等有害杂质经反应后形成炉渣被除去，再根据对钢性能的要求加入适量的合金元素，便可以得到高强高韧和具有其他特殊性能的钢。碱性氧气顶吹和顶底复吹转炉由于其生产速度快、产量大，单炉产量高、成本低、投资少，为目前使用最普遍的炼钢设备。

炼钢生产时可通过调整碳含量及合金元素成分来获得不同属性的钢。碳钢的种类繁多。按碳的含量进行分类可分为：①低碳钢（w（C）$\leqslant$ 0.25%），低碳钢的加工性能

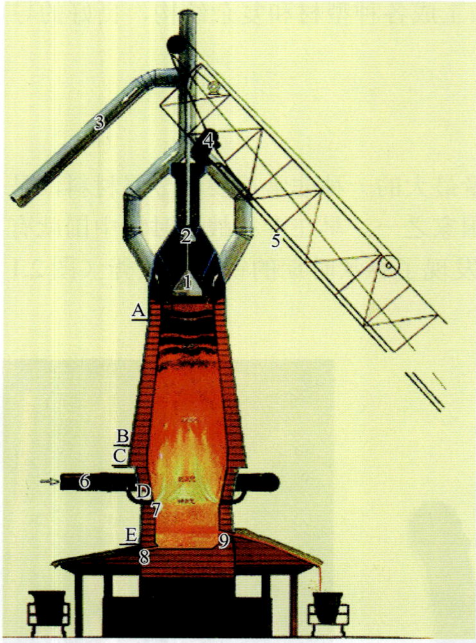

炉里的反应

$$Fe_2O_3+3CO \xlongequal{高温} 2Fe+3CO_2$$

$$CaCO_3 \xlongequal{高温} CaO+CO_2\uparrow$$

$$CaO+SiO_2 \xlongequal{高温} CaSiO_3$$

$$CO_2+C \xlongequal{高温} 2CO$$

$$C+O_2 \xlongequal{\triangle} CO_2$$

图 2.2　高炉构造图

A. 炉喉；B. 炉身；C. 炉腰；D. 炉腹；E. 炉缸

1. 大料钟；2. 小料钟；3. 煤气导出管；4. 料车；5. 斜桥；6. 热风围管；7. 风口；8. 出铁口；9. 出渣口

好，如锻造、焊接和切削，常用于制造链条、铆钉、螺栓和轴等；②中碳钢（$0.25\% < w(C) < 0.6\%$），中碳钢的热加工性能良好，焊接性能较差，强度和硬度高于低碳钢，而塑性和韧性低于低碳钢，可不经热处理，直接用于热轧材、冷轧材，亦可经热处理后使用，中碳钢用途广泛，除作为建筑材料外，还大量用于制造各种机械零件；③高碳钢（$w(C) \geqslant 0.6\%$），可用于制造切削工具如钻头、丝攻、铰刀等硬度大、强度要求高的工具，常称之为工具钢。按钢的质量分类，据其中主要杂质元素磷（P）和硫（S）的含量，可将钢分为普通碳素钢（$w(S) \leqslant 0.055\%$，$w(P) \leqslant 0.045\%$），优质碳素钢（$w(S) \leqslant 0.040\%$，$w(P) \leqslant 0.040\%$），高级优质碳素钢（$w(S) \leqslant 0.030\%$，$w(P) \leqslant 0.035\%$）。按用途分可将碳钢分为碳素结构钢，主要应用于桥梁、船舶、建筑构件和机器零件等；碳素工具钢，主要应用于刀具、模具和量具等；铸钢，主要应用于制造形状复杂并需要一定强度、塑性和韧性的零件，如齿轮、联轴器等。此外，还可按钢的脱氧程度进行分类，将碳钢分为沸腾钢、镇静钢以及半镇静钢。生活中随处可见钢铁的身影（图 2.3），钢铁之于人类社会活动的重要性可见一斑，而这些钢铁产品往往兼具技术性与造型美感。

2.1.2　铜及其合金

在人类文明进程中，铜的生产与应用一直起着非常重要的作用。铜是仅次于金的为

(a) 不锈钢杯

(b) 不锈钢雕塑艺术

图 2.3 常见的钢铁产品

人类利用历史悠久的金属材料，几千年来为不同文化背景的人用作身体装饰品的原材料。从青铜时代开始，到几千年后的电气化时代、电子时代，直至今天的信息社会，铜都是被广泛应用和不可替代的金属材料。纯铜是一种具有紫红色光泽的金属，故又称紫铜或红铜，具有良好的导电性，其导电性仅次于银，可用来制造电线或电器设备的零件；具有良好的导热性；铜具有良好的延展性，可加工成铜丝、铜管、铜板、铜条等，所以军事和电气领域应用最多。此外，铜是不活泼的金属，化学性质较稳定，在常温下和干燥的空气里均不容易生锈。但纯铜的质地较软，故生产生活中多用铜合金。常见的铜合金主要包括青铜、黄铜和白铜。

青铜最早为铜锡合金，有时也含有铅、铝、铍等组分，其熔点比纯铜和纯锡都要低，因此容易铸造工具。但硬度却比铜和锡都高，可制造质量高的工具和兵器。从考古资料来看，远在 6000 多年前，我国已开始了青铜器的制作，如在临潼姜寨古文化遗址中发现了铜片，在龙山文化和齐家文化遗址中曾发现青铜炼渣或铅青铜。从公元前 2000 年左右的夏代开始，中国古代的青铜制品不断增多，青铜文化日臻繁荣，逐渐形成了一套比较完整的青铜礼器组合。发展至商代，中国的青铜文化全面繁荣，达到了鼎盛阶段，自此以后出现了许多精美的青铜礼器、武器和工具（图 2.4）等。中国青铜文化是中华民族文化的重要组成部分，也是中华民族文化传统的体现。其中大量的艺术珍品，是中华民族艺术的典范，也是人类文化宝藏的重要组成部分。

传统意义上的青铜为锡青铜，同时还存在无锡青铜，称之为特殊青铜。锡青铜具有较高的强度、硬度和耐磨性，它的显微组织与锡含量及合金状态有关，工业用锡青铜的锡含量均在 3% ～ 14%。无锡青铜如铝青铜，强度高，耐蚀性好，应用广泛，是锡青铜的重要代用品，但铸造性和焊接性较差，用于制造耐磨、耐蚀和弹性零件，如齿轮、轴套、弹簧以及船舶制造中的特殊设备等。

(a) 商代四羊方尊

(b) 唐代青铜镜

图 2.4 中国古代青铜制品

白铜为铜镍合金，是世界上最早用镍的铜合金。它外观与银相似（图 2.5），白铜中镍含量越高，白铜就越白。白铜具有优良的抗腐蚀性能。白铜是中国古代冶金的重要成就，也是中国古代，尤其是明清时代一种广泛应用的重要合金。18 世纪初，它传入欧洲，经过研究和仿制，发展成为举世闻名的“德国银”，由此推动了铜镍合金在欧洲的广泛应用。铜镍合金中铜镍可以任意比例互溶，因而组织为单相。它具有高的化学稳定性和优良的冷热加工性能，可用于制造热交换管、冷凝管和精密仪器等。加入 Mn 后可提高其电阻率，是理想的电阻材料，可用于制造低温热电偶、变阻器及加热器等。

黄铜是以锌为主要合金元素的铜合金。在古代中国，自铁取代了铜制兵器和工具以后，铜主要的且最大量的用途就是铸币（图 2.6）。从明代中期即嘉靖年间开始，黄铜用于铸造流通货币，也因此极大地推动了黄铜冶炼技术的发展。自嘉靖中期将黄铜用于铸钱后，人们开始逐渐了解了黄铜的铸造性能、加工性能等各种性能。黄铜包括普通黄铜、特殊黄铜及铸造黄铜。

图 2.5 白铜提梁壶

图 2.6 明代黄铜铸币

就普通黄铜而言，其有良好的铸造性能，即流动性高，偏析倾向小，适用于铸造复杂和精致的铸造制品。黄铜的性能随其中含锌量的变化而变化。当黄铜中的含锌量低于 35% 时，其室温显微组织为单相的 α 固溶体，该种黄铜具有良好的塑性，能承受冷热加工，但是具有中温脆性；当含锌量为 36% ～ 46% 时，黄铜的室温显微组织为 α + β 相的两相组织，β 相较脆硬，在高温下具有良好的塑性但表现出低温脆性，因而两相黄铜应在热状态下进行锻造；当含锌量为 46% ～ 50% 时，此时为 β 黄铜，因而不能进行压力加工。研究表明，当黄铜中的锌含量为 30% 时，其强度与塑性达到了最佳配合。目前，黄铜可用于制造弹壳（H68）和建筑用黄铜冷凝器、热交换管（H62）以及镀层和饰品（H80）。在黄铜中加入合金元素 Al、Mn、Pb 等后可提高其耐蚀性和耐磨性。往铜锌合金中加入其他合金元素即为特殊黄铜，包括锡黄铜、铝黄铜、镍黄铜、硅黄铜及铅黄铜等。特殊黄铜往往具有优异的性能，如锡黄铜有“海军黄铜”之称，可用于制造船舶零件、船舰焊接件的焊条等，如 HSn70-1；镍黄铜可用于制造海船工业的压力表等，还可作锡磷青铜的代用品，如 HNi65-5；HPb59-1（铅黄铜）强度高，耐磨性及耐蚀性好，广泛用作钟表机芯的基础部件和汽车、拖拉机等机械零件如衬套、螺钉、电器插座等。

2.1.3　铝及其合金

在现有的化学元素中，铝在地壳中的含量占第三位，而在所有的金属元素中，铝的含量则占第一位，比铁的含量还高得多。然而炼铁的技术已经流传了很多个世纪，人类世世代代使用着铁器，却迟迟未见过金属铝。一直到 1827 年，德国化学家维勒才用金属钾作还原剂，从无水三氯化铝中还原出金属铝。但是，维勒制得的金属铝非常少，价格比金子还要贵。电解铝工艺的出现使其拥有了广阔的应用前景，现在市场上铝产品的产量远超出其他有色金属产品的总和。在美国奥柏林学院的校园里，有世界上第一座用金属铝铸造的塑像（图 2.7），它是为纪念对炼铝工业做出重大贡献的霍尔而建立的。霍尔开始研究电解制铝的方法时，还只是奥柏林学院的学生。

图 2.7　霍尔塑像

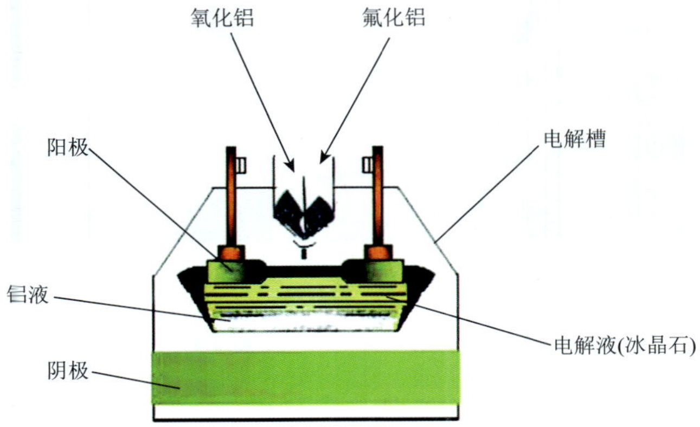

图 2.8　冶炼铝的电解槽

1886年霍尔和法国的埃鲁特几乎同时分别获得用冰晶石 - 氧化铝熔盐电解法制取金属铝的专利。霍尔 - 埃鲁特法电解铝的生产原理为：以熔融的冰晶石为溶剂，氧化铝作为溶质，以碳素体作为阳极，铝液作为阴极，通入强大的直流电流后，在950～970℃下，在电解槽内的两极上进行电解得到铝（图2.8）。阳极产物主要为二氧化碳和一氧化碳气体，阴极产物是铝液，铝液通过真空抬包从槽内抽出，送往铸造车间得到铝锭、铝板或铝棒，再通过加工生产出产品。该电解铝的方法沿用至今。电解铝的生产系统一般包括电解、氧化铝贮运及供配料、电解烟气净化、计算机控制及阳极组装等。

铝及其合金具有质量轻、比强度高、导电性好、耐蚀性强、散热性能好以及易于加工等一系列优点。铝具有面心立方晶体结构，结晶后无同素异构转变，表现出极好的塑性，适于冷热加工。纯铝可用于制作铝箔、导线及配制合金；加入合金元素后，再经过冷变形或热处理可提高纯铝的强度，且保持密度小、耐蚀性好的优点。铝合金可分为两大类，包括变形铝合金和铸造铝合金，其中变形铝合金包括防锈铝合金、硬铝、超硬铝及锻铝，铸造铝合金又分为铝 - 硅铸造合金、铝 - 铜铸造合金、铝 - 镁铸造合金和铝 - 锌铸造合金。随着科学技术的不断进步，铝的优良性能不断地被认识和利用，目前已在建筑行业、包装工业以及交通运输业等领域取得巨大的成就（图2.9）。在建筑行业，主要应用于铝门窗、幕墙型材、室内隔断、玻璃采光顶型材等；在包装业，铝合金主要用作制罐、各种软包装，如饮料包装、牙膏壳等，使用的铝材通常为板材和箔材；在交通运输业，由于铝合金质量轻、比强度高，铝合金可用于交通工具的减重以达到节油降耗的目的，铝合金几乎可以用于生产所有的汽车零部件，如车门、散热器、汽车车轮、传动轴等，同时在铁路运输、轮船及飞机方面均被广泛应用。

(a) 铝合金构架　　(b) 铝制飞机

图2.9　铝合金的应用

2.1.4　钛及其合金

钛是于第二次世界大战之后登上世界工业大舞台的一种优质轻型结构材料、新型功能材料和重要的生物工程材料，是仅次于铁和铝的金属新星。钛外观很像钢，却比钢轻得多。其强度比铝的强度大两倍多，且既耐高温又耐低温，在 –253℃低温下和 550℃高温下保持性能不变，而铝在 150℃就会失去原有的特性。基于钛的这些特性，钛被大量应用于航空工业，是超音速飞机的理想材料（图 2.10）。在军用飞机方面，因军用飞机结构应尽可能轻，同时还应耐高温，钛合金成为其最适宜的制备材料。例如，美国的 F-22 战斗机（图 2.11）用钛量达到了 41%，Ti-6Al-4V 合金占其结构质量的 37%。同时，由于钛不是铁磁物质，不会被磁性水雷发现，因而是制造军舰和潜艇的重要材料。此外，钛具有优异的生物相容性，是目前已知的生物学性能最好的金属材料，在外科医疗手术上已经用来代替不锈钢制成“人造骨骼”。目前，除航空工业、军事工业、医用领域之外，钛在建筑、汽车、能源等领域也得到广泛应用。未来，随着钛的新应用的不断开发与发展，钛的用量仍将不断上升，钛工业的应用市场前景一片光明。

图 2.10　超音速飞机

图 2.11　美国 F-22 战斗机

2.1.5　金银

金银属贵金属，具有美丽的金属光泽，是金属中的王者，人类开发利用金银已经有数千年历史。金银的质地柔软，具有良好的加工性，在自然界中的稳定性好，自古以来便大受工艺匠人们的欢迎，经过加工改制、花样翻新，能够形成多种形式的金银制品，如货币、金银锭、饰品以及器皿等（图 2.12）。不过正因为它们的质地柔软，也使得其制品易在挤压或碰撞后变形或损坏。同时，金银耐大气氧化和腐蚀，不少金银制品历代相传，成为传世之宝，特别是黄金。潮湿的臭氧会使银表面氧化，故而银制品使用或搁置久了色泽会由亮白转变为灰色或黑色。此外，长期以来，人们都将金银储备视为权力和财富的象征，直至目前，许多国家仍以金银储备作为后盾，支撑着国家的经济命脉。金银也是发展科学、强大国防力量的重要材料。

(a) 三星堆黄金面具

(b) 银质浮雕

图 2.12 金银工艺品

2.2 金属材料的组织结构

材料的组成和结构直接决定了材料的性能和用途。材料的固有特性是其内部结构的外在体现。固态金属一般都是晶体，要了解其性能，就必须掌握其微观构造和组织特点。

2.2.1 金属晶体的结构特点

晶体结构的特征是，原子（或分子、离子）都按一定的次序作有规则的排列。它与非晶物质在性能上存在一定的区别：首先，晶体熔化时存在一定的熔点，而非晶物质无固定的熔点，熔化温度在一软化温度范围内；其次，晶体物质具有各向异性，而非晶物质却为各向同性。晶体的上述特性可通过其微观特征及宏观特征进行解释。

1. 微观特征

1）晶体结构

晶体结构是指组成晶体的物质质点（如原子、离子、分子、分子集团）以一定的结合键结合后，在三维空间作有规律的周期性的重复排列。由于组成晶体的物质质点不同，排列的规则也不同，或周期性不同，所以晶体结构存在无限可能。而晶体中原子的周期性规则排列称为晶体的平移对称性。

为便于结构分析，可将晶体中的原子或分子抽象为规则排列于空间的几何点（可以为各原子或分子中心），这种点的空间排列称为“空间点阵”。将空间点阵中的阵点用平行直线连接起来形成空间格架，即为晶格。但构成空间点阵的基本要素仍是阵点，可见晶格的实质为空间点阵，一般不加以区别。为说明点阵排列的规律和特点，可在点阵中取出一个具有代表性的基本单元（最小平行六面体）作为点阵的组成单元，称为晶胞。将晶胞作三维的重复堆砌就构成了空间点阵。同一空间点阵可因选取方式不同而得到不同的晶胞。点阵中的晶胞有素晶胞与复晶胞之分。素晶胞是晶体微观空间中的最小基本单元。素晶胞中的原子集合相当于晶体微观空间原子作周期性平移的最小集合，叫做结构单元。复晶胞是素晶胞的多倍体，分为：体心晶胞（2 倍体，符号为 I）、面心晶胞（4 倍体，符号为 F）及底心晶胞（2 倍体，符号为 A 或 B 或 C）。

为了对晶胞的形状和大小进行描述，常以平行六面体的三条棱边的边长 a、b、c 及棱间夹角 α、β、γ 六个点阵参数来描述。同时，以晶胞的棱边长度 a、b、c 及棱间夹角 α、β、γ 来表示晶格参数，以晶胞中各棱边的长度来表示晶格常数。以埃（Å）为单位，1Å = 10^{-10}m。通常晶格常数数值在 2.5 ～ 5.0Å。虽然晶体结构存在无限可能，但是各种晶体结构总能够按其原子或分子排列的周期性和对称性归属于 7 大晶系、14 种空间点阵。7 大晶系包括三斜、单斜、正交、六方、菱方、四方（又称正方）及立方晶系，各晶系的 6 个点阵参数间的相互关系如表 1.1 所示。而 14 种空间点阵分别为简单三斜、简单单斜、底心单斜、简单正交、底心正交、体心正交、面心正交、简单六方、简单菱方、简单四方、体心四方、简单立方、体心立方及面心立方。

各种金属元素晶体结构的主要差别就在于晶格类型和晶格参数的不同。常见的金属晶体的晶格类型主要为体心立方晶格、面心立方晶格和密排六方晶格。除了少数金属外，绝大部分金属都属于这三种典型的晶体结构。下面对这三种典型的晶体结构进行分析介绍。

体心立方晶体结构的金属都具有相当大的强度和较好的塑性。铬（Cr）、钼（Mo）、钨（W）、钒（V）和 α-Fe（温度低于 912℃的纯铁）等都具有体心立方结构。体心立方结构属于布拉维点阵中的体心立方点阵，其物理模型如图 2.13 所示。

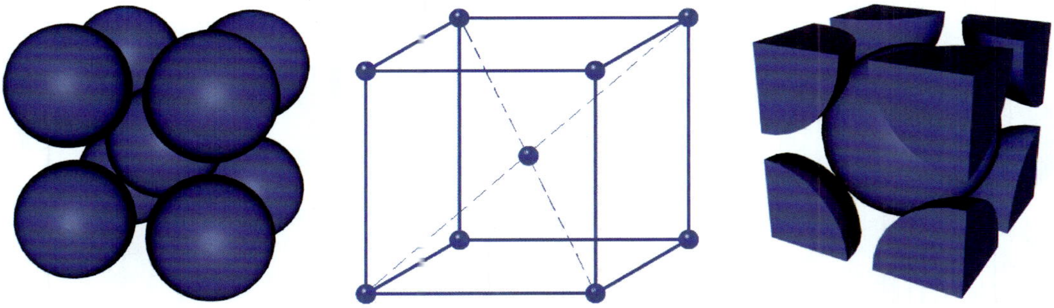

图 2.13　体心立方结构

在体心立方晶胞中，晶胞的八个角上各存在一个原子，角上的原子为八个相邻的晶胞所共有，实际上每个晶胞只占该原子的 1/8，晶胞的中心处也存在一个原子，因而体心立方晶胞的原子数为：1/8×8 + 1 = 2。引入配位数和致密度两个物理量来描述晶体中原子排列的紧密度。体心立方结构中原子沿立方体对角线的方向上排列最为紧密，每个原子有 8 个原子与之相邻，而配位数为晶体结构中与任一原子最近邻且等距离的原子数，因此体心立方结构的配位数为 8。晶胞致密度为原子体积与晶胞体积之比，即 $K = nv/V$，原子可看作等直径的刚球，经计算可得其致密度为 0.68。

面心立方结构的金属具有良好的塑性，典型金属：铝（Al）、铜（Cu）、镍（Ni）、铅（Pb）和 γ-Fe（温度在 912 ～ 1394℃的纯铁）等。面心立方结构属于布拉维点阵中的面心立方点阵，其物理模型如图 2.14 所示。

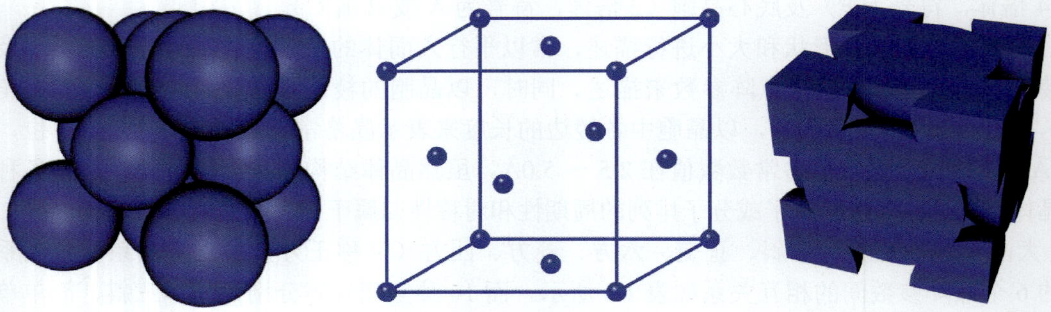

图 2.14　面心立方结构

面心立方晶胞中顶点和面心处的原子是等价的，只是顶点处的原子为 8 个晶胞所共有，而面心处的原子为相邻的 2 个晶胞共有，因而面心立方晶胞内的原子数为 4 个。对于面心立方结构中的任一原子来说，与其最近邻且距离相等的原子数为 12 个，因而它的配位数为 12。按照公式可得面心立方晶胞的致密度为 0.74。

铍（Be）、镁（Mg）、锌（Zn）、镉（Cd）等都属于典型的密排六方结构金属，其物理模型图如图 2.15 所示。不过密排六方结构并不属于布拉维点阵中的任何一种，它只是一种晶体结构类型，而非空间点阵类型。可以看出，密排六方晶胞中，晶胞内部的原子与顶角处的原子处在不同的环境中，不能同时作为阵点，因而从空间点阵的角度来看，它属于简单六方类型，密排六方结构可等效为两个相互穿插的简单六方点阵。

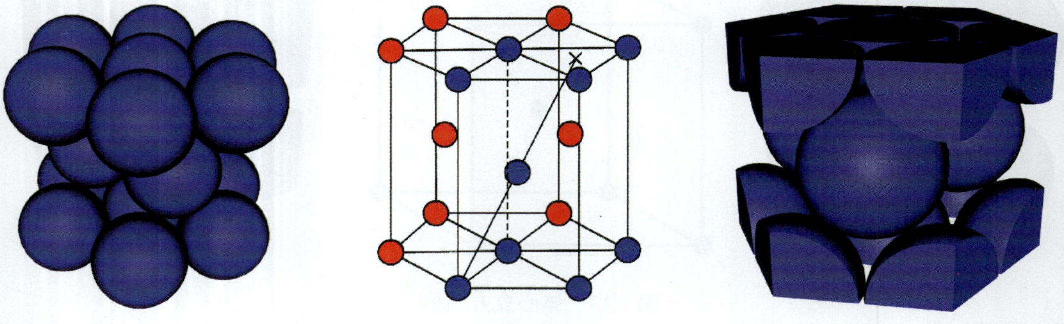

图 2.15　密排六方结构

参照图 2.15 对密排六方晶胞中的原子数进行计算，可以看到，六棱柱的每个角上的原子为 6 个相邻的晶胞所共有，上下底面中心处各有 1 个为 2 个相邻晶胞所共有的原子，加上晶胞内的 3 个原子，密排六方晶胞中共有 6 个原子。在理想的密排情况下，底面上原子之间的距离等于上、下层原子之间的距离，此时密排六方晶胞的配位数为 12。其致密度为 0.74。

大多数金属的晶格类型都是固定不变的，然而，有些固态金属如铁、锰、锡、钛等在不同的温度和压力下具有不同的晶体结构，即具有多晶型性，转变所得到的产物为同素异构体，此种转变称为同素异构转变，金属所具有的这种特性称为同素异构性。例如，铁在 912℃以下为体心立方结构，称为 α-Fe；在 912 ～ 1394℃时为面心立方结构，称为 γ-Fe；当温度在 1394℃至熔点间时，又变为体心立方结构，称为 δ-Fe。

2）晶体缺陷

在实际晶体中，由于原子（或分子、离子）的热运动，以及晶体的形成条件、冷热加工过程和其他辐射、杂质等因素的影响，实际晶体中原子的排列不可能那样规则、完整，某些原子会偏离正常位置，造成原子排列的不完全性，这称为晶体缺陷。晶体缺陷对晶体的性能，特别是对那些结构敏感的性能，如屈服强度、断裂强度、塑性、电阻率、磁导率等都有很大的影响。根据晶体缺陷的几何形状，可将晶体缺陷分为：①点缺陷，其特征是在三维空间的各个方向上尺寸都很小，尺寸范围约为一个或几个原子尺度，包括空位、间隙原子、杂质或溶质原子等；②线缺陷，其特征是在两个方向上尺寸很小，另一个方向上延伸较长，也称一维缺陷，如各类位错；③面缺陷，其特征是在一个方向上尺寸很小，另外两个方向上扩展很大，也称二维缺陷，包括晶界、相界、孪晶界和堆垛层错等。在晶体中，这三类缺陷经常共存，它们相互联系，相互制约，在一定条件下还能互相转化，从而对晶体性能产生复杂的影响。

点缺陷是最简单的缺陷，它是结点上或邻近的微观区域内偏离晶体结构正常排列的一种缺陷。原因是，在晶体中，位于点阵结点上的原子并非静止不动，而是以其平衡位置为中心处于热振动状态。当某一原子获得足够的能量而离开平衡位置时，空位形成，同时，脱离平衡位置的原子有三个去处：一是迁移到晶体表面或内表面的正常结点位置上，而使晶体内部留下空位，称为肖特基（Schottky）缺陷；二是挤入点阵的间隙位置，而在晶体中同时形成数目相等的空位和间隙原子，称为弗仑克尔（Frenkel）缺陷；三是跑到其他空位中，使空位消失或使空位发生位移。另外，在一定条件下，晶体表面上的原子也可能跑到晶体内部的间隙位置形成间隙原子。上述为热起伏促使原子脱离点阵位置而形成的点缺陷，即热平衡缺陷。晶体中的点缺陷还可通过高温淬火、冷变形加工和高能粒子的辐照效应等形成。点缺陷的存在会对晶体的性能产生一定的影响，例如，它使得金属的电阻增大、体积膨胀、密度减小。

晶体的线缺陷表现为各种类型的位错。位错的概念最早是在研究晶体滑移过程中提出来的。晶体中有一列或若干列原子发生有规则的错排现象，就是位错。晶体中如果有位错运动，会引起滑移面上下两部分晶体的相对滑移运动。已滑移区与未滑移区的交界线，称为位错线。按照位错的几何结构可将位错分为刃型位错和螺型位错，如图 2.16 所示。

刃型位错是最常见的位错形态。刃型位错有一个额外的半原子面。一般把半原子面在滑移面上面的称为正刃型位错，而把多出的半原子面在下边的称为负刃型位错，所谓正负刃型位错无本质区别。可将刃型位错视为晶体中已滑移区与滑移区的边界线。它不一定是直线，也可以是曲线，但它必须与滑移方向相垂直，也垂直于滑移矢量。

螺型位错是另一种基本类型的位错。因位错线附近的原子是按螺旋形排列的，故称之为螺型位错。螺型位错无额外的半原子面，原子呈轴对称错排。按位错线附近原子排列的旋转方向的不同，可将螺型位错分为左旋螺型位错与右旋螺型位错。螺型位错线必须为直线，且与滑移方向平行，此外位错线的移动方向垂直于晶体的滑移方向。

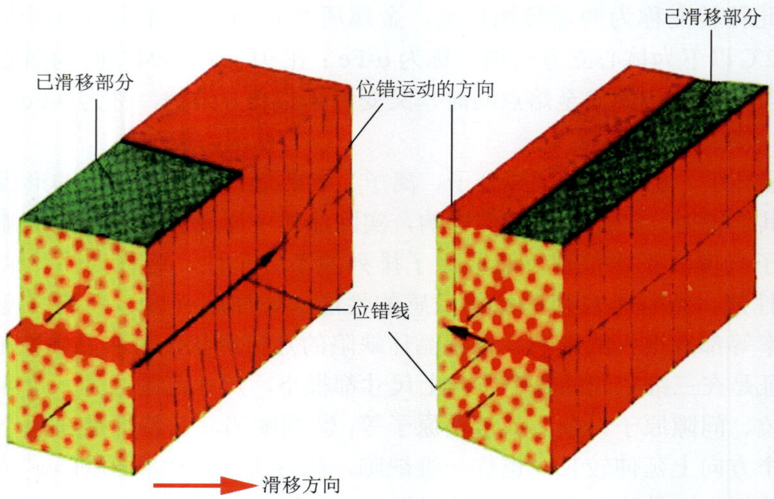

(a) 刃型位错 (b) 螺型位错

图 2.16 位错形态

还有一种形式更为普遍的位错，其滑移矢量既不平行也不垂直于位错线，而与位错线成任意交角，为混合型位错。

位错最重要的性质之一是它可以在晶体中运动，晶体的宏观塑性变形正是通过位错运动来实现的。晶体的力学性能如强度、塑性和断裂等均与位错的运动有关。位错有两种最基本的运动方式：滑移和攀移。

位错的滑移是在外加切应力的作用下，通过位错中心附近的原子沿滑移矢量（又称伯格斯矢量）方向在滑移面上不断地作少量的位移（小于一个原子间距）而逐步实现的。如图 2.17 所示为刃型位错的滑移过程。当位错线沿滑移面滑移通过整个晶体时，就会在晶体表面沿伯格斯矢量方向产生宽度为一个伯格斯矢量大小的台阶，造成了晶体的塑性变形。刃型位错的运动方向始终与位错线垂直而与伯格斯矢量方向平行。刃型位错仅限于在单一的滑移面上进行。对于螺型位错，由于其位错线与伯格斯矢量平行，因而它的滑移不限于单一的滑移面。混合型位错的滑移可以分解为刃型分量和螺型分量两部分。由于螺型位错的运动不限于单一的滑移面上，任何包含位错线的晶面都可成为其滑移面，当螺型位错在原滑移面上的运动受阻时，则可能转移到与之相交的另一滑移面上，发生交滑移，若发生交滑移后位错再回到与原滑移面平行的面上继续运动，则发生了双交滑移。

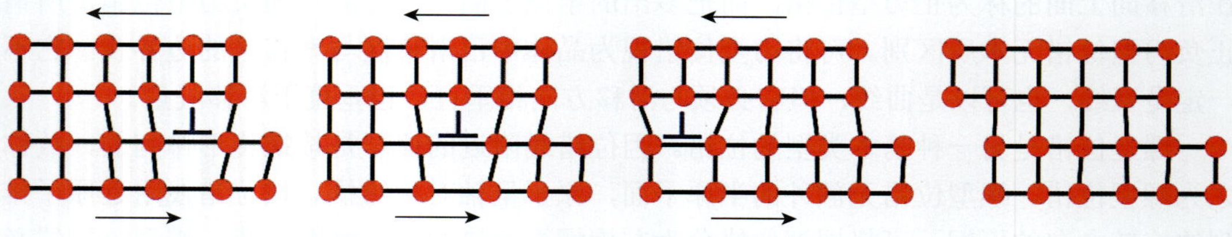

(a) 正刃型位错的滑移过程

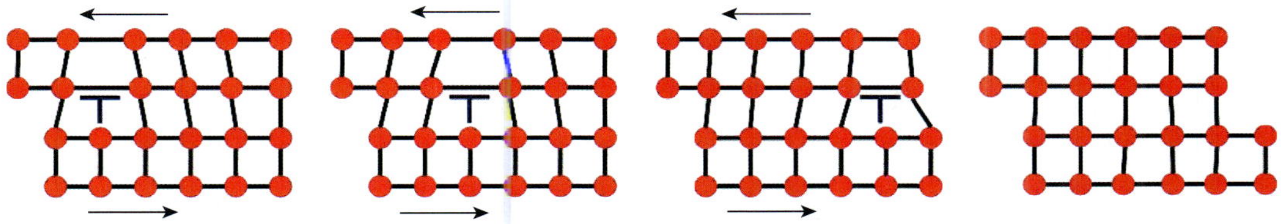

(b) 负刃型位错的滑移过程

图 2.17　刃型位错的滑移运动

刃型位错除了可以在滑移面上发生滑移外，还可在垂直于滑移面的方向上运动，发生攀移。所谓攀移就是构成刃型位错的多余半原子面的扩大或缩小，可通过原子或空位的扩散来实现。攀移需要热激活，因而要在较高温度下才能发生。

界面通常包含几个原子层厚的区域，该区域内的原子排列甚至化学成分往往区别于晶体内部，且为二维结构分布，因此称之为晶体的面缺陷。界面包括外表面和内界面，其中，内界面又分为晶粒边界和晶内的亚晶界、孪晶界、层错及相界面等。由于晶体表面上原子的排列情况与晶内不同，因而表现为面缺陷。一般金属多晶体是由许多取向不同的晶粒组成的。多晶体存在晶界（图 2.18），由于晶界是相邻两晶粒间不同晶格方位的过渡区，致使该区域内的原子排列不整齐，偏离其平衡位置，产生晶格畸变。按照相邻晶粒间的位向差的大小可将晶界分为大角度晶界和小角度晶界。在实际金属晶体的晶粒内部，原子排列也不是完全有规则的，而是由许多位向差很小的晶块所组成的。这些小晶块称为嵌镶块或亚晶粒。在亚晶粒的交界面，即亚晶界（图 2.19）处也存在着晶格畸变，可将其看成是由一系列刃型位错排列而成。具有不同结构的两相之间的分界面（即相界）也为面缺陷，相界有共格相界、半共格相界以及非共格相界之分。

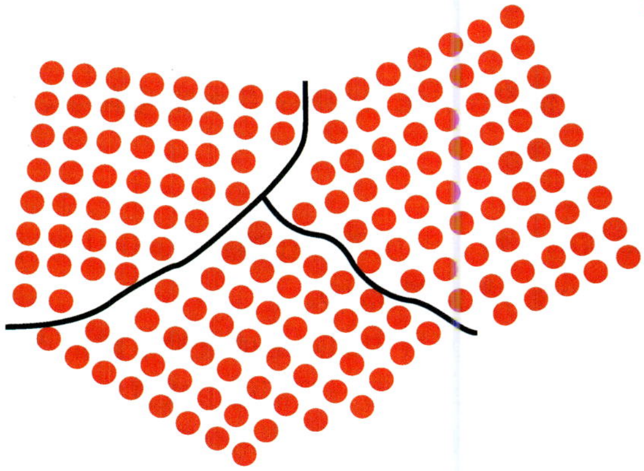

图 2.18　晶界

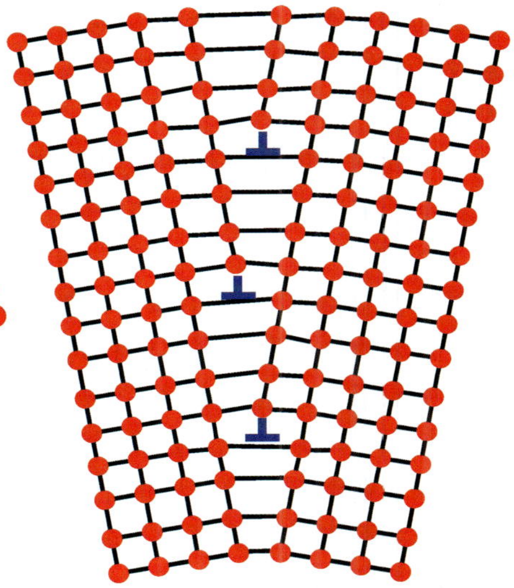

图 2.19　亚晶界

2. 宏观特征

晶体的宏观特征表现为自范性、对称性、均一性和各向异性。自范性指晶体能够自发地呈现封闭的规则凸多面体的外形，非晶态物质没有自范性。对称性指构成晶体的质点在空间呈周期性的规则排列，因而晶体的某些性质在一定方向及位置上会出现对称性。均一性即单个晶体内各部分的性质相同，因为晶体内质点是呈周期性重复排列的，其任何一部分在结构上都是相同的，因此由结构决定的一切性质都是相同的。各向异性是指晶体对光、电、磁、热以及对机械和化学作用的抵抗效果在各个方向上是不一样的（等轴晶除外）。

普通的金属材料均为多晶体。虽然每个晶粒表现为各向异性，但由于各个晶粒位向不同，加上晶界的作用，从而使得各晶粒的有效性互相抵消，导致整个多晶体呈现出无向性，因而多晶体表现为各向同性。

2.2.2 金属的组织形貌特点

纯金属在工业上有着重要的应用，但其性能上存在缺陷，如强度低等，因而工业上广泛使用的金属材料大多为合金。合金是以一种金属为基础，加入其他金属或非金属，经过熔炼、烧结或其他方法组合而获得的具有金属特性的材料。合金化是改变和提高金属材料性能的重要途径。了解合金元素加入后的存在状态即可能形成的合金相及其组织形态，对于研究其对金属材料性能的影响十分重要。

1. 合金的相结构

所谓相是指合金中具有同一化学成分、同一晶格形式并以界面分开的各个均匀组成部分。例如均匀的液体称为单相，液 / 固相共存时称为两相。合金的组成相一般包括：固溶体、金属间化合物及各组元的机械混合物。由一种相组成的合金称为单相合金，而由几种不同的相组成的合金称为多相合金。合金中的组成相种类繁多，但按照合金的组成元素及其原子相互作用的不同，基本上可将固态下所形成的合金相分为固溶体和中间相两大类。

合金组元之间的相互作用及其形成的合金相的性质主要是由各组元的电化学、原子尺寸以及电子浓度三个因素所决定。

1）固溶体

固溶体晶体结构保持了原溶剂的晶体结构。按照溶质原子在溶剂点阵中所处的位置，可将固溶体分为置换固溶体和间隙固溶体两大类（图 2.20）。

当溶质原子溶于溶剂中时，溶质原子占据了溶剂点阵中的阵点或置换了溶剂点阵中的部分溶剂原子，则称之为置换固溶体。金属元素彼此之间一般都能形成置换固溶体，而视溶质原子在溶剂中溶解度的不同，可将置换固溶体分为无限固溶体和有限固溶体。溶质原子在溶剂中的溶解度受其晶体结构、原子尺寸、化学亲和力及原子价等因素的影响。形成无限固溶体的溶质必须与溶剂具有相同的晶体结构。原子半径差小于 15% 时有利于形成大溶解度的固溶体。溶质与溶剂间的电负性相近时才有可能形成溶解度大的固溶体。

(a) 置换固溶体

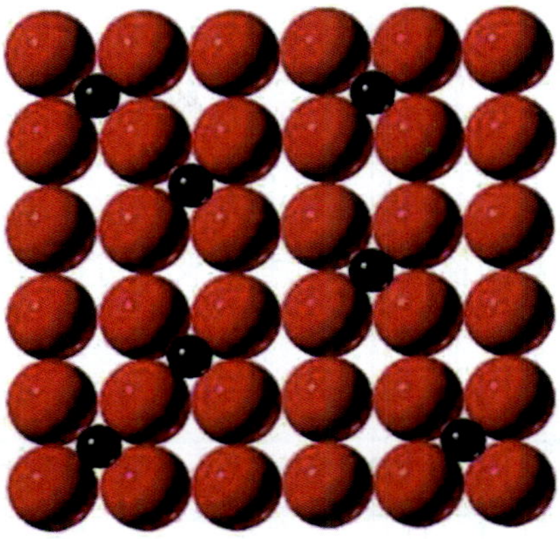

(b) 间隙固溶体

图 2.20　固溶体示意图

溶质原子位于溶剂晶格间隙的固溶体，即为间隙固溶体。形成间隙固溶体的溶质原子的半径通常小于 0.1nm，且为非金属元素，如 H、B、C、N、O 等。溶质原子一般都比晶体的间隙尺寸大，当溶质原子溶于溶剂后，会引起溶剂的点阵畸变，点阵常数变大，畸变能升高。一般而言，间隙固溶体都为有限固溶体，且溶解度较小。间隙固溶体的溶解度不仅与溶质原子的大小有关，还取决于溶剂晶体结构中间隙的形状和尺寸等因素。

溶质原子溶于溶剂后会使固溶体的点阵常数、力学性能、物理和化学性能等发生改变。例如，与纯金属相比，溶质溶于溶剂后固溶体晶格的畸变会使合金强度和硬度升高，而塑性下降，这种现象称为固溶强化，这也是提高合金机械性能的重要途径之一。一般固溶度增大，点阵畸变增大，会使固溶体的电阻率升高而使电阻温度系数降低。

2）中间相

两种组元形成合金时，除了可以形成以其中一组元为基的固溶体外，还能形成晶体结构与两种组元均不相同的新相——中间相。中间相可以是化合物，也可以是以化合物为基的固溶体。中间相都可用化合物的化学分子式来表示，但化学分子式不一定符合化合价规律，如铁碳合金中的 Fe_3C。中间相都具有金属性。中间相的形成与组元的电负性、电子浓度和原子尺寸有关。中间相包括正常价化合物、电子价化合物、与原子尺寸因素有关的化合物和超结构等几大类。

中间相都具有熔点高、硬度高、脆性大的特点，当合金中出现中间相时，能提高其强度、硬度和耐磨性，但会使其塑性和韧性降低。当中间相以细小的微粒均匀弥散分布于基体相中时，会产生显著的强化效果，即第二相强化。

3）机械混合物

当组成合金的各组元在固态下既互不溶解，又不形成化合物，而是按一定的重量比例以混合方式存在着，形成各组元晶体的机械混合物。组成机械混合物的物质可能是纯组元、固溶体或者是化合物各自的混合物，也可以是它们之间的混合物。绝大多数工业用合金都是混合物，它们的性能决定于组成混合物各部分的性能，以及它们的形态、大小和分布，即组织形貌，包括单相组织及多相组织。纯金属为单相组织，而一般固体常为多相组织。多相组织可呈块状、粒状、针状、片状等形态分布。

2. 金属的结晶过程

由一种相到另一种相的转变称为相变，由液相至固相的转变称为凝固。当凝固后的固体是晶体时，则此种转变又可称为结晶。晶体的凝固是通过形核与长大两个过程进行的（图 2.21）。

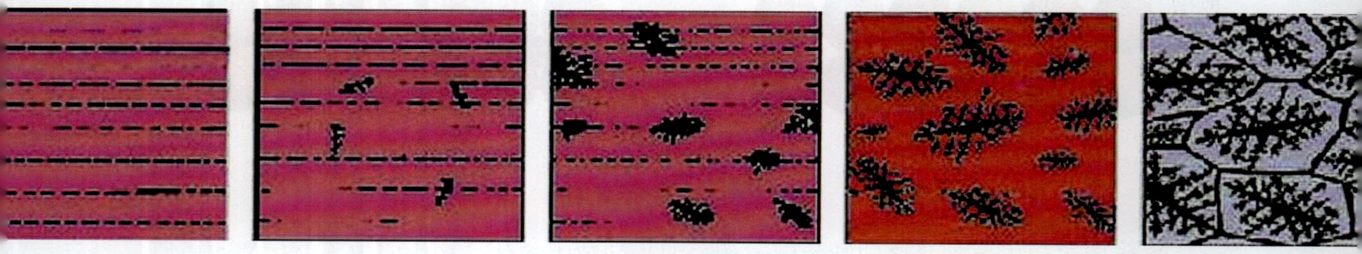

图 2.21 晶体的形核与长大

晶体的形核有均匀形核和非均匀形核之分。均匀形核的晶核为自发晶核，而非均匀形核的晶核为外来晶核。晶体均匀形核时，由于液态金属的原子排列为长程无序、短程有序的状态，并且短程有序的原子集团不是固定不变的，它的原子热运动比较强烈，在平衡位置停留时间极短，有序排列的原子团此消彼长，即存在结构起伏。而结构起伏正是晶体均匀形核所需的条件之一。而实际液态金属发生结晶时，其转变温度低于其熔点，即晶体的凝固需要一定的过冷度（图 2.22）。当温度降到熔点以下时，在液相中时聚时散的短程有序的原子团就可能成为结晶的晶核，其中的原子呈现晶态的规则排列，而其外层原子与液体中不规则排列的原子相接触而构成界面。过冷液体中形成晶核后，该区域内原子的排列状态发生变化，体系的自由能降低；同时，晶核构成新的表面，又使得表面自由能增加，即液相中存在能量起伏。液相的过冷状态以及液相中客观存在的结构起伏和能量起伏是促进晶体均匀形核的必要条件。

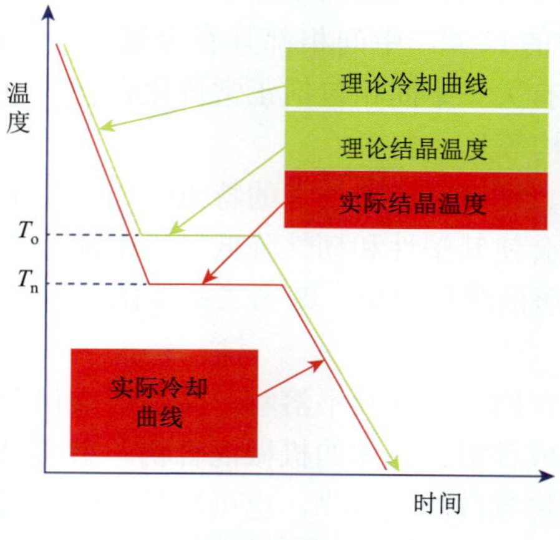

图 2.22 晶体凝固冷却曲线

而在非均匀形核的条件下，由于杂质颗粒或铸型内壁等能够促进结晶晶核的形成，依附于已存在的表面形核可降低界面能，因而非均匀形核可在较小的过冷度条件下进行。通常，金属液总是不可避免地含有一些杂质颗粒，或在铸型中凝固，因此，除非在特殊的实验室条件下，液态金属中不会出现均匀形核。

晶体形核之后，晶核开始长大。晶体的长大方式包括连续长大、二维晶核、螺型位错长大等方式。连续长大方式下，液相的原子可直接进入粗糙界面的原子空位上与晶体结合起来，使得晶体能够连续不断地向液相生长，这种长大方式为垂直生长。二维晶核是指一定大小的单分子或单原子的平面薄层。在光滑界面上，液相原子能够沿着相界面上二维晶核的侧边所形成的台阶不断地附着上去，当薄层扩展至铺满整个平面时，此时需要形成新的二维晶核才能使生长得以继续。这种长大方式甚少见到。当光滑界面上存在螺型位错时，垂直于位错线的表面呈现出螺旋形的台阶，且台阶不会消失，因为原子很容易填充台阶，当一个面的台阶被原子填充后，又会出现螺旋形台阶，如此借螺型位错长大。

晶粒的大小对金属材料的性能有着重要的影响，其强度、硬度和韧性都会随着晶粒的细化而提高，因而控制晶粒的大小具有重要的实际意义。根据凝固理论能够有效地控制结晶后的晶粒尺寸。细化晶粒的途径主要包括：增加过冷度；添加形核剂（也称孕育剂或变质剂）；振动促进形核，振动可采用机械振动、电磁振动或超声波振动等。

3. 金属的组织形貌赏析

以铁碳合金为例进行分析。铁碳合金相主要包括铁素体、渗碳体、奥氏体和珠光体（图 2.23）等。

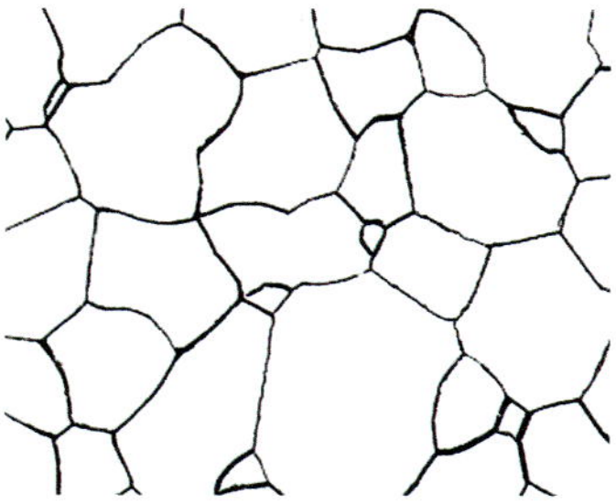

(a) 铁素体

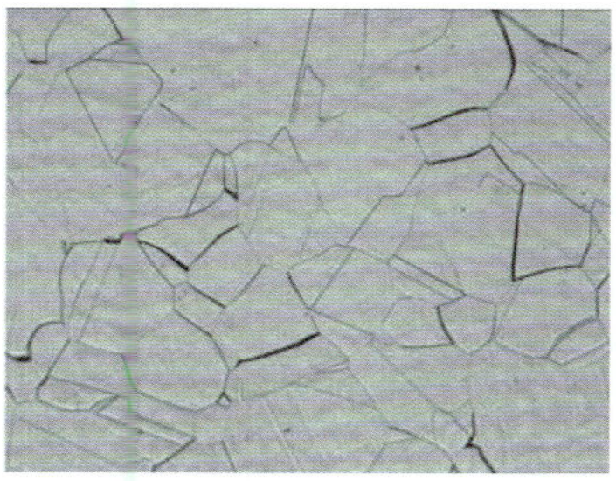

(b) 奥氏体

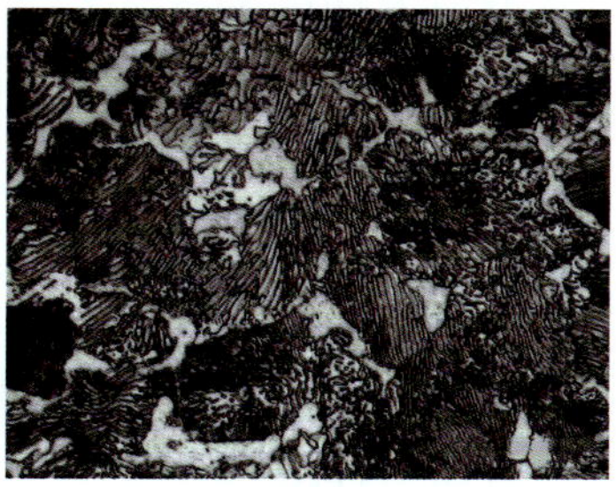

(c) 片状珠光体+铁素体

图 2.23　典型铁碳合金相的显微组织

铁素体是碳溶于 α-Fe 中形成的固溶体，为体心立方结构。其形态包括等轴状、块状、针状、锯齿状、纺锤形、沿晶形等，其中等轴铁素体是最稳定的铁素体组织形态，它的强度、硬度低，塑性、韧性好。

奥氏体是碳溶于 γ-Fe 中形成的固溶体，为面心立方结构。一般而言，奥氏体是钢在高温下的组织，在一定的温度和成分范围内存在，而有些淬火钢能使部分奥氏体保留到室温，称为残余奥氏体。它具有一定的强度和硬度，塑性也很好，易于塑性变形加工成型，可用作高温用钢。

渗碳体是碳与铁原子形成的具有复杂结构的化合物 Fe_3C，为正交点阵，包括一次渗碳体、二次渗碳体和三次渗碳体。渗碳体的显微组织形态一般为片状、粒状、网状或板状，其硬度很高，脆性很大，是碳钢中主要的强化相，而塑性和韧性极低。

珠光体是奥氏体发生共析转变所形成的铁素体和渗碳体的机械混合物，铁素体薄层与渗碳体薄层交替重叠，故也称之为片状珠光体，但在球化退火的状态下珠光体也可呈粒状。由于铁素体是软韧相，渗碳体是硬脆相，故珠光体的强度比铁素体高，比渗碳体低，而韧性和塑性低于铁素体，高于渗碳体，且珠光体的强度随珠光体的层片间距减小而提高。

2.3 金属材料造型与工艺技巧

现代加工工艺的发展，使金属可被任意加工成各种形状且精致度、准确度明显提高，大大丰富了其艺术语言的表现能力。在实现功能特性的同时，可满足人们精神审美的需求。金属加工工艺往往具有意想不到的艺术表现力，如焊接过程中产生的挫平、抛光是一种工艺美，而有意识地保留焊接、铆接等自然形成的痕迹往往能产生奇特的肌理美。这种自然形成的肌理变化弥补了金属板材简洁、光亮带来的生硬、冷漠。在对金属材料进行加工制造时，应注重金属材质美的体现和工艺美的表达。不同的材质要求采用的加工手段和制作工艺也有所不同；不同的工艺技巧和加工方式又产生出不同的形态变化，如手工工艺品相对自然、质朴、随性，而机加工工艺品造型简洁、线条流畅、光泽度高、现代感强等。

现代常用的金属加工工艺有冶炼、铸造、热加工（锻造、轧制）、机加工（切削）、连接（焊接、铆接）、冷加工（冷轧、冷拔等）、热处理以及面饰（抛光、着色）等。下面将进行简要介绍。

2.3.1 铸造

铸造是一种液态金属成形法，即将金属加热到液态，使其具有流动性，然后浇入到具有一定形状的型腔的铸型中，液态金属在重力场或外力场（压力、离心力、电磁力等）的作用下充满型腔，冷却并凝固成具有型腔形状的铸件。

金属的铸造工艺方法很多，中国铸造历史悠久，并创造出了许多精美绝伦的艺术铸件（图 2.24），有些铸造工艺可以追溯到 6000 多年前。传统铸造技术包括石范铸造、陶范铸造、焚失法铸造、失蜡铸造、金属范铸造、叠铸、砂型铸造等。随着工业技术的发展，铸造技术也得到了快速的发展，铸造已成为汽车、电力、钢铁、石化、造船、装备制造等支柱行业的基础制造技术。现今常用的铸造工艺分为砂型铸造和特种铸造两大类。砂型铸造是指利用型砂制造铸型的铸造方法；特种铸造是指与普通砂型铸造有显著区别的一些铸造方法，特种铸造包括熔模铸造、压力铸造、金属型铸造、消失模铸造、陶瓷型铸造、磁型铸造、挤压铸造、连续铸造、离心铸造等。铸造的工艺流程主要包括：金属熔炼、模型制造、浇注凝固和脱模清理等。

(a)铸铜艺术品　　(b)东汉晚期的青铜奔马

图 2.24　精美的铜铸件

铸型和熔融技术合格时，铸件的形成及质量主要取决于金属的充型和凝固过程。金属的铸造性能表示合金铸造成形获得优质铸件的能力，是一种极其重要的工艺性能，通常用合金的流动性和收缩性等来衡量。合金的流动性好则有利于充型，有利于金属液中气体和非金属夹杂物的上浮排除，有利于进行收缩补偿。铸造过程中防止缩松缩孔的形成有利于获得优质的铸件。铸造常用的材料有铸钢、铸铁、铸造有色金属（铜、铝、锌、铅等）等。铸钢、铸铁、铸造铜合金等具有较好的流动性，经熔炼后可直接铸造成零件，不再经压力加工而只需机械加工就可装机使用。

在铸造工业高速发展的今天，作为艺术思想与铸造技术完美结合的产物，艺术铸造也同样拥有一片广阔的天地。中国古代和现代的著名人物的铸像如雨后春笋般地出现在城市雕塑中，屹立在各地；我国铸币艺术也正在迅速地赶上世界先进水平；成功仿制失传的被称作魔镜的汉代“透光镜”；特别是将传统铸造法和各种现代铸造法相结合，复制和创制出大量佛像、大钟、宝鼎、香炉等传统艺术铸件。

2.3.2　塑性加工

通过外力的作用使得金属铸锭、金属粉末或各种金属坯料产生塑性变形，并获得所需的形状、尺寸和性能制品的加工方法，被称为金属塑性加工。早在 4000 多年前就已经有了金属的塑性加工，它是与金属的熔炼和铸造同时出现的，起源于青铜器时代。从那时起即可对铜、铁、银、金、铅、锌、锡等进行压力加工，所采用的工艺包括热锻、冷锻、板材加工、旋压、箔材和丝材拉拔等。现如今，金属塑性加工的基本方法主要包括轧制、挤压、拉拔、锻造、冲压、弯曲、剪切等。金属塑性越好，抗变形能力越小，越容易进行压力加工。

材料利用率高是金属塑性加工最突出的特点。正因如此，其在机械等加工行业中具有相当的优势及实用性，被广泛应用于机械、冶金、航空航天、电子、仪器仪表等行业。变形镁合金、变形铝合金等具有强度高、塑性好等特点，能通过轧制、挤压、锻造、拉伸等压力加工方法生产成板材、带材、棒材、线材等型材。纯铜在室温下就具有良好的锻造性能，碳钢在加热状态下锻造性能较好，铸铁则不能锻造。

2.3.3 切削加工

切削加工是机械制造中最基本的加工方法之一，是一种利用切削工具从工件上去除多余的材料，以获得所需形状、尺寸和表面粗糙度的产品的加工手段。

切削加工可分为机械加工和钳工加工。机械加工是利用机械力对各种工件进行加工，方法包括车削、钻削、镗削、铣削、刨削、磨削、拉削、光整加工等。钳工加工是在钳台上以手工工具为主对工件进行加工的各种加工方法，主要包括划线、锯削、錾削、锉削、刮削、研磨等。

切削加工可分为多个阶段，包括粗加工、半精加工、精加工、精密加工、超精密加工。详细内容见表 2.1。

表 2.1 切削加工的阶段

<table>
<tr><th>阶段名称</th><th>目的</th><th colspan="2">尺寸公差等级范围</th><th>R_a 值范围 /μm</th><th>相应加工方法</th></tr>
<tr><td>粗加工</td><td>尽快从毛坯上切除多余材料
使其接近零件的尺寸和形状</td><td colspan="2">IT12 ～ IT11</td><td>50 ～ 12.5</td><td>粗车、粗镗、粗铣、粗刨、钻孔等</td></tr>
<tr><td>半精加工</td><td>进一步提高精度和降低表面粗糙度，并留下合适的加工余量，为主要表面精加工作准备</td><td colspan="2">IT10 ～ IT9</td><td>6.3 ～ 3.2</td><td>半精车、半精镗、半精铣、扩孔等</td></tr>
<tr><td rowspan="2">精加工</td><td rowspan="2">使一般零件的主要表面达到规定的精度和粗糙度要求，或为要求很高的主要表面进行精密加工作准备</td><td>一般精加工</td><td>IT8 ～ IT7
（精车）</td><td>1.6 ～ 0.8</td><td>精车、精铣、精刨、粗磨、粗铰</td></tr>
<tr><td>精密精加工</td><td>IT7 ～ IT6
（精磨）</td><td>0.8 ～ 0.2</td><td>精磨、精铰、精拉等</td></tr>
<tr><td>精密加工</td><td>在精加工基础上进一步提高精度和降低表面粗糙度（其中不提高精度，只降低表面粗糙度的加工又称光整加工）</td><td colspan="2">IT5 ～ IT3</td><td>0.1 ～ 0.012</td><td>研磨、珩磨、超精加工、抛光等</td></tr>
<tr><td>超精密加工</td><td>比精加工更高级的亚微米加工和纳米加工，用于加工极个别的超精密零件</td><td colspan="2">高于 IT3</td><td>0.008 或更低</td><td>金刚石刀具切削、超精密研磨</td></tr>
</table>

切削加工的生产率较高，加工精度和表面粗糙度范围广泛；切削零件的材料、形状、尺寸和重量范围较大。切削加工存在切削力，刀具和工件均需具有一定刚度和强度，且刀具材料的硬度必须大于工件材料的硬度。随着科学技术和现代工业日新月异地飞速发展，切削加工也正朝着高精度、高效率、自动化、柔性化和智能化方向发展。

2.3.4 焊接

焊接是指通过采用物理或化学的方法从而使得分离的材料产生原子或分子结合，形成具有一定性能要求的整体的制造工艺或技术，通过焊接的方式可将各种型材组装成所需形状的产品。它是现代制造业中极为重要的材料成型和加工技术之一，被广泛应用于机械制造、建筑工程、交通运输及航空航天等领域。

焊接技术依托于能源科学的发展而不断前进，从早期的气焊、电弧焊发展至今已有近百种焊接方法。当今的焊接工艺中已利用了力、热、电、磁、光、声等一切可以利用的能源手段，焊接方法主要可以分为：熔焊、压焊和钎焊。熔焊包括气焊、电弧焊、等离子焊、电渣焊等；压焊可分为电阻焊和摩擦焊等；钎焊包括烙铁钎焊、火焰钎焊和盐浴钎焊。一般来说，焊缝附近会形成热影响区，在此区域组织和性能都会发生一定的变化，不过现代焊接技术已经能够解决这一问题，焊出内外无缺陷的、机械性能等于甚至高于被连接体的焊缝。在熔焊过程中，为提高焊接质量，研究出了气体保护电弧焊和在焊条药皮中添加对氧亲和力大的钛铁粉进行脱碳。相较于熔焊，压焊的过程较简单，只需在焊接过程中施加压力而无须添加填充材料，从而改善了焊接的安全卫生条件，且压焊的加热温度较低，加热时间较短，故热影响区也较小。钎焊是电子工业生产中进行电子组装和封装时无可取代的材料连接技术，如今，钎料正向着无铅的方向发展。

21 世纪的主导基础结构材料仍为钢材，因而焊接的主要对象也为钢材。合金元素的含量影响着钢材的焊接性能，一般来说，碳含量和其他合金元素含量越高，其焊接性能越差，因此铸铁的焊接性能很差。目前焊接用钢正向着高强化、轻量化、高纯洁净化、细晶化和微合金化的方向发展，从而推动焊接材料亦向着低碳化、洁净化和细晶化的方向发展。未来，焊接工艺还要向着高度机械化和自动化的方向前进，从而提高焊接的生产效率。此外，焊接热源的开发与研究也从未停止。

焊接还可以产生意想不到的艺术效果，是一种独特的艺术表现语言。由于焊接是在高温下进行，金属在高温下会产生丰富美妙的变化，如金属母材会发生颜色的变化及热变形；焊丝熔化后会产生漂亮的肌理；而焊接缺陷如焊接裂纹、塌陷、凹坑、夹渣、气孔等蕴藏着独特的艺术性。来自澳大利亚布里斯班的艺术家詹姆斯·科贝特，用他 23 年的构思，将那些被运往废料场的老旧汽车部件打造成令人惊叹的动物雕塑（图 2.25）。

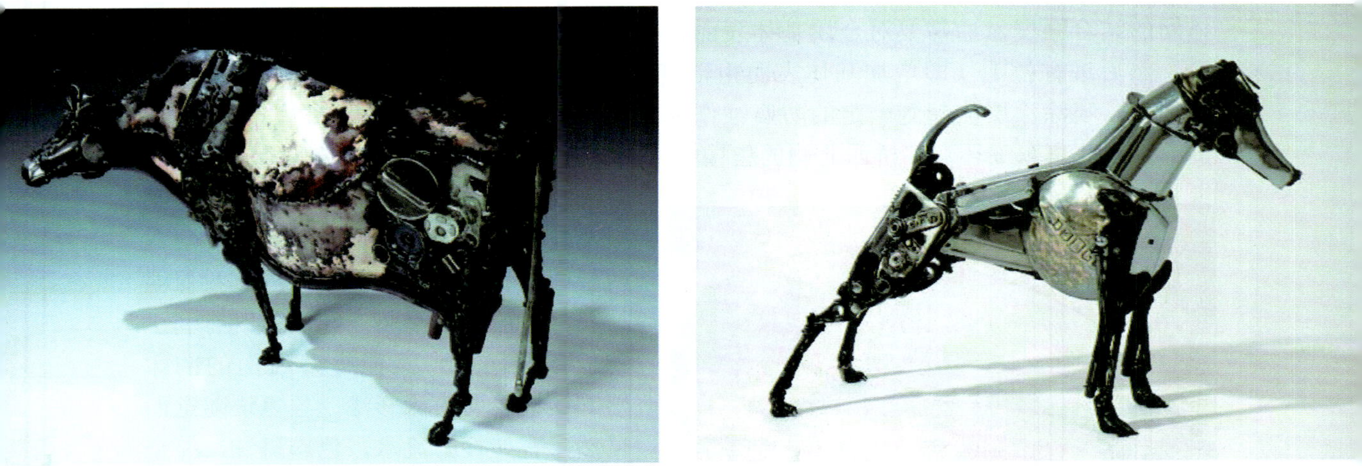

图 2.25　废旧汽车零件焊接成的动物雕塑

2.3.5　面饰

为增强金属工件的美感及艺术性，对于成型后的金属工件，可通过表面腐蚀、着色、烤漆、打亮、抛光等手段来实现，即为面饰工艺。在中国5000多年的金属工艺史中就已创造了大量的表面装饰与保护技术，包括错金银、铸镶红铜、表面富锡、表面着色等。

金属表面着色的目的是防腐蚀和装饰，表面经着色后，其呈现出来的颜色是由光通过金属表面着色薄层经反射或折射而形成的。着色工艺主要包括热处理着色、化学氧化着色、电化学着色等。着色既可以直接在基体金属表面进行，也可以在金属表面的氧化膜层或镀层上进行。

抛光是指采用机械、化学或电化学方法来降低工件表面粗糙度，获得光亮、平整表面的加工方法。抛光手段包括机械抛光、化学抛光及电化学抛光。机械抛光借助抛光轮及磨料进行；化学抛光利用金属表面的化学溶解从而达到使表面光亮平滑的目的；电化学抛光亦即电解抛光，是以被抛光工件为阳极，不溶性金属为阴极进行的，能使表面光亮如镜面。

金属表面烤漆是重要的金属防腐蚀手段，同时能起到很好的装饰美化作用。为提高涂装层的附着力及保证涂装层的耐蚀性，应对表面进行预处理，如磷化处理、化学氧化、阳极氧化处理等，不同金属的表面预处理有所区别。金属烤漆适用于金属工件内外表面的涂装，其涂装层对于金属铝材、合金、不锈钢等致密金属材料均有着良好的附着性能。目前，金属烤漆主要用于灯具、家用电器金属表面，汽车、摩托车配件等的防护与装饰。

喷涂是指借助喷枪或碟式雾化器，在压力或离心力的作用下，将均匀分散的细小雾滴施涂于被涂物表面的涂装工艺，基本可分为空气喷涂、无空气喷涂、静电喷涂及其他派生方式，包括热喷涂、自动喷涂、大流量低压力雾化喷涂等。喷涂的生产效率较高，可实现工业自动化，主要应用于五金、船舶、军工等领域。为了提高涂层与基体间的结合强度，通常要对金属基体表面进行预处理。基体的预处理首先是除油、除锈，然后进行拉毛（即增加基体表面粗糙度），其方法包括喷砂处理、机加工、化学浸蚀等。喷涂涂层能起到一定的防腐蚀作用，还能满足人的审美需求。以彩壳建筑为例，位于北京东三环双井桥西北侧的售楼大厅为椭圆形球体（图2.26），长轴51m，短轴32.8m，顶高14.8m。表面分别由钢板及玻璃幕墙覆盖，钢板分内外两层，两层间设有减震层，内钢板内侧衬保温材料，外层钢板沿竖向起肋，既有利于钢板接缝防水，又能提升表面的韵律感。钢板表面喷涂彩漆，各色块随意而自然，有如行云流水，色彩斑斓，整个建筑就像一个巨型彩蛋。从广场远眺，喷水池倒映着彩蛋的身影，好似一枚彩色巨蛋静卧水中，又像一枚巨型彩纹雨花石浸泡在一碟清水中，活脱是一座现代雕塑和巨型盆景。

图2.26 彩壳建筑

2.4　经典造型产品赏析

金属材料通过适当的加工（铸造、切削、焊接、表面处理等）才能成为产品。

在对产品进行造型设计时，还需合理运用并设计材料的审美特性，使产品实现功能特性的同时还能传递出审美信息。形态、色泽、质地是构成材料审美特性的三大要素，其形态之美，是由材料的外部结构所激发的美感；色泽之美，是由材料的颜色、光泽、透明性等激发的美感；质地之美，是由材料的表面纹理、内在质地等激发的美感。金属材料形、色、质三方面的相互交融，自然属性与科学技术完美结合，才能将产品的艺术美感充分呈现出来。

金属材料具有较高的强度和韧性组合，易于加工成型，故至今仍被视为最重要的工程结构材料，如钢材，被用于大桥、高层建筑等，给人以雄伟壮观、坚实可靠之感；同时，金属材料具有美丽的光泽，庄重华贵，经久耐用，因而也被用作装饰材料，如铝材及金、银、铜等贵金属，颐和园中的铜亭、泰山顶上的铜殿、昆明的金殿、西藏的布达拉宫金碧辉煌的装饰等，都是古人留下的典范。从古至今，人们充分利用金属的结构特性与审美特性，设计创造出了一系列为人津津乐道的经典造型产品。下面将就几个经典的造型产品作简要赏析。

2.4.1　国家体育场“鸟巢”

2008 年 8 月，中国成功举办了奥运会，惊艳了世界。同时，北京奥运会主体育场“鸟巢”（图 2.27）也获得了世人的瞩目。奥运“鸟巢”于 2003 年 12 月 24 日正式开工，2008 年 6 月 28 日落成。

图 2.27　北京奥运会主体育场“鸟巢”

整个场馆无过多的装饰，设计者们将它的结构暴露出来，形成了自然的建筑外观。具有灰色韵律感的钢网构成整个框架，其外观看似树枝织成的鸟巢，其中运用了秩序、内敛的东方美学思想，蕴藏着深厚的东方文化内涵。

“鸟巢”的主要建筑魅力之一体现在其精致的反向双曲线钢结构，它将现代工业社会备受推崇的建筑材料——钢材的性能优势表现得淋漓尽致。自进入工业时代起，钢材以其高可塑性、优异的抗压性和抗拉性而成为最佳的建筑材料，且备受现代建筑大师们的青睐：从 1851 年建于英国的用钢铰架和玻璃建造的“水晶宫”展览馆，到 1889 年的世界最高建筑巴黎埃菲尔铁塔，再到首次以纵向钢桁架代替石材为主要建造材料的乔治・华盛顿大桥——这些世界著名的建筑均是用钢材制成拉杆和压杆，再将其铰接成花样繁多的三角“桁架”从而形成抗风抗震的坚固结构。

而“鸟巢”的创新之处在于：首先，选用 Q460 钢材为主结构材料，Q460 是一种低合金高强度钢，强度比一般钢材大；钢板厚度达到 110mm，是绝无仅有的。其次，结构上，该设计并没有采用传统的三角桁架，也没有使用一根立柱，而是选用了巨大的门式钢架，共有 24 根桁架柱，顶面为鞍形。“鸟巢”将中国元素与钢结构设计巧妙融合在一起，完美展现了中国传统文化中镂空的手法、“哥窑”瓷的纹路。工艺上，设计利用多点无模成形弯扭构件无规律地扭曲来实现顶部的高空合拢，构件位置的接口均在三维空间中确定，误差不超过 3mm。而所有的这一切均由我国科研人员和工人圆满实现，改写了我国钢结构建筑的历史。

图 2.28　埃菲尔铁塔

2.4.2　埃菲尔铁塔

埃菲尔铁塔（图 2.28）诞生于 1889 年巴黎世博会，占地约 1 hm^2，位于巴黎市区塞纳河畔的战神广场上，目前包括天线等附加设施在内的建筑总高度为 324m。埃菲尔铁塔塔身共四层，最下面形成东南西北四座大拱门，其上有三层平台，第四层是气象台，顶部架有电视天线。作为 19 世纪世界上最伟大的土木工程之一，埃菲尔铁塔实现了外在美和内在美的完美统一，且和布鲁克林桥一起开启了结构工程的新时期。

埃菲尔铁塔的结构体系既直观又简洁，由许多分散的钢铁构件组成，钢铁构件共计有 18 038 个，重达 10 000t，铆钉多达 250 万个。全塔除 4 个脚为钢筋混凝土结构外，全身都为钢结构。同时，埃菲尔铁塔在结构设计上完美解决了建筑的自重及风载荷问题，创造了人类建筑史上的新高度。埃菲尔铁塔设计之初受到的质疑与争议不断，本是几个梯形呈折线状叠合而成作为其承重结构及外观形体，而后不得不在铁塔基座中添加了 4 个巨大的半圆装饰性铁架，它们与承重结构毫无关联，却鲜明地反映了欧洲传统建筑文化中的弧形拱圈情节。而这恰恰使得科学与艺术在建筑上相互博弈又相互融合。

埃菲尔铁塔的诞生无疑是得益于钢铁性能的完善，其为埃菲尔铁塔提供了技术层面的支持。当这座惊世骇俗的建筑屹立于巴黎时，从最初的被抨击为丑到逐渐被认可为美，反映出人类新技术、新材料的发展及劳动方式的变革，具有划时代的意义。经过岁月的洗礼，这座兼具功能美与艺术美的建筑已成为一种文化和精神的符号，成为一种象征，法国人将其爱称为“铁娘子”。

此外，埃菲尔铁塔的绰约风姿离不开涂装。涂装的主要目的是防腐，同时兼具美观的作用。埃菲尔铁塔屹立百余年来，前前后后共经历了 18 次“洗礼”。埃菲尔铁塔结构复杂，因而需要人工涂油漆，油漆都是用专门的材料制成，然后由工人们一点一点涂上去。在此之前，需要用砂纸将钢架上的老化漆皮去除并刷上底漆。这是埃菲尔铁塔防护的重要一环，既保留了其内在美，使其坚实依旧，同时又使其外在焕发着光彩，成为名副其实的“铁娘子”。

2.4.3 日本京都金阁寺

金阁寺为日本古刹，于 1397 年建成，至今已 600 多年历史。该寺位于镜湖池畔，阁体全部由金箔装饰，一只飞舞的金色凤凰矗立屋顶，十分夺目（图 2.29）。而金阁寺

图 2.29 日本京都金阁寺

之所以被称为天下奇刹的主要原因之一正是它阁体上非同凡响的金箔。

金阁寺主体为木质结构，但20万张金箔遍贴阁体，竟融合得恰到好处，显得天衣无缝。日本佛教建筑上的金箔工艺并不罕见，然而金阁寺所用金箔却非同凡响，在日本可以说是空前绝后。金阁寺的奇特，不仅在于它所使用的金箔厚度为普通金箔的5倍，还在于当时为了贴牢这些金箔，工匠们特地研发出了用多层日本生漆作胎的技术。金阁寺上的金箔名为“五倍箔”，即它的厚度为普通金箔的5倍。用于佛教建筑的金箔制作工艺都有一定的规格，即将金、银、铜三种金属一同投入坩埚中于1800℃下进行冶炼，熔炼成含金为94.43%，含银为4.9%，含铜为0.66%的色泽鲜亮的合金，随后用锤子均匀地锤打成厚约0.0001mm的金箔。金箔的厚度增加，也就意味着贴饰工艺难度加大，而这一问题被日本工匠成功攻克，即先在墙上刷上漆，然后在漆还没有干透并带有黏性的时候迅速而小心地将金箔贴上去。

金阁寺屹立至今，于荏苒时光中见证了一个个时代的兴衰与荣枯，如今它已成为日本为数不多的世界文化遗产之一，日本的国宝级文化遗产。

2.4.4 古埃及的黄金之城

图坦卡蒙是古埃及第十八王朝的法老，他所处的古埃及新王国时代是古埃及冶金技术大发展的时期，而黄金也是法老神权的一大象征。图坦卡蒙的豪华陵墓和黄金面罩是古埃及文明的重要象征。

在图坦卡蒙陵墓中共发掘得到1700件珍贵文物，而最为精美的则是图坦卡蒙金棺。整个金棺包括外、中、内三层，外两层均为木质，外面包覆金片，内棺（图2.30（a））用450磅纯金制成，长1.87m，厚2.5～3.5mm，棺体为人形，上面镂刻着华美精致的纹饰，同时还镶有琉璃、碧玉、绿松石等宝石，被誉为人类历史上最精致、最伟大的金制品。图坦卡蒙木乃伊的面部覆盖着黄金面具（图2.30（b）），上面还装饰有琉璃、项链等，法老的头上还戴着饰有鹰蛇王徽的王冠。该面具是年轻法老面容的真实写照。整副面具是由一整块黄金板历经成千上万次的捶打制得，但整个表面光滑平整，看不出任何捶打的痕迹，这足以说明当时古埃及冶金工匠技艺之高超。此外，其陵墓中还有一个由纯金雕制并镶满宝石的御座（图2.30（c）），座椅的正面两侧各有一个金制的狮子头，扶手为蛇首鹰身的雕像，分别代表上、下埃及的王权。御座的靠背是一幅王室家庭生活的画面：在阳光照耀下，王后含情脉脉地抚摸御座上的国王，二人目光相对，和美温馨。以上足以说明古埃及世界超一流的黄金文明发达程度。

2.4.5 后母戊鼎

后母戊鼎（图2.31）是目前我国出土的最大的青铜器，是我国商代青铜器的代表作，是光耀青史的华夏青铜文化发展到鼎盛时期的产物，堪称中华青铜之最。

该鼎厚重典雅，气势恢宏，整个鼎高133cm，口长112cm，宽79.2cm，足高46cm，壁厚6cm，实重832.84kg。后母戊鼎立耳，腹为长方形，四柱足中空。地纹为云雷纹，在耳的外廓处有一对虎纹，虎口相向，中间有一人头，形似虎吞人头；耳的侧

(a) 图坦卡蒙金棺　(b) 黄金面具　(c) 御座

图 2.30　图坦卡蒙陵墓文物

缘饰有鱼纹。鼎腹上、下均饰以夔纹带构成的方框，两夔相对，中间以短扉棱相隔。鼎腹四隅均饰有扉棱，鼎腹上有三组以扉棱为中心的兽面纹。足部有兽面纹，下有三道弦纹。纹饰精美，朴素而又庄重，堪称艺术精品。

经鉴定分析表明，后母戊鼎的合金成分与商代一般的青铜制品的成分大致相同，主要元素有铜、锡、铅，含量分别为铜 84.77%、锡 11.64%、铅 2.79%。该鼎的铸造工艺极其复杂，用陶范法铸造而成，要求工匠有十分高超娴熟的技艺。而此鼎的存在也正说明了商朝青铜铸造业生产规模之大，技艺之纯熟及其高度繁荣的青铜文化。

图 2.31　后母戊鼎

参 考 文 献

崔帆 . 2016. 炼铁高炉机械设备的技术性分析 [J]. 山东工业技术，（3）：1.

丁忠贵 . 2015. 火法炼铜工艺主要资源综合利用概述：第七届冶炼技术论文发布会论文集 [C]. 昆明 .

弗里埃德尔 J. 1984. 位错 [M]. 增订版 . 北京：科学出版社 .

高钰琛，韩青，李鑫，等 . 2010. 从埃菲尔铁塔现象看建筑与科学、艺术之间的关系 [J]. 建筑学报，（S2）：176-179.

关东杰 . 1994. 图坦卡蒙金棺 [J]. 金属世界，（3）：29.

胡赓祥，蔡珣，戎咏华，等 . 2010. 材料科学基础 [M]. 3 版 . 上海：上海交通大学出版社 .

胡清熊 . 2003. 钛的应用及前景展望 [J]. 钛工业进展，（Z1）：11-15.

纪谦东 . 2014. 浅析氧气顶吹转炉炼钢设备 [J]. 城市建设理论研究（电子版），（1）.

李晓延，武传松，李午申，等 . 2012. 中国焊接制造领域学科发展研究 [J]. 机械工程学报，48（6）：19-31.

李杨 . 2003. 典型金属晶体结构的特征研究 [J]. 郴州师范高等专科学校学报，（5）：54-57.

梁爽，祁嘉华 . 2010. 后现代主义建筑在中国——以鸟巢、水立方和央视新大楼为例 [J]. 华中建筑，（7）：4-6.

梅建军，柯俊 . 1989. 中国古代镍白铜冶炼技术的研究 [J]. 自然科学史研究，（1）：67-77.

苏国辉 . 1982. 世界金银综述 [J]. 湖南冶金，（4）：56-63.

谭德睿，廉海萍 . 2010. 中国传统铸造技术撷英 [J]. 铸造，（12）：1256-1266.

唐远景 . 1994. 我国铝及铝合金的应用及趋势浅析 [J]. 轻金属，（5）：61-64.

陶锋 . 2004. 论“彩壳”建筑的设计思维 [J]. 辽宁工程技术大学学报，（4）：475-477.

王捷 . 2006. 电解铝工艺与设备 [M]. 北京：冶金工业出版社 .

武继平 . 2013. 金阁寺密话 [J]. 环球人文地理，（13）：166-167.

叶海源 . 2011. 金属塑性加工技术新探 [J]. 法制与经济（中旬刊），（7）：197-198.

余琦 . 1998. 中华青铜之最——司母戊鼎 [J]. 南方文物，（4）：123.

张光直 . 1983. 中国青铜时代 [M]. 北京：生活 • 读书 • 新知三联书店 .

第3章 陶瓷材料及其造型艺术

3.1 常用陶瓷材料及其性能

传统上，陶瓷是指以黏土及其天然矿物为原料，经过粉碎混炼、成型、焙烧等工艺过程所制得的各种制品，亦称为“普通陶瓷”或“传统陶瓷”。广义的陶瓷是指用陶瓷生产方法制造的无机非金属固体材料和制品的统称。

根据陶瓷的颜色和吸水率大小不同，普通陶瓷又可分为陶器、炻器、瓷器。陶器以陶土为原料，所含杂质较多，烧成温度较低，断面粗糙无光，不透明，吸水率较高。瓷器以纯的高岭土为原料，焙烧温度较高，坯体致密，几乎不吸水，有一定的半透明性。介于陶器和瓷器二者之间的产品为炻器，也称为石胎瓷、半瓷。炻器坯体比陶器致密，吸水率较低，但与瓷器相比，断面多数带有颜色而无半透明性，吸水率也高于瓷器。表 3.1 是普通陶瓷常见品种与应用。

表 3.1　普通陶瓷常见品种与应用

名称		特点		主要制品
		颜色	吸水率 /%	
粗陶器		带色	＞10	日用缸器、砖、瓦
精陶器	石灰质	白色	18～22	日用器皿、彩陶
	长石质	白色	9～12	日用器皿、卫生陶瓷、装饰釉面砖
炻器	粗炻器	带色	4～8	缸器、建筑外墙砖、锦砖、地砖
	细炻器	白或带色	＜1	日用器皿、化工及电气工业用品、瓷质砖
瓷器	长石瓷	白色	＜0.5	日用餐茶具、陈设瓷、高低压电瓷
	绢云母瓷	白色	＜0.5	日用餐茶具、美术用品
	滑石瓷	白色	＜0.5	日用餐茶具、美术用品
	骨灰瓷	白色	＜0.5	日用餐茶具、美术用品

按概念和用途，陶瓷可分为普通陶瓷（传统陶瓷）和特种陶瓷（新型陶瓷）。普通陶瓷，根据其用途不同可分为：日用陶瓷、建筑卫生陶瓷、化工陶瓷、化学陶瓷、电瓷及其他工业用陶瓷。特种陶瓷，又可分为结构陶瓷和功能陶瓷两大类。常见特种陶瓷的种类和特点如表 3.2 所示。

表 3.2 特种陶瓷种类和特点

名称	特点	主要制品
高铝质瓷	耐高频、高强度、耐高温	硅线石瓷、刚玉瓷等
镁质瓷	耐高频、高强度、低介电损耗	滑石瓷
锆质瓷	高强度、高介电损耗	锆英石瓷
钛质瓷	高电容率、铁电性、压电性	钛酸钡瓷、钛酸锶瓷、金红石瓷
磁性瓷	高电阻率、高磁致伸缩系数	铁氧体瓷、镍锌磁性瓷
电子陶瓷	有导电性、电光性	电子元器件等
其他金属陶瓷	高强度、高熔点、高韧性、抗氧化	铁、镍、钴金属陶瓷，如火箭喷嘴氧化物、碳化物、硅化物瓷等

3.1.1 硅酸盐陶瓷

普通陶瓷所需原料有三大组分：具有可塑性的黏土类原料、具有非可塑性的石英类原料（瘠性原料）和熔剂原料，除了上述普通陶瓷所需的三大原料外，陶瓷釉料还常常需用各种特殊的熔剂原料，包括采用各种化工原料。

黏土是一种或多种呈疏松或胶状密实的含水铝硅酸盐矿物的混合物。其主要化学组成是 SiO_2、Al_2O_3 和 H_2O，还有少量的碱金属氧化物 K_2O、Na_2O，碱土金属氧化物 CaO、MgO 以及着色矿物 Fe_2O_3 和 TiO_2 等。矿物组成上黏土是多种微细矿物的混合体，主要由黏土矿物（含水铝硅酸盐类矿物）组成。此外，还含有石英、长石、碳酸盐、铁和钛的化合物等杂质。主要黏土矿物可分为高岭石类、蒙脱石类和伊利石（水云母）类三种，另外还有较少见的水铝英石。

高岭石属于黏土矿物，其化学组成为 $Al_2[Si_2O_5]\cdot(OH)_4$，晶体属三斜晶系的层状结构硅酸盐矿物。多呈隐晶质、分散粉末状、疏松块状集合体。白或浅灰、浅绿、浅黄、浅红等颜色，条痕白色，土状光泽。莫氏硬度 2 ～ 2.5，比重 2.6 ～ 2.63。吸水性强，和水具有可塑性，黏舌，干土块具粗糙感。景德镇东北 60km 的瑶里乡高岭村的瓷土，主要矿物成分为高岭石。高岭村的高岭土以洁白、细腻、耐火度强而著称。早在 11 世纪初，高岭村就成为世界闻名的高岭土产地。外国传教士昂特雷科莱到景德镇考察，在1712年、1722 年两次写信给罗马教廷，介绍高岭村的瓷土和景德镇的制瓷工艺。接着，德国人李希霍芬将“高岭”按音译成“Kaolin”。从此，凡与高岭村所产性质相同的瓷土，统称为“高岭土”。至今，在欧洲各国的陶瓷工业上，仍把高岭土称为“chinaclay”。由于高岭村的瓷土已开采多年，至明代已不易挖掘，清代开始采用星子县的高岭土。

蒙脱石，又称微晶高岭石或胶岭石，以蒙脱石为主要矿物的黏土叫膨润土。呈白色或灰白色，有时因含杂质而呈黄色、浅红色、蓝绿色等。相对密度为 2.2 ～ 2.9，莫氏硬度 1 ～ 2。属单斜晶系晶体，其化学式为：$Al_2O_3\cdot 4SiO_2\cdot nH_2O$（$n > 2$），晶体结构式为：$Al_4(Si_8O_2)(OH)_4\cdot nH_2O$。蒙脱石结晶程度差，轮廓不清楚，很难发现其单晶体。晶粒极细小，一般小于 0.5mm，呈不规则的粒状或鳞片形胶状。蒙脱石具有吸水特性，因吸水后体积膨胀，有时大到 20 ～ 30 倍，故名膨润土。蒙脱石易粉碎，颗粒细小，可塑性好，干燥收缩较大，干燥强度高，因含杂质多，Al_2O_3 含量低，故烧成温度较低，烧后色泽不理想。在陶瓷生产中用量一般不得超过 5%，釉中可掺少许作悬浮剂。

伊利石又称水云母（因白云母水化而得名），矿物颗粒很小，常混有其他黏土矿物。它是包括水黑云母、水白云母、蛭石等似云母的一类成分较复杂、分布很广、产量大的黏土矿物。

瘠性原料是为了防止坯体收缩产生缺陷，而加入的无可塑性的原料。瘠性原料在焙烧过程中不与可塑性物料起化学作用，并在坯体和制品中起骨架作用，最常用的是石英。石英存在的形式很多，陶瓷生产中使用的一般为脉石英或石英岩，其 SiO_2 的含量都在 97% 以上。石英岩粉碎后与水掺和时不具有可塑性，因此利用它作为常温下坯料可塑性的调整剂。石英在高温中有适当的膨胀性，可以补偿坯体的收缩，减少变形，提高坯体的机械强度。

最常用的熔剂原料是长石，它可以降低烧成温度，提高陶瓷坯体的机械强度和化学稳定性，使坯体致密，从而提高其透光度。长石是坯釉配方的主要原料之一，能降低坯料的可塑性，降低干燥收缩，缩短干燥时间，减少坯体变形和开裂。长石具有很强的助熔作用，能降低坯、釉的烧成温度。长石熔化后形成的液相能填充坯体的孔隙，增大坯体的致密度，提高制品的机械强度、透光性能和介电性能。高温下生成的黏稠玻璃体能溶解部分高岭土的分解物，促使莫来石晶体的形成和长大。高温下的长石熔体具有较大的黏度，能起到高温热塑作用和胶结作用，防止高温变形。在釉料配方中，长石用量更多，长石原料和石英原料高温熔化后所形成的玻璃态物质是釉的主要成分。

其他碳酸盐类原料在高温下可起熔剂作用，用于坯料中主要作为熔剂性原料，同时也是瘠性料，可以减小坯体的吸湿膨胀。用于釉料中可以增加釉的耐磨性与硬度，增加釉的抗腐蚀性，降低釉的高温黏度与增加釉的光泽度。

天然腐殖质或锯末、糖皮、煤粉等有机原料可提高原料的可塑性，但掺入量过多会使成品产生黑色熔洞。

3.1.2 氧化物陶瓷

1. 氧化铝陶瓷

氧化铝是氧化物中研究得最成熟的一种，它在地壳中藏量丰富，约占地壳总质量的 25%，价格低廉，性能优良。

γ-Al_2O_3 属尖晶石型结构，高温下不稳定；β-Al_2O_3 是一种含有碱土金属或碱金属的铝酸盐，六方晶格（$a = 5.60$Å，$c = 22.5$Å），密度 3.30 ～ 3.63g/cm^3，1400 ～ 1500℃开始分解，1600℃转变为 α-Al_2O_3；α-Al_2O_3 为高温形态，它的稳定温度高达熔点，密度 3.96 ～ 4.01g/cm^3，与杂质含量有关，在自然界中以天然刚玉、红宝石、蓝宝石等形式存在，α-Al_2O_3 结构最紧密、活性低、电化学性质最好、有优良的力学性能，莫氏硬度为 9。

氧化铝陶瓷制备流程为原料 α-Al_2O_3 煅烧、磨细、掺添加剂、成型、预烧、修坯、烧结、表面金属化处理。煅烧的目的是使 γ-Al_2O_3 转变为 α-Al_2O_3，并排出原料中的 Na_2O 等低熔点挥发物。工业 Al_2O_3 通常要加入 0.3% ～ 3% 的添加物，H_3BO_3、NH_4F、AlF_3 等添加剂有利于煅烧 Al_2O_3 密度的提高和 Na_2O 的去除，反应式为

$$Na_2O + 2H_3BO_3 = Na_2B_2O_3\text{（g）} + 3H_2O \quad (3.1)$$

磨细时加 1% ～ 3% 的油酸，以防黏结。一般要求小于 1μm 的颗粒占 15% ～ 30%，若大于 40%，烧结时会出现严重的晶粒长大，当 5μm 的颗粒多于 10% ～ 15% 会明显妨碍烧结。

为促进烧结、降低烧结温度，增加产品密度，控制晶粒尺寸，改善产品的物理、化学性能，通常需要掺添加剂。添加剂分为两类：第一类与 Al_2O_3 形成固溶体，主要有 TiO_2、Fe_2O_3、Cr_2O_3、MnO_2。它们的晶格常数与 Al_2O_3 相近，是变价化合物，固溶时使 Al_2O_3 产生缺陷，活化晶格，促进烧结；第二类在烧结时形成液相，主要有 MgO、SiO_2、CaO、高岭土（$2MgO·B_2O_3·H_2O$）、氟化物（MgF_2，BaF_2）、SrO、BaO 等。

氧化铝陶瓷成型可采用注浆法、模压法、挤压法以及热压注等各种方法。

烧结是获得良好性能 Al_2O_3 陶瓷的关键工序，包括高温快速和低温慢速两种工艺，前者可获得微晶结构。

表面金属化处理便于 Al_2O_3 陶瓷与金属焊接、封装。常用 Mo-Mn 工艺。一般认为金属和陶瓷热膨胀系数差值在 $\pm2\times10^{-6}℃^{-1}$ 时，涂层具有良好的热稳定性，差值在（3 ～ 4）$\times10^{-6}℃^{-1}$ 时，只要涂层不厚，也完全能正常地工作。

氧化铝陶瓷有高的硬度和强度，从而有良好的切削性、耐磨性，是主要的刀具、模具、钟表轴承、砂轮、磨球、泵活塞等材料。

氧化铝陶瓷具有良好的绝缘性，是主要的绝缘瓷（装置瓷），常用于衬底、火花塞、真空开关壳、磁控管芯柱。由于蓝宝石（Al_2O_3）的晶格常数与硅相近，所以被用作硅单晶外延生长的衬底。

另外，氧化铝陶瓷还具有良好的耐热性，常用作坩埚、炉管、炉膛等炉窑用品，也是耐火砖、耐火纤维等耐火制品的常用材料。具有良好的耐蚀性，用作化工制品、耐酸泵零件等。

2. 氧化锆陶瓷

氧化锆陶瓷是新兴的一类极有发展前途的新型结构陶瓷，主要利用 ZrO_2 的相变特性获得非常高的断裂韧性和抗弯强度，具有优良的常温力学性能及耐高温、耐腐蚀性能，所以备受瞩目。目前，国内外研究方向主要包括：相变增韧机理研究、常温力学性能的改善、低温老化性能及机理研究、高温力学性能研究、摩擦磨损机理以及氧化锆陶瓷的实际应用与开发等。

氧化锆的晶格参数如表 3.3 所示。由四方相向单斜相转变，不仅有 3% ～ 4% 的体积效应，16% 的剪切应变，而且有热效应发生。

表 3.3　氧化锆晶格参数

晶型	晶格常数				密度 /(g/cm³)
	a	*b*	*c*	*β*/(°)	
单斜（m）	0.51881	0.521 42	0.538 35	81.22	5.56
四方（t）	0.554 85	0.526 72	—	—	6.10
立方（c）	0.508 00	—	—	—	5.68 ～ 5.91

要在室温下获得 t-ZrO_2 相而实现相变增韧，必须添加稳定剂，使 t 相部分或全部稳定下来，最常用的稳定剂是 Y_2O_3、MgO、CeO_2 等。对 ZrO_2 加入不同含量的稳定剂或适当控制烧结工艺，可获得 t 相含量不同的氧化锆陶瓷。不同稳定剂稳定的氧化锆陶瓷材料性能有所差别，所以添加的稳定剂不同就可获得不同的基体。

Y-TZP 是以 Y_2O_3 为稳定剂的部分稳定氧化锆陶瓷（PSZ）材料，Y_2O_3 物质的量浓度通常在 2% ～ 4%。与其他陶瓷相比，Y-TZP 的烧结温度较低，烧结致密度高，而且具有优良的抗弯强度和断裂韧性，良好的耐磨性、耐腐蚀性和生物相容性。大量研究表明，3Y-TZP 的综合力学性能最优。但 Y-TZP 有一显著缺点，在 100 ～ 400℃低温区长期使用时易发生低温老化。

Mg-TZP 是以 MgO 为稳定剂的 PSZ 陶瓷材料，其突出的优点是在相对较高的温度下具有优良的力学性能和抗蠕变性能，属于中常温（低于 800℃）结构陶瓷材料。Mg-TZP 的研制和开发受两个不利因素的制约：一是烧结温度很高（一般在 1700 ～ 1800℃），致使材料制备和工业化较困难；二是 Mg-TZP 在高于 1000℃时易产生晶相分解和 t 相大量失稳，导致材料性能衰退。

Ce-TZP 是以 CeO_2 为稳定剂的 TZP 材料，与 Y-TZP 相比，Ce-TZP 具有良好的抗低温水热老化性能，但断裂韧性和抗弯强度偏低；而且烧结时易造成晶粒粗大。Ce-TZP 的硬度和断裂韧性对晶粒大小有很强的依赖性，所以，制备 Ce-TZP 陶瓷的关键是适当控制晶粒的长大，获得优良的力学性能。

氧化锆陶瓷研究存在的问题主要有两个方面，一是不同温度下改善力学性能的矛盾。目前，氧化锆陶瓷在改善中低温和高温力学性能的同时，往往以牺牲常温力学性能为代价，添加晶须时表现尤为突出。这主要是因为改善中低温和高温力学性能的添加相与基体的物理失配，导致在补强过程中丧失了部分增韧作用。另一个是氧化锆陶瓷的低温老化现象。氧化锆陶瓷在低温条件下，尤其是在潮湿环境下长期使用时会导致力学性能的显著下降，在其表面伴随有微观或者宏观的裂纹，这就是氧化锆陶瓷的低温老化现象，简称 LTD。这主要是由于材料的表面向内部逐渐发生 t-m 相变，产生体积膨胀，引发微观裂纹和宏观裂纹，最终导致材料性能的下降。低温老化现象的主要特征包括：t-m 相变在 200 ～ 300℃最为迅速；水和水汽将加速 t-m 相变的进行；t-m 相变一般由表面向内部进行；高稳定含量和细晶结构有利于抑制 t-m 相变。低温老化现象的产生机理：①化学反应机制：晶体内部产生 $Y(OH)_3$，导致稳定剂含量减少，使 t 相发生相变；②化学应力诱发机制：水热条件下 OH^- 比 H^+ 迁移的快，在表面生成 Zr-OH 和 Y-OH 键，产生应力集中，导致 t 相失稳；③机械应力诱发机制：水热条件下，水和水汽使 t 相周围的应力状态发生改变，使得 t 相的稳定性遭到破坏，发生相变。

可通过增加稳定剂含量和加入高弹性模量的第二相组分来改善低温老化性能。增加稳定剂含量有利于控制相变，抑制 LTD，但稳定剂的增加必然导致常温力学性能的下降。加入高弹性模量的第二相组分，如 Al_2O_3，一方面可以抑制老化，另一方面对材料的抗弯强度和断裂韧性也有一定提高。Al_2O_3 的弹性模量为 ZrO_2 的两倍（达 400GPa），弹性模量大，整体增加了对 ZrO_2 的约束力；另外，弥散相可以阻碍 t-ZrO_2 的长大，且起到颗粒增强的效果，有效抑制老化由表面向内部扩展。

二氧化锆是一种耐高温、耐磨损、耐腐蚀的无机非金属材料。随着电子和新材料工业的发展，除传统应用于耐火材料和陶瓷颜料外，其在电子陶瓷（如发火元件、助听器、拾音器等）、功能陶瓷（如氧气分析仪和钢液测氧探头等）和结构陶瓷（如推杆、连杆、轴承、气缸内衬和活塞帽等）等高科技领域的应用引起广大学者的重视，成为当今研究开发的热门课题之一。

3. 熔融石英（SiO_2）陶瓷

以石英玻璃为原料，采用陶瓷生产工艺而制造的制品称为熔融石英玻璃，或称为石英玻璃陶瓷。熔融石英陶瓷热膨胀系数低（0.54×10^{-6}℃$^{-1}$），具有优良的抗热震性，在1000℃与冷水之间的冷热循环，大于20次而不破裂；热导率特别低，为2.1W/(m·K)，且在100℃以下几乎没有变化，是一种理想的隔热材料。熔融石英陶瓷的强度随温度升高而增加，其他氧化物陶瓷从室温到1000℃，强度降低60%～70%，而熔融石英陶瓷却提高33%；荷重软化点为1250℃，常温电阻率为10^{15}Ω/m，所以是一种很好的绝缘材料。熔融石英陶瓷有很好的化学稳定性，一般的酸金属熔体与熔融石英不起作用，也能耐玻璃熔渣的侵蚀。

通常用注浆成型法成型，熔融石英坯体的烧结，关键是既要使坯体烧结，又要防止方石英的析晶，因为析晶会使强度降低，抗热震性变差。烧结温度一般为1185℃，不超过1200℃保温1～2h。

熔融石英陶瓷在化工、轻工中用作耐酸、耐蚀容器、化学反应器的内衬、玻璃熔池砖、拱石、流环、栓塞以及垫板、隔热材料等；在炼焦工业中作炼焦炉的炉门、上升道内衬、燃烧嘴等；在金属冶炼中，作熔炼铝及钢液的输送管道、泵的内衬、盛金属熔体的容器、浇铸口、高炉热风管内衬、出铁槽等。

4. 其他氧化物陶瓷

氧化铍（BeO）结构稳定、致密，熔点高达（2570±30）℃，密度3.02g/cm^3，莫氏硬度9，高温蒸气压和蒸发速度低，因此真空中1800℃下可长期使用，惰性气氛中2000℃可长期使用，氧化气氛中1800℃明显挥发，水蒸气中1500℃即大量挥发。BeO陶瓷有与金属相近的导热系数，约为209.34m/K，为Al_2O_3的15～20倍，因此可用来作散热器件。具有良好的高温电绝缘性能，600～1000℃的电阻率为1×10^{11}～4×10^{12}Ω/cm；介电常数高，而且随着温度的升高还稍有提高，20℃时为5.6，500℃时为5.8；介质损耗小，也随温度升高而升高，可用来制备高温比体积电阻高的绝缘材料。能抗碱性物质的侵蚀（除苛性碱外），可用来作熔炼稀有金属和高纯金属铍、铂、钒的坩埚；具有良好的核性能，对中子减速能力强，对X射线有很高的穿透力，可以用来作原子反应堆中子减速剂和防辐射材料等；20～1000℃的平均热膨胀系数为（5.1～8.9）×10^{-6}℃$^{-1}$，机械强度不高，约为Al_2O_3的1/4，但在高温下下降不大，1000℃时抗压强度为248.5MPa。BeO含量和晶粒度一起能显著提高铍材的微屈服强度。微屈服强度定义为产生一个微应变（10^{-6}应变）所需的应力，高微屈服强度铍材广泛被用于航空仪表（如陀螺仪、加速度计等）、光学镜体和原子能反应堆中。

氧化铍的制备方法有冷压 - 烧结和热压，添加 1% 以下的 MgO、TiO_2 或 Fe_2O_3 可以促进 BeO 的烧结。加入 MgO 形成固溶体，加入 TiO_2 或 Fe_2O_3 出现第二相。冷压在 100MPa 压力下进行，压坯 1800℃烧结 10min，密度达 2.65g/cm^3。热压压力 1.4MPa，温度 1800℃，时间 10min，密度可达 2.96g/cm^3。

氧化镁熔点 2800℃，高温比体积电阻高，介质损耗低，20℃介电常数 9.1，在高于 2300℃时易挥发，因此一般在 2200℃以下使用。属弱碱性物质，几乎不被碱性物质侵蚀，可用作熔炼金属的坩埚、浇铸金属的模具、高温热电偶保护套以及高温炉衬材料。为了减少吸潮要适当提高煅烧温度，减小粒度，也可添加一些添加剂，如 TiO_2、Al_2O_3、V_2O_5 等。成型可采用半干压法、注浆法、热压注法和热压法。干压压力 50 ～ 70MPa，注浆成型以无水酒精作介质，以免水化。热压压力 20 ～ 30MPa，温度 1300 ～ 1400℃，时间 20 ～ 40min，烧结先在 1250℃预烧，之后在 1750 ～ 1800℃、2h 烧成。

莫来石（$3Al_2O_3·2SiO_2$）陶瓷：莫来石是 Al_2O_3-SiO_2 系唯一的稳定化合物，熔点 1800℃，热膨胀系数低（5×10^{-6}℃$^{-1}$），从而有高的抗热震性，可耐化学腐蚀与用作炉窑材料。

3.1.3　碳化物陶瓷

碳化物分类：第Ⅰ A 族金属碳化物（Li、Na、K 等）；第Ⅱ A 族金属碳化物（Be、Mg、Ca 等）；非金属元素碳化物（B、Si）；Al 及稀土金属碳化物；过渡金属碳化物。第Ⅰ A、Ⅱ A 族金属碳化物很易水解，铝及稀土金属碳化物也易与水及大多酸反应，使用也受到限制，高温结构陶瓷最重要的是非金属元素碳化物 B_4C、SiC 以及过渡金属碳化物碳化钛（TiC）、碳化锆（ZrC）、碳化钨（WC）等。

碳化物具有高的结合强度，导致其熔点、硬度、弹性模量都非常高，而热膨胀系数低。碳化物是一类非常耐高温的材料，许多碳化物的熔点都在 3000℃以上；在非常高的温度下，所有的碳化物都会被氧化。许多碳化物都具有非常高的硬度（脆性大）；大多数碳化物都具有较小的电阻率和较高的热导率；过渡金属碳化物不水解，不和冷酸起作用，但硝酸和氢氟酸的混合物能侵蚀碳化物；碳化物在 500 ～ 700℃能和氯及其他卤族元素作用，大部分碳化物在高温时和氮作用生成氮化物。

1. 碳化硅陶瓷

碳化硅（SiC）晶体结构中的单位晶胞是由相同 Si—C 四面体［SiC_4］构成，Si—C 四面体可有平行结合和反平行结合之分。

β-SiC 是面心立方结构，属闪锌矿结构，是负离子作立方密堆，正离子占据四面体空隙的一半，为四面体平行堆积。α-SiC 属纤锌矿结构的六方晶系，目前已发现有 120 多种变体，其间的差别主要在于碳和硅两种六方晶系层的交替顺序不同，晶胞参数也不同，为反平行堆积。各类 SiC 变体的密度无明显差别，如 α-SiC 密度为 3.217g/cm^3。低于 2100℃时，β-SiC 是稳定的，温度超过 2100℃，β-SiC 向 α-SiC 转化，2300 ～ 2400℃时转变迅速，所以在 2200℃以上合成的 SiC 主要是 α-SiC。β-α 转化是单向的，不可逆的，只有在特定条件（高温、高压）下才发现α-β的转变。SiC没有熔点，在0.1MPa下于（2760±20）℃分解。

碳化硅由于是强共价键结合，烧结时质点扩散速率很低，其晶界能和表面能之比很高，不易获得足够的能量形成晶界，因此必须采用一些特殊工艺手段或依靠第二相物质帮助，促进其烧结。在不加入结合剂时，只有在2100～2200℃才能烧结，此时SiC升华及分解蒸发，依靠蒸发-凝聚机理烧结，这种产品气孔率高，机械强度低。

在普通的SiC制品烧结时，都要加入结合剂或活化剂。常用的结合剂有下列几种类型：① SiO_2，SiC粉末在一定条件下发生氧化反应，其表层形成 SiO_2 薄膜，这样就有可能在不加任何活化剂时，依靠 SiO_2 薄膜将颗粒结合起来。②硅酸铝质材料，加入黏土等硅酸铝作为增塑剂，使SiC获得较好成型性能，将颗粒结合起来；同时作为烧结组分，降低烧结温度，一般烧成温度为1400℃左右。③高铝质材料，加入黏土及 Al_2O_3 或只加入 Al_2O_3，烧成温度为1200～1450℃。

SiC陶瓷烧结方式主要有热压烧结、反应烧结等。

对于纯SiC粉末即使在2350℃和60MPa条件下热压，材料的相对密度才略高于80%；但是温度略微降低（不低于2000℃）而提高压力（如＞350MPa），却可获得较高的致密度；外加添加剂能促进致密化速率，在通常热压条件下即可得到接近理论密度的SiC材料。热压添加剂可分为两类：一类与SiC中的杂质形成液相，通过液相促进烧结；另一类与SiC形成固溶体，降低晶界能促进烧结。

自结合SiC是一种反应烧结过程，由α-SiC粉和碳粉按一定比例混合压成坯体，加热至1650℃左右，液态Si渗入坯体或通过气相渗入坯体，碳与硅接触发生反应生成β-SiC颗粒结合起来，从而获得强度，随着反应进行，体积增加。如果允许完全渗Si，那么烧结终了可获得气孔率为零、没有任何尺寸变化的材料。要保证渗Si完全，通常制成素坯约为理论素坯密度的90%～92%。在反应烧结过程中多余气孔将被过量Si所填满，从而得到无孔致密坯体，其最终制品组成接近于90%～92%SiC和8%～10%Si。反应烧结过程通常在气氛加热炉中进行，坯体放入石墨坩埚中，周围放有Si碎块提供Si原料。常用Ar作为保护气氛，因 N_2 能与硅反应生成 Si_3N_4，如果反应烧结温度高于 Si_3N_4 的分解温度，那么也可用 N_2 作保护介质。氢气能够保护反应组分不受氧化，但是会和碳、硅反应生成挥发性碳氢化合物和硅烷，因而不能采用。

反应烧结SiC材料中，总含有5%～12%的游离Si。如果材料的使用温度高于Si的熔点，则应事先在惰性气氛或真空中对材料进行热处理，以使剩余Si排出，热处理温度为1600～2000℃。

化学气相沉积法（chemical vapor deposition，CVD）可用来生产SiC连续纤维，用W或Mo作基体，在流动床反应器中三氯甲基硅烷热分解，H_2-Ar混合气体作载气，在1200～1800℃范围内沉积得到50～100μm厚度的SiC层。这种纤维丝的弹性模量与SiC材料相近，可用作增强金属的复合材料。

浸渍法：用聚碳硅烷作为结合剂加到SiC粉末中去，然后烧结，得到多孔SiC制品，再置于聚碳硅烷中浸渍，在1000℃再烧成，其密度增大，如此反复进行浸渍，使体积密度达80%理论密度。此法最大的特点是能在较低温度下获得高纯、高强度材料，而且能够制造各种复杂形状的坯体，特别适合于原子能工艺要求纯度高、中子吸收截面小的高温结构部件。

在 101.3kPa（标准大气压）下，SiC 不熔化而发生分解，分解温度始于 2050℃，分解达到平衡的温度约为 2500℃。SiC 具有高的导热性和负的温度系数，SiC 的热膨胀系数介于 Al_2O_3 和 Si_3N_4 之间，约为 $4.7\times10^{-6}℃^{-1}$，随着温度的升高，其热膨胀系数增大，高的热导率和较小的热膨胀系数使得它具有较好的抗热冲击性。

SiC 的硬度很高，莫氏硬度 9.2 ～ 9.5，仅次于金刚石、立方 BN、B_4C 等少数几种材料。SiC 陶瓷的断裂韧性比较低，为 3 ～ $4MPa\cdot m^{1/2}$，其强度也不高，但是高温强度很好，直至 1400℃强度并无明显下降。

纯 SiC 是绝缘体，其电阻率高达 $10^{12}\Omega\cdot m$，但是当含有杂质时，电阻率大幅度下降到 $10^{-3}\Omega\cdot m$，加上它具有负的电阻温度系数（即温度升高，电阻率下降），因此是常用的发热元件材料和非线性压敏电阻材料。SiC 具有半导体性质，随着所含杂质不同，电阻率变化范围很大，例如含有 Fe^{3+}、Cr^{3+}、B^{4+} 等杂质时，电阻率显著下降，室温时也可低至 1×10^{-3} ～ $1\times10^{-2}\Omega\cdot m$。

大多数无机酸（包括硫酸和氢氟酸）不能将 SiC 分解，但硝酸和氢氟酸的混合物能将 SiC 氧化并使生成的 SiO_2 溶解。密度为 $1.75g/cm^3$ 的磷酸于 215℃时能与 SiC 反应，生成 SiO_2、CO_2、H_2 和 CH_4。SiC 和 H_2、CO_2 不发生反应，温度较高时也是稳定的，在 1400℃以上，SiC 可和 N_2 反应，生成 Si_3N_4 和 CN。在温度高于 600℃时，Cl_2 就能分解 SiC。SiC 和水蒸气在 1300 ～ 1400℃时开始作用，但要到 1775 ～ 1800℃反应才比较强烈并生成 SiO_2 和 CH_4。SiC 在 1000℃以上开始被氧化，在 1350℃时加剧进行，在 1300 ～ 1500℃反应生成 SiO_2，后者在 1500 ～ 1600℃熔化形成薄膜覆盖在 SiC 表面上，抑制 SiC 进一步被氧化。SiC 在 1750℃发生强烈氧化形成 SiO_2、CO 和 CO_2，在 2000 ～ 2500℃时，SiO_2 作用下，SiC 分解出硅。

SiC 陶瓷高温强度大、高温蠕变小、硬度高、耐磨、耐腐蚀、抗氧化、热导率高、电导率高以及热稳定性好，所以它是 1400℃以上良好的高温结构陶瓷材料。但是它的抗冲击性及在更高温度下的抗氧化性还有待进一步改进和提高。

2. 碳化硼陶瓷

碳化硼 (B_4C) 晶体为菱面体结构，密度为 $2.52g/cm^3$，硬度仅次于金刚石和立方氮化硼，莫氏硬度约为 9.3，维氏硬度可达 49GPa。熔点为 2450℃，在高温下仍能保持高硬度，化学稳定性好，在常温下不与酸、碱和大多数无机化合物反应。

工业上主要采用硼酸或硼酐在高温下进行碳热还原反应制备碳化硼，自蔓延热还原法是利用炭黑（或焦炭）和硼酸（或硼酐）为原料，以活泼的金属单质（通常是 Mg）为还原剂或者助熔剂，金属单质的自蔓延燃烧反应产生的热量进行反应合成碳化硼，该方法起始反应温度低、反应速度快、设备简单。机械化学法以氧化硼粉、镁粉和石墨粉为原料，利用球磨机的转动或振动，使较硬的球磨介质对原料进行强烈的撞击、研磨和搅拌，在略高于室温的温度下诱导化学反应发生来制备碳化硼粉末。直接合成法是将碳粉与硼粉进行充分混合后，在 1700 ～ 2100℃的真空或惰性气氛条件下进行反应来制备碳化硼。直接合成法制备的碳化硼纯度高，并且反应中B/C比容易控制，但用于合成的单质硼的制备工艺相对复杂且成本较高。

碳化硼硬度高，仅次于金刚石，常用于硬质合金、宝石等硬质材料的磨削和抛光，取代金刚石磨料，能够显著降低研磨过程的成本。此外，碳化硼硬度高、密度低，在轻质防护装甲中有重要应用；碳化硼还具有良好的中子吸收性能，可以用于核工业反应堆的屏蔽材料和控制棒；碳化硼因其高硬度和高熔点，还可用于制作喷砂机喷嘴、高压水切割机喷嘴、密封环等，此外，利用碳化硼的热电性，制备温差热电偶，可用于高温的测量和控制。

3. 过渡金属碳化物陶瓷

过渡金属碳化物陶瓷，例如碳化锆（ZrC）、碳化钛（TiC）、碳化铪（HfC）、碳化钽（TaC）、碳化铌（NbC）等，通常为密排六方（HCP）或面心立方（FCC）结构，是一类重要的超高温陶瓷材料，具有高熔点、高硬度、优异的高温强度和良好的热稳定性。

碳化钛（TiC）为面心立方结构，熔点约为3140～3150℃，硬度仅次于金刚石，显微硬度可达2850kg/mm^2，具有优异的耐磨性能，良好的导热性和导电性。800℃以下在空气中稳定，800℃以上缓慢氧化。广泛用于切削工具材料、耐磨涂层材料，在航天领域中，TiC用于制造燃气舵、发动机喷管内衬等高温部件等。

碳化锆（ZrC）为面心立方结构，其中Zr原子构成紧密堆积的立方晶格，C原子处于晶格的八面体间隙位置。ZrC熔点约为3540℃，显微硬度达2600kg/mm^2，莫氏硬度在8～9之间，理论密度为6.66g/cm^3，具有良好的化学稳定性。ZrC可用于航天领域，作为航天飞机机翼前缘、高超音速超燃冲压发动机的防热材料；因其高熔点和良好的抗辐照性能，可用于第四代核能系统中的包覆燃料颗粒的裂变产物阻挡层；因其高硬度，是切削刀具的主要成分，用于硬质合金、粉末冶金领域，可以提高硬质合金的强度和耐腐蚀性能；还可用作电极、耐火坩埚和阴极电子发射材料；ZrC还具有反射超过2μm红外波长的特性，可以用于保温调温纺织品。

碳化钽（TaC）具有面心立方结构，熔点3880℃，能够在极端高温环境中使用，莫氏硬度为9～10，具有优异的耐磨性，是耐磨材料的理想选择。它具有良好的导电导热性和低热膨胀系数，耐化学腐蚀好、高温强度高、耐热冲击性好。因其耐高温和低密度特性，可用于火箭和航天器的热保护系统，例如飞行器前缘和鼻锥；在SiC晶体生长和MOCVD（metal-organic chemical vapor deposition，金属有机化学气相沉积）设备中作为热场材料，可提高晶体生长质量；因其高硬度，作为硬质合金添加剂，提高切削工具的硬度和耐磨性；用于能源电子领域，作为高温电子器件中的耐热材料；具有生物相容性和耐高温特性，可以用于医疗设备。

碳化铪（HfC）具有面心立方结构，其中铪原子和碳原子以1∶1的比例排列。HfC熔点约为3890℃，具有高硬度、高热导率和电导率。高温下，HfC的氧化物HfO_2能在HfC表面形成致密的保护层，因此HfC具有良好的抗氧化性能。由于其耐高温和低密度特性，HfC可用于火箭和航天器的热防护系统；因其高硬度，可以作为硬质合金添加剂，提高切削工具的硬度和耐磨性；因其高温稳定性，可以用于制造高温炉的部件；

因其高温抗氧化性和导电性，在高温电子器件中有潜在应用。

碳化铌（NbC）也具有面心立方结构，熔点约为 3180℃，显微硬度在 2100kg/mm^2 以上，仅次于金刚石和碳化硅，理论密度为 7.85g/cm^3，弹性模量 345GPa。NbC 主要用于硬质合金添加剂、各种磨具、切割工具、耐磨涂层、化学反应器、高温炉具等耐腐蚀部件和设备、航空航天器的高温涂层等。

3.1.4　氮化物陶瓷

大多数氮化物熔点都比较高，一般都具有非常高的硬度（如立方 BN）；一部分氮化物具有较高的机械强度（1000MPa）；氮化物抗氧化能力较差（无氧化物保护层），导电性能变化大（原金属结构）。

1. 氮化硅陶瓷

Si_3N_4 有两种晶型，即 α-Si_3N_4（颗粒状晶体）和 β-Si_3N_4（长柱状或针状晶体）。α-Si_3N_4 相变是重建式（不可逆）转变，并认为 α 相和 β 相除了结构上有对称性高低的差别外，并没有高低温之分，β 相只不过在温度上是热力学稳定的，α 相对称性低容易形成。在高温下 α 相发生重建式转变转化为 β 相，某些杂质的存在有利于 α-β 相的转变。α 相和 β 相的晶格常数 a 相差不大，而 α 相的晶格常数 c 约为 β 相的 2 倍。这两个相的密度几乎相等，所以在相变过程中不会引起体积变化，它们的平均膨胀系数较低（$2.35\times10^{-6}℃^{-1}$），β 相的硬度比 α 相高得多。同时 β 相呈长柱状晶粒，有利于材料力学性能提高，因此要求材料中的 β 相含量尽可能高。在一定条件下 Si_3N_4 晶体结构中可固溶其他物质形成一系列固溶体。最早发现的是 Si_3N_4 与 Al_2O_3 复合时相当数量的 Al_2O_3 溶入 Si_3N_4 晶格中，形成范围很宽的固溶体，该固溶体是由 Al、O 原子部分取代了 Si_3N_4 中的 Si、N 原子而生成的。

氮化硅陶瓷制备方法主要有反应烧结、热压烧结、热等静压烧结和重烧结。

反应烧结氮化硅（reaction-bonding silicon nitride，RBSN）是将硅粉以适当方式成型后，在氮化炉中通氮加热进行氮化，氮化反应和烧结同时进行。氮化后产品为 α 相和 β 相的混合物。可方便地制造形状很复杂的产品，不需要进行昂贵的机械加工。尺寸精度容易控制，不需要添加烧结助剂，因此材料的高温强度没有明显下降。将硅粉（200 目）用一般陶瓷材料的成型方法做成所需形状的素坯，在较低温度下进行初步氮化（1150 ～ 1200℃），获得一定强度，然后在机床上将其加工到最后的制品尺寸，再进行正式氮化烧成（1350 ～ 1450℃，H_2 ∶ N = 5 ∶ 95）直到坯体中硅粉完全氮化为止，冷却后取出即得所需要的氮化硅部件。一般说来，陶瓷部件不需要再进行机械加工。

反应烧结氮化硅的密度一般只能达到 2.2 ～ 2.7g/cm^3，制品强度很低。在要求密度和强度较高的情况下，需要采用热压烧结制备工艺。用 α 相含量 90% 以上的 Si_3N_4 细粉，加入适量烧结助剂，在较高的温度（1750 ～ 1800℃）和外加压力（20 ～ 30MPa）共同作用下烧结而成。使用烧结助剂虽然促进了烧结，但冷却时液相玻璃化存在于晶界，常使制品高温强度降低和蠕变性能变差。为不降低高温强度和蠕变性能，需采用纯度较高的 Si_3N_4 原料。因为杂质通常会降低玻璃相的黏度，如 Ca 的存在会使 MgO-SiO_2 玻璃的黏度大为下降。采用形成黏度较高玻璃相的烧结助剂。对晶格热处理使玻璃相析晶，即晶界工程处理，降低晶界玻璃相含量。

反应烧结虽可制造复杂形状的制品，但产品密度低，性能不佳；热压机械性能好，但生产效率低，成本高，只能制造形状简单的产品，由于硬度高，后续机加工困难。无压烧结氮化硅（sintered silicon nitride，SSN）采用表面能很高的超细粉末（1μm 以下），同时采用高温，增加气氛压力（N_2），有效地抑制 Si_3N_4 的分解，并加入适当的烧结助剂（复合），借助液相作用在常压下实现致密烧结。

反应烧结氮化硅的重烧结（post-sintered RBSN，PSRBSN）是指将含有烧结助剂的反应烧结 Si_3N_4 坯体在一定氮气压力和较高温度下再次烧成，使之进一步致密化，这种工艺称为重烧结。PSRBSN 与一般 SSN 相比，具有以下优点：①起始原料是 Si 粉，比较便宜；② RBSN 的生产工艺，如注浆和注模成型已发展得较成熟；③ RBSN 的密度已达到理论密度的 92% ～ 95%，故最后的烧结收缩只有 5% ～ 8%。

热等静压烧结氮化硅（hot-isostatically pressed silicon nitride，HIPSN）对制品同时施加高温高压的作用，颗粒发生重排和塑性变形，将气孔排出体外，高温下发生传质过程，致密化速率非常高，可获得全致密、无缺陷、性能非常优异的材料。热等静压常用 Ar 气氛加压，压力可达 200MPa。

Si_3N_4 在常压下没有熔点，于 1870℃左右直接分解。热膨胀系数低，为 $2.35\times10^{-6}℃^{-1}$，约为 Al_2O_3 的 1/3。导热系数大，为 18.4W/（m·K），同时具有高强度，因此抗热震性优良，仅次于石英和微晶玻璃，热疲劳性能好。室温下电阻率高，介电常数为 8.3，介质损耗为 0.001 ～ 0.1。

除氢氟酸和浓 NaOH 外，Si_3N_4 能耐所有的无机酸和某些碱液、熔融碱和盐的腐蚀。对多数金属（如铝、铅、锡、锌、铜、镍等）、所有轻合金熔体，特别是非铁金属熔体是稳定的，不受浸润或腐蚀，对于铸铁和碳钢，只要被完全浸没在熔融金属中，抗腐蚀性能也较好。具有优良的抗氧化性，在 1400℃以下的干燥氧化气氛中保持稳定，使用温度一般可达 1300℃，而在中性或还原气氛中可成功应用到 1800℃。在 200℃的潮湿空气或 800℃干燥空气中，氮化硅与氧反应形成 SiO_2 的表面保护膜，阻碍 Si_3N_4 的继续氧化。

氮化硅陶瓷具有较高的室温弯曲强度，较好的断裂韧性，高温蠕变率低。氮化硅的硬度高，仅次于金刚石、立方 BN、BrC 等少数几种超硬材料。摩擦系数小（0.1），有自润滑性，与加油的金属表面相似（0.1 ～ 0.2）。

利用 Si_3N_4 陶瓷的耐热性、化学稳定性、耐熔融金属腐蚀的性能，在冶金工业方面用作铸造器皿、燃烧舟、坩埚、蒸发皿和热电偶保护管等，在化工方面用作过滤器、热交换部件、触媒载体、煤气化的热气阀、燃烧器汽化器等。利用 Si_3N_4 陶瓷的耐磨性和自润滑性，将其用于制造泵的密封环，性能比传统的密封材料优越。Si_3N_4 陶瓷用作切削工具、高温轴承、拔丝模具、喷砂嘴等也获得很好的效果。

2. 氮化硼（BN）陶瓷

氮化硼有两种晶体结构：六方氮化硼（h-BN）和立方氮化硼（c-BN）。h-BN 是常压稳定相，c-BN 是高压稳定相，h-BN 在高温、高压作用下转变为 c-BN。目前，在工业上得到应用的有 h-BN、c-BN 和氮化硼纤维。

h-BN 属六方晶系，具有类似石墨的层状结构，设想把石墨晶体结构中 C 原子换成相互交替的 B 原子和 N 原子就成为 BN 的晶体结构。每一层由 B、N 原子相间排列成六角环状网络，层内原子之间由很强的共价键结合，结构紧密，不易被破坏。B-N 原子间距为 0.145nm，弹性模量为 910GPa。层间为分子键结合，层间原子距离大（0.335nm），结合力较弱，弹性模量只有 30GPa，故容易被破坏或剥落，具有润滑性。石墨在高温高压作用下，原子振动加剧，上下层原子靠拢，原来为层中共有的自由电子建立起垂直层方向的共价键连接。平面晶格发生有规律的扭曲，从而转变为面心立方的金刚石结构。与此相似，六方 BN 在高温（1500 ～ 2000℃）高压（6 ～ 9GPa）作用下也可转变为具有金刚石结构的立方 BN，转变时一般添加触媒剂（碱金属或碱土金属）以提高转变速度。c-BN 具有金刚石的特性，两者硬度相近，但比金刚石耐高温和抗氧化，是优良的超硬材料。

BN 是共价键化合物，难于烧结，一般采用常压烧结法和热压烧结法。

常压烧结法将 BN 粉末加入 B_2O_3、SiO_2 等烧结助剂后，进行等静压成型，然后在 N_2 气氛下于 1700 ～ 2000℃进行烧结，其烧结密度可达 1.8g/cm^3。但是用这种方法制备的 BN 陶瓷，密度、强度都很低，所以不常用。

热压烧结法采用 B_2O_3 或其他氧化物、氮化物作为烧结助剂。将它们均匀混合并进行预压后，在石墨模具中热压，热压温度为 1600 ～ 1900℃，压力为 25 ～ 40MPa，产品密度可达 2.1 ～ 2.2g/cm^3，气孔率为 0 ～ 1%。B_2O_3 在高温下产生液相，从而有力地促进了烧结。但 B_2O_3 的存在会引起 BN 制品吸潮而使制品的电、热性能急剧恶化，所以在热压 BN 制品时，必须权衡这两个因素的得失，使 BN 原料中 B_2O_3 有一个适宜的含量。也可以加入 $BaCO_3$。

六方 BN 粉末为松散、润滑、易吸潮的白色粉末，其密度为 2.27g/cm^3。六方氮化硼陶瓷是一种软质材料，弹性模量低，莫氏硬度为 2，机械强度低，但比石墨高，是陶瓷中唯一一种在烧成后可进行车、铣、刨、钻等机械加工的陶瓷材料，加工精度可达 0.01mm，容易制成精密的陶瓷部件。氮化硼的熔点较高，几乎对所有熔融金属都呈化学惰性，其升华温度为 2271.5℃，在中性或还原性气氛中（微压下），使用温度可升高至 3037℃。BN 耐热性非常好，在氮气或氩气中的最高使用温度达 2800℃，在氧气气氛中的稳定性较差，使用温度在 900℃以下，它无明显熔点，在 101.3kPa N_2 中于 3000℃升华，而在氨中甚至加热至 3000℃仍不熔解，在 0.533Pa 的真空中，于 1800℃开始迅速分解为 B 和 N_2。BN 膨胀系数低，导热率高（与不锈钢相当，在陶瓷中仅次于 BeO），所以抗热震性优良，在 206 ～ 1200℃反复急冷急热条件下循环百次也不被破坏。

BN 是热的良导体，又是典型的电绝缘体。BN 的介电常数和介质损耗都小（分别为（3 ～ 5）$\times10^{-4}$ 和（2 ～ 8）$\times10^{-4}$），击穿强度是 Al_2O_3 的两倍。BN 中若含有 B_2O_3，则具有吸湿性，如果在使用过程中极速加热吸附水就会释放出来，从而容易产生裂缝，使制品损坏。BN 具有优良的化学稳定性，对大多数金属熔体（如 Fe、Al、Ti、Cu、Si 等）及玻璃熔体等既不润湿也不发生作用。在进行热压 BN 陶瓷的性能测定时，性能受方向变化比较明显，采用不同的原料和外加剂，可以调节热压 BN 陶瓷的性能。

氮化硼具有很好的耐高温性、耐热冲击性、耐腐蚀性和电绝缘性，在冶金、机械、电子、原子能工业上有着广阔的应用前景。

c-BN 的硬度可与人造金刚石媲美，仅次于金刚石列第二位，可耐高温达 1500～1600℃的高温，高温下的稳定性也优于人造金刚石，适于作超硬材料使用。纯 c-BN 用常压烧结法很难得到致密制品，而采用热压方法，在 7GPa、1700℃可获得 97% 的理论密度，烧结可在两面顶压机或六面顶压机中进行。c-BN- 硬质合金复合材料中，因有 Co 相的存在，对烧结有促进作用。

立方氮化硼的主要用途是作为刀具、磨具和磨料，由于 c-BN 硬度高，热稳定性好，化学稳定性和导热性均优良，因此是一种理想的刀具材料。

3. 氮化钛陶瓷

氮化钛（TiN）是一种新型的结构材料，它不但硬度大（显微硬度 21GPa）、熔点高（2950℃）、化学稳定性好，而且具有动人的金黄色金属色泽，因此 TiN 既是一种很好的耐熔耐磨材料，通常用作钛合金、钢、硬质合金和铝结构的涂层以改善表面性质，也是一种深受人们喜爱的代金饰品材料，用于装饰目的。TiN 有较高的导电性，可用作熔盐电解的电极以及电触头材料，另外，其超导临界温度高，是一种优良的超导材料。

3.1.5 高熵陶瓷

高熵陶瓷是一类新型陶瓷材料，它们包含五种或五种以上不同阳离子的固溶体，这些阳离子通常以相等或近等比例存在。高熵陶瓷的概念最初来源于高熵合金，其设计原理基于增加系统的混乱度或无序度，从而获得优异的物理和化学性能。高熵陶瓷是由特定位置的阳离子、阴离子和缺陷等成分组成的复杂结构，在成分选择和组分设计上空间更大。相对于传统陶瓷，高熵陶瓷表现出高模量、高硬度、低热导率、良好的抗氧化性等优异的性能。

高熵陶瓷和高熵合金类似，也存在着四大核心效应，即热力学上的高熵效应、结构上的晶格畸变效应、动力学上的迟滞扩散效应以及性能上的“鸡尾酒”效应。

高熵效应是指多组元按等摩尔或近等摩尔的比例进行固溶时，高的构型熵有利于单相固溶体的形成。高熵效应是高熵陶瓷最显著的特征之一，通过在材料中引入五种或更多种类的元素，以接近等原子比的方式混合，从而增加材料的组态熵。这种高熵状态有助于稳定材料的单相结构，即使在高温下也能保持稳定。

高熵陶瓷中不同组元的原子随机分布在晶格格点上，原子尺寸和键合存在的差异导致了晶格内部存在严重的畸变，从而进一步提高体系的构型熵，提高了高熵材料的热力学稳定性。高熵陶瓷中不同元素的尺寸和化学性质差异，会导致晶格发生畸变。这种畸变可以增加材料的硬度和强度，同时可能影响其热导率和电导率等物理性能。

高熵材料内元素组成复杂，晶格畸变严重，存在大量的缺陷，导致体系内原子扩散速率缓慢，对体系内的相变、再结晶、晶粒生长等行为具有一定的抑制作用。高熵陶瓷中的多元素分布可以减缓原子扩散速率，这种动力学迟滞效应有助于提高材料的高温稳定性和耐腐蚀性。

高熵陶瓷中的多种元素可以相互协同作用，产生新的或增强的性能，如提高材料的断裂韧性、耐磨性和抗氧化性等。

正是因为高熵陶瓷具有这些核心效应，使其具有比其组成成分更加优异的性能，才使得材料学界对高熵陶瓷的兴趣逐渐增大，导致高熵陶瓷的研究也呈爆炸式的增长。下面简单介绍几种高熵陶瓷。

1. 高熵氧化物陶瓷

高熵氧化物陶瓷（high-entropy oxides，HEOs）是由五种或五种以上氧化物以近似等物质的量构成的具有单一固溶体结构的多组元氧化物。这类陶瓷通常具有岩盐（NaCl）型、萤石（CaF_2）型、钙钛矿（ABO_3）型和尖晶石（AB_2O_4）型等晶体结构 。

岩盐型高熵氧化物陶瓷是最早报道的高熵陶瓷类型，主要是以 (MgCoNiCuZn)O 为代表，以及在此基础上通过其他元素掺杂改性得到的改性 (MgCoNiCuZn)O，掺杂元素主要有 Li、Ca、K、F 等。岩盐型结构高熵氧化物发现最早，合成过程简单，易于成型，是目前研究最多的体系。岩盐结构高熵氧化物陶瓷由于多元组成和晶格畸变引起的声子散射，使其具备低热导率，可用于热绝缘或高温系统的热障涂层，如涡轮机和喷气发动机的金属表面保护。

萤石型高熵氧化物陶瓷，可以写为$(CeRE)O_{2-\delta}$和$(HfZrCeM)O_{2-\delta}$，RE 代表稀土元素，如 La、Ce、Y、Yb 等，M 为其他金属，δ 大小取决于氧离子价态。例如 $(CeZrHfSnTi)O_2$、$(CeLaPrSmY)O_{2-\delta}$、$(CeLaNdPrSmY)O_{2-\delta}$、$(CeGdLaNdPrSmY)O_{2-\delta}$，这类材料在催化和电化学性能方面展现出应用潜力。

钙钛矿型高熵氧化物陶瓷具有 ABO_3 结构，例如 $(La_{0.2}Li_{0.2}Ba_{0.2}Sr_{0.2}Ca_{0.2})TiO_3$、$Sr(ZrSnTiHfMn)O_3$、$(GdLaNdSmY)FeO_3$，其性质和应用领域主要包括介电和电性能、磁性能、热性能、离子导电性、烧结行为和催化性能。这类材料在太阳能电池、光催化等领域具有广泛的应用前景。

尖晶石型高熵氧化物陶瓷可以写为 AB_2O_4，其中 A 为二价阳离子，如 Mg、Zn、Mn 和 Co，B 为三价阳离子，如 Fe、Cr、Al 等。尖晶石型高熵氧化物研究主要集中在离子电导、催化性能、热学、电学和机械性能以及结构和磁性能在内的多种性能。尖晶石高熵氧化物陶瓷在催化、能源存储、传感器和磁性材料等领域具有广泛的应用前景。例如亚铁磁性 $(CoCrFeMnNi)_3O_4$、铁磁性 $(CoCrFeMnZn)_3O_4$ 和 $(CoCrFeNiZn)_3O_4$，在催化和电池电极材料方面展现出优异性能。

焦绿石型结构具有两种类型的阳离子，即 $A_2B_2O_7$，A 离子通常是稀土元素（RE），B 离子是过渡金属元素（TM），因此高熵氧化物可以表示为 $(RE)_2(TM)_2O_7$，其中稀土锆酸盐研究得最多。焦绿石型高熵氧化物陶瓷主要通过 A 位和 B 位上的稀土元素来降低热导率，$(RE)_2(TM)_2O_7$ 高熵氧化物由于其低导热性、高热稳定性和可调的热膨胀系数，可以用作环境或热障涂层。稀土锆酸盐 $(RE)_2Zr_2O_7$ 具有高弹性模量和低热导率，在热障涂层等高温应用中显示出巨大潜力。

2. 高熵碳化物陶瓷

高熵碳化物陶瓷（high-entropy carbides，HECs）是由难熔金属元素与碳元素组成的一类高熵陶瓷材料，大多形成 FCC 岩盐结构。岩盐结构单相高熵碳化物硬度随价电子浓度的增加而降低，弹性模量增加，HECs 的硬度与电子结构具有强相关性。目前，高熵碳化物陶瓷的研究主要集中在Ⅳ B 族和Ⅴ B 族过渡金属元素，(TiZrHfNbTa)C 研究得最多。

单相 HECs 因其在高温下的高硬度、低热导率以及良好的抗蠕变和抗氧化性，对保护涂层、超高温陶瓷的应用非常有吸引力。基于 Ti-Zr-Hf-Nb-Ta 系统的 HECs 在高温下显示出良好的抗氧化抗力，其氧化行为通常遵循抛物线速率定律，(TiZrHfNbTa)C 温度从 1073K 升高至 1273K 过程中氧化率增加，温度从 1273K 升高到 1473K 过程中氧化率降低。氧化温度升高至 1573 ～ 1673K，仍有良好的抗氧化抗力。块状高熵陶瓷 (ZrTiHfNbTa)C 在温度为 1473K，相对湿度为 90% 的大气中表现出良好的抗氧化抗力。球磨合成多孔 $(Zr_{0.2}Hf_{0.2}Ti_{0.2}Nb_{0.2}Ta_{0.2})C$ 具有超高温陶瓷的优良性能组合。

SiC 的添加可以改善 HECs 的抗氧化抗力，高熵碳化物与 SiC 的复合材料广泛用于切削工具和高温耐磨部件。在 $(Hf_{0.2}Zr_{0.2}Ta_{0.2}Nb_{0.2}Ti_{0.2})C$ 中添加 SiC，可以在表面形成 $HfZrSiO_4$ 和 $HfZrTiO_4$ 保护层，抑制其他元素向外扩散，从而提高 HECs 的抗氧化抗力。$B_4(HfMo_2TaTi)C$ + SiC 超高温陶瓷，由于固溶强化效应使得实验硬度值（35.4GPa）远高于理论硬度值（23.2GPa），具有优异的抗氧化能力，在温度 1173K 下氧化 50 小时后，重量损失小于 1%。

HECs 具有高硬度、优异的稳定性、良好的耐腐蚀性和耐磨性，使其成为生物医学应用中涂层的候选材料。通过调整 HECs 的组成可以提高其生物相容性。例如，研究人员在 (TiZrNbSiHf)C 中用 Si 替换 Ta，这样不仅可以提高 (TiZrNbTaHf)C 的机械性能和耐腐蚀性能，还提高了它的生物相容性。

总的来说，相比于传统的过渡金属碳化物陶瓷，高熵碳化物陶瓷具有更高的硬度和模量、更优异的抗氧化性能、较低的热导率。此外高熵碳化物还具有良好的抗辐照性能、良好的吸波性能等，使其在超硬涂层和薄膜、硬切削工具、耐磨材料、隔热材料、高温模具以及航空航天等领域具有广泛的应用前景。

3. 高熵氮化物陶瓷

高熵氮化物陶瓷（High-entropy nitrides，HENs）是一类包含多种金属氮化物的高熵陶瓷材料，具备优异的力学性能和高温稳定性。大多数高熵氮化物为面心立方结构，一般可写为 (TM)(PE)N，其中 TM 为能够形成氮化物的过渡金属，如 Y、Ti、Zr、V、Nb、Cr、Mo、Mn、Fe、Ru、Co、Ni 和 Cu 等元素，PE 为具有 p 轨道的元素，可以与氮形成共价键合，如 Al、Si、C 和 B 等。

高熵氮化物在高混合熵的驱动下，易于形成稳定的单相固溶体，但是会产生严重的晶格畸变和应力，阻碍位错滑移。因此，相比于二元和三元氮化物，高熵氮化物涂层的力学性能显著改善。例如，$(Al_{23.1}Cr_{30.8}Nb_{7.7}Si_{7.7}Ti_{30.7})N_{50}$ 和 $(Al_{29.1}Cr_{30.8}Nb_{11.2}Si_{7.7}Ti_{21.2})N_{50}$ 涂层的硬度最大可达 36.1 ～ 36.7GPa；反应磁控溅射合成得到的 (HfTaTiVZr)N 薄膜硬度达 32.5GPa；$(Cr_{0.35}Al_{0.25}Nb_{0.12}Si_{0.08}V_{0.20})N$ 硬度高达 35GPa；$(Al_{0.34}Cr_{0.22}Nb_{0.11}Si_{0.11}Ti_{0.22})_{50}N_{50}$ 不但有高达 36GPa 的硬度，还具有优异的抗氧化抗力、良好的热稳定性和与 Ti 中间层的良好附着力；(AlCrTiZrHf)N 涂层的微观硬度和弹性模量分别为 33.1GPa 和 347.3GPa；$Ti_{0.17}Hf_{0.11}Zr_{0.8}V_{0.6}Nb_{0.9}N_{0.49}$ 最大硬度为 44.3GPa，这种超硬氮化物沉积在钢盘表面后钢盘的摩擦性能得到有效改善。

高熵氮化物除了作为涂层的优异机械性能外，还具有优异的抗氧化性、扩散阻挡性、光热转换性能和耐腐蚀性等性质。

例如，在抗氧化性方面，$(Al_{29.1}Cr_{30.8}Nb_{11.2}Si_{7.7}Ti_{21.2})N_{50}$ 在 1173K 空气中氧化 2 小时后的氧化层厚度为（100±12）nm，而 $(Al_{23.1}Cr_{30.8}Nb_{7.7}Si_{7.7}Ti_{30.7})N_{50}$ 为（80±7）nm。$(Al_{29.1}Cr_{30.8}Nb_{11.2}Si_{7.7}Ti_{21.2})N_{50}$ 因其更高的 Al/Ti 比率（Al_2O_3 层比 TiO_2 更具保护性），具有更好的抗氧化力，$(Al_{0.34}Cr_{0.22}Nb_{0.11}Si_{0.11}Ti_{0.22})_{50}N_{50}$ 显示出高抗氧化力，在 1573K 下氧化 50 小时后，重量增加仅为 $0.015mg/cm^2$。

在扩散阻挡性方面，(AlCrTaTiZr)N 阻挡层在 1173K 下显示出良好的热稳定性、低电阻率和高扩散抗力；非晶态 (AlCrTaTiZrMo)N 作为铜和硅互连的单层阻挡材料在 873K 下至少 7 小时内具有适宜的热稳定性，表面无大孔或裂纹，材料对铜和硅显示出良好的界面粘附性及高扩散抗力。

在光热转换性能和耐腐蚀性方面，(AlCrTaTiZr)N 作为太阳能选择性吸收涂层，展现出高太阳吸收率和低热辐射率，具有高光谱选择性；另外，(AlCrNbYZr)N 耐腐蚀性明显优于商用超双相不锈钢和三元 (NbZr)N 薄膜。

4. 高熵硼化物陶瓷

硼化物如 ZrB_2、HfB_2 和 TaB_2 因其高熔点以及良好的热、机械和化学稳定性，被认为是有前途的超高温陶瓷材料。这些材料被用作能在超高温下工作的构件，例如在极端环境下的结构部件。尽管硼化物具有优异的高温性能，但在极端情况下，它们的热机械性能和稳定性仍需进一步提高。高熵硼化物陶瓷被认为是克服传统陶瓷在超高温限制的解决方案。

高熵硼化物（High-entropy borides，HEBs）陶瓷是一类由五种或更多种不同的过渡族金属硼化物组成的多组元陶瓷材料，大多形成 AlB_2 型六方结构，因其优异的高温稳定性和力学性能而受到广泛关注。高熵硼化物体系主要有高熵二硼化物、高熵一硼化物、高熵四硼化物和高熵六硼化物四个体系，目前研究最多的是高熵金属二硼化物陶瓷，例如 $(HfNbTaTiZr)B_2$，$(HfMoTaTiZr)B_2$，$(HfMoNbTiZr)B_2$，$(HfMoNbTaTi)B_2$，$(MoNbTaTiZr)B_2$ 等。高熵二硼化物具有高硬度、高熔点、良好的耐磨性和高温抗氧化性，适用于极端环境，在超高温结构材料、电催化、高速切削工具、耐磨零件和轻质装甲等领域具有巨大的应用潜力。

火花等离子烧结高熵硼化物过程中，增加烧结时间和温度可以使反应更完全，从而提高相对密度和机械性能，硼碳热还原和火花等离子烧结制备 $(Hf_{0.2}Zr_{0.2}Ta_{0.2}Cr_{0.2}Ti_{0.2})B_2$，硬度约为 29GPa，形成长晶粒还可以增强断裂韧性。$(Hf_{0.2}Zr0_{.2}Ti_{0.2}Mo_{0.2}W_{0.2})B_2$ 的硬度优于二元硼化物。硼热还原和火花等离子烧结合成 HEBs，硬度比球磨和火花等离子烧结的样品更高，最大约为 29.4GPa。

高熵硼化物在超高温下具有优异的抗氧化能力，这对于它们在极端环境下的应用至关重要。反应火花等离子烧结 $(Hf_{0.2}Mo_{0.2}Zr_{0.2}Nb_{0.2}Ti_{0.2})B_2$ 高熵硼化物在 1473K 下 6 小时内显示出和 HfB_2 相似的高氧化抗力，优于 TiB_2 和 TaB_2 等二元硼化物，球磨和火花等离子烧结 $(Hf_{0.2}Zr_{0.2}Ta_{0.2}Nb_{0.2}Ti_{0.2})B_2$、$(Hf_{0.2}Zr_{0.2}Ta_{0.2}Mo_{0.2}Ti_{0.2})B_2$、$(Hf_{0.2}Zr_{0.2}Mo_{0.2}Nb_{0.2}Ti_{0.2})B_2$、$(Hf_{0.2}Mo_{0.2}Ta_{0.2}Nb_{0.2}Ti_{0.2})B_2$、$(Mo_{0.2}Zr_{0.2}Ta_{0.2}Nb_{0.2}Ti_{0.2})B_2$ 和 $(Hf_{0.2}Zr_{0.2}Ta_{0.2}Cr_{0.2}Ti_{0.2})B_2$ 高熵硼化物陶瓷，与相关二元硼化物相比（除了 HfB_2）具有更好的抗氧化能力和硬度。

HEBs 的抗氧化抗力不仅取决于其组成，还受到微观结构的影响，合成方法对 HEBs 的氧化抗力和微观结构有显著影响，进一步开发新的合成方法、探索新的组成以及提高 HEBs 在更严苛条件下的抗氧化抗力，以满足超高温应用的需求。另外，Nb 含量也会对 HEBs 的性能产生影响，例如 $(HfZrTiTaNb)B_2$ 中 Nb 含量影响其致密化、微观结构和机械性能。

过渡金属二硼化物通常具有较高的热导率，但是在高熵材料中，电子和质子对热导率贡献均减弱，使得其热导率降低，同时晶格畸变和细小的晶粒尺寸也能降低高熵陶瓷的热导率。因此高熵硼化物可用于超高温应用中的热绝缘涂层，通过控制孔隙率和孔径，可以进一步降低材料的热导率。采用硼碳热还原等合成方法可以提高孔隙率，从而优化 HEBs 的热绝缘性能。例如采用硼碳热还原方法制备多孔 $(Zr_{0.2}Hf_{0.2}Ti_{0.2}Nb_{0.2}Ta_{0.2})B_2$，实现了 75.67% 的高孔隙率和 0.3 ～ 1.2μm 的小孔径，热扩散率和热导率分别为 $0.74mm^2/s$ 和 0.51W/m·K，可以用于超高温绝热涂层。

3.2 陶瓷材料成型技术

3.2.1 压力成型

压力成型是用粉料，即固体颗粒和空气的混合物为原料在一定的压力下进行成型的。加压的方法可迫使颗粒互相靠近，将空气排出。由于颗粒之间以及颗粒与模具壁的摩擦力，成型压力向模具内分体深处的传递发生递减。按加压方式又可分为干压成型和等静压成型。

干压成型将粉料中加入少量结合剂，经造粒后将粉料置于钢模中，在压力机上加压形成一定形状的坯体。用于圆形、薄片状的电子元件中，而在外形复杂或庞大的产品生成中较少应用。特点是工艺简单，容易实行机械化和自动化；粉料中含水量或其他胶合剂的含量比较少，故干压成型的坯体比较密实，尺寸精确且烧结收缩小。但是加压方向只限于轴向（上、下或上下同时加压），缺乏侧向压力，同时粉体本身具有较高的内摩擦，故压成的坯体结构有明显的各向异性，烧结时侧向收缩比较大。

等静压成型是将配好的坯料装入用塑料或橡胶做成的弹性模具，置于高压容器内，密封后打入高压液体介质，压力传递至弹性模具对坯料加压，试样所受的压力如同处于同一深度的静水中所受到的压力情况。然后释放压力取出模具，得到成型好的坯件。干袋式等静压一般适用于生产陶瓷球、管、过滤嘴、磨轮、火花塞等。等静压成型适合于成型形状复杂、大件既细而长的制品，而且成型质量高；可以提高成型压力，压力作用效果好；密度高而且均匀，烧成收缩小，不易变形；模具制作方便、寿命长、成本较低；可以少用或不用黏接剂；但压坯尺寸和形状不易精确控制，生产效率低、不易实现自动化。

3.2.2 塑性成型

塑性成型法是利用模具或道具等运动所造成的压力、剪力、挤压等外力对具有可塑性的坯料进行加工，迫使坯料在外力作用下发生塑性变形而制成坯的成型方法。主要方法有挤压成型、注射成型和轧膜成型等，所用的结合剂比注浆成型少。

挤压成型是利用液压机推动活塞，将已塑化的坯料从挤压嘴挤出。由于挤压嘴的内型逐渐缩小，从而螺旋对泥团产生很大的挤压力，使坯料致密并成型。流程为将真空炼制的泥料，放入挤制机内，挤制机一头可以对泥料施加压力，另一头装有机嘴即成型模具，通过更换机嘴能挤出各种形状的坯体。晾干后制成不同形状的制品，入窑烧结。特点是污染小，操作易于自动化，适合管状、棒状产品的生产。但是它对泥料的要求高，粉料细度要求较细，外形圆润；溶剂、增塑剂、黏接剂等用量要适当，使泥料高度均匀；另外挤嘴结构复杂，加工精度要求高；溶剂和结合剂较多，因此坯体在干燥和烧结时收缩较大。

注射成型是将陶瓷粉料与热塑性有机载体相配比、混合、造粒后，将其加入注射机中注射进模具型腔，经充填保压、冷却和脱模，即得到所需要的含塑坯体，置于排塑炉内，缓缓加热，排出有机成分，从而获得成型坯体。工艺流程为①配料与混炼：将可烧结的陶瓷粉料与合适的有机载体（具有不同性质和功能的有机物）在一定温度下混炼，以提供陶瓷注射成型所必需的流动性及生坯强度。②注射成型：混炼后经干燥、造粒的混合物料在一定温度和压力下高速注入模具内，达到完好的充模和脱模。③脱脂：通过加热或其他物理、化学方法将成型体内有机物去除。④烧结：脱脂后的坯体在高温下烧结致密。这种方法生产的产品尺寸精确，光洁度高，结构致密，可广泛用于制造形状复杂、尺寸和质量要求高的产品。但是它的有机物含量较多，脱脂工艺时间较长，金属模具易磨损，造价较高。

轧膜成型适宜生产1mm以下的薄片状制品，将准备好的坯料，拌以一定量的有机黏结剂（一般采用聚乙烯醇），置于两辊轴之间进行辊轧，通过调节轧辊间距，经过多次轧辊，最后达到所要求的厚度。轧好的坯片，需经冲切工序制成所要的坯件，但不宜过早地把轧辊调近，急于得到薄片坯体，因为这会造成坯料和结合剂混合不均，坯件质量不好。轧辊成型时，坯料只是在厚度和前进方向受到碾压，在宽度方向受力较小，因此，坯料和黏结剂不可避免地会出现定向排列。干燥和烧结时，横向收缩大，易出现变形和开裂，坯体性能上也会出现各向异性。对于厚度要求在0.08mm以下的超薄片，轧膜成型还是很难轧制的，质量也不易控制。流程：将粉料中加入塑化剂→轧膜机上粗轧混炼→调节轧辊间距得到薄片坯体→干燥→烧结。

3.2.3 浆料成型

浆料成型是指在粉料中加入适量的水或有机液体以及少量的电解质形成相对稳定的悬浮液，将悬浮液注入石膏模吸去水分，达到成型的目的。浆料成型方法，包括传统的空心注浆、实心注浆和新型离心注浆、真空注浆、电泳注浆成型、热压铸成型、流延法成型等。

浆料性能要求：

（1）流动性好：利于料浆充满模型的各个角落。

（2）稳定性好：料浆能长期保持稳定，不易沉淀和分层。

（3）触变性小：料浆注过一段时间后，黏度变化不大，脱模后的坯体不会受轻微外力的影响而变软，有利于保持坯体的形状。

（4）含水量尽可能少：在保证流动性的情况下，可以减少成型时间和干燥收缩，减少坯体变形和开裂。

（5）渗透性好：料浆中的水分容易通过形成的坯层，能不断被模壁吸收，便于泥层不断加厚。

（6）脱模性好：形成的坯体容易从模型上脱离，且不与模型发生反应。

（7）料浆尽可能不含气泡：通过真空处理来达到此目的。

浆料成型可满足批量化工业生产的需求，不需要特殊专用设备，操作方法简便，主要是足够的模具与适当的场地，是一种切实可行的陶瓷生产制坯手段。存在的问题主要是触变性强、流动性差、悬浮性差等，在注浆成型大件、厚实制品时，气泡不容易排出，坯体因吸浆不实容易造成颗粒偏析使坯体密度和结构不均匀。

空心注浆是将料浆注满型模并经过一定时间后，将多余浆料倒出，坯体在模内固定下来，之后出模得到制品。适于制造小型薄壁产品，如坩埚、花瓶、管件等。

实心注浆是将料浆注入外模与模芯之间，坯体内部形状由型芯决定，适于制造两面形状和花纹不同的大型厚壁产品。常用较浓的料浆，以缩短吸浆时间。在形成坯件的过程中，模型从两个方向吸取泥浆内的水分，靠近模壁处，坯体比较致密，中心部分较疏松。

压力注浆有以下优点：①缩短吸浆时间，当压力 0.7MPa 时，形成 12.7mm 厚的坯体所需时间为 13min；若压力增大到 7MPa，形成同样厚度的坯体只需 2min。②减小坯体干燥时的收缩量，常压注浆时，与坯体表面平行方向上的干燥收缩为 3%，垂直方向上为 2%；在 7MPa 压力下注浆时，上述两个方向上的收缩分别减小到 0.8% 和 0.3%。③降低坯体脱模后残留的水分，常压注浆时，残留水分约 19.5%；在 7MPa 下注浆时，残留水分仅 17%。

离心注浆是将制备好的一定体积分数的悬浮体在高的离心转速下沉聚的一种净尺寸

成型的技术。该工艺对悬浮体的固相体积分数没有严格的要求，几乎不添加有机黏结剂，克服了脱脂工艺所造成的种种不利因素，但该工艺会造成大颗粒先于小颗粒沉降，造成坯体分层。

振动压力注浆成型技术是山东工业陶瓷研究设计院于 20 世纪 90 年代开发出来的，在注浆过程中通过振动作用可以彻底排出泥浆中的气泡，同时振动成型还可以使颗粒重排，达到紧密堆积的效果，提高坯体密度，在注浆过程中辅助以压力的作用，可以加速水分的排除、缩短注浆时间、解决颗粒偏析和坯体缺陷问题、提高制品的密度和均匀性。

真空注浆是将石膏模置于真空（负压）中进行浇注。特点是可以把泥浆中含有的空气排除。

凝胶注浆是将陶瓷粉末颗粒分散于含有有机聚合物单体和交联剂的水溶液或非水溶液中，制成低黏度、高固相体积含量的浓悬浮体，然后加入引发剂及催化剂，将这种浓悬浮体（料浆）注入模型中，在一定的温度条件下，有机聚合物单体交联聚合成三维网络状聚合物凝胶，并将陶瓷颗粒原位黏结而固化形成坯体，最后经过干燥可得较高强度的坯体。

凝胶注浆（注凝）成型工艺是20世纪90年代以来出现的一种新的胶态成型工艺，是美国橡树岭国家实验室 Jammey 等首先发明的，是传统的胶态成型工艺与有机化学理论的理想结合。这种工艺设备简单、坯体强度高、收缩小、易制造复杂形状的零部件，成型效率高，是一种实用性强、应用前景广阔的成型工艺。

电泳注浆成型法是带电颗粒在稳定的悬浮液中，在直流电场的作用下运动，然后沉积和凝集于电极表面。在同一基体上有可能形成不同的陶瓷相，所以在严格控制的条件下可形成多层陶瓷复合体。得到的坯体结构均匀，颗粒排列整齐，没有气泡，无内应力，尤其适用于生产尺寸较大的平板状制品，适于自动化生产。但是成型过程中由于泥浆浓度的变化，需要对其浓度进行调整和补充；电泳过程中要控制水电解；电泳成型得到的坯体强度较低。

热压铸成型利用石蜡的热流性特点，与坯料配合，使用金属模具在压力下进行成型，冷凝后坯体能保持其形状。将坯料加入到已熔化的以石蜡为主的黏结剂中，搅拌均匀凝固后制成蜡版以备成型用。将配制成的料浆蜡版放置在热压铸机筒内，加热至一定的温度熔化，在压缩空气的驱动下，将筒内的料浆通过吸铸口压入模腔，根据产品的形状和大小保持一定时间后，去掉压力，料浆在模腔中冷却成型。将坯体埋入疏松、惰性的保护粉料之中，温度升高，石蜡挥发、燃烧，而坯体中粉料之间也有一定的烧结。排蜡后的坯体清理表面的吸附剂，然后再进行烧结。

流延法成型是将准备好的粉料加黏结剂、增塑剂、溶剂混合均匀。将料浆放入流延机的料斗中，料浆从料斗下部流至流延机的薄膜载体上，用刮刀控制厚度。经红外线加热等方法烘干，得到膜坯。流延成型法又叫带式浇注法、刮刀法。适合于制成厚度小于 0.2mm、表面光洁度好、超薄型的制品。因此，坯料粉料的粒度越细、粒形越圆润，薄坯的质量越高。在膜的厚度方向要求有一定的料粒数堆积，所以粉料粒度要求与膜厚度有关。例如制取 40μm 厚的薄坯时，设厚度方向要有 20 个颗粒堆积，那么粉末粒度要求在 2μm 以下，该法便于生产自动化。但是该方法黏结剂含量高，因而收缩率可达 20% ～ 21%。

3.2.4 其他成型方法

压滤成型（pressure slip casting）是在气压或机械加压作用下，使具有良好分散性的浆料通过输浆管进入多孔模腔内，使一部分液态介质通过模腔微孔排出，从而固化成型。多孔模具可以选用多孔不锈钢、多孔塑料和石膏等材料。

固体自由成型（solid free forming fabrication，SFF 或 SFFF）：利用计算机对所需部件形状提供的信息，有选择地自由堆积叠加成最终部件。

直接凝固注模成型（direct coagulation casting，DCC）将低黏度（＜ 1Pa·s）高固相体积分数的悬浮体（体积分数＜ 50%）注入模腔之后，通过内部延迟反应催化剂（酶）将悬浮体的 pH 缓慢移向等电点或者增加盐的浓度使悬浮体原位聚沉凝固，坯体达到一定的强度后脱模。

温度诱导成型（temperature induced forming）采用小分子分散剂在室温下起稳定作用，得到高固相体积含量的陶瓷浆料，升高温度利用溶解驱动力把陶瓷粉体吸附的分散剂层变为聚合物大分子层，聚合物之间通过桥联絮凝而成型。

此外，还有熔合沉积陶瓷制备法（fused deposition of ceramics，FDC）、快速部件制造技术（rapid part manufacturing，RPM）、三维印刷成型技术（three-dimensional printing，TDP）等。

3.3 陶瓷制品表面装饰技术

陶瓷装饰是用工艺技术和装饰材料美化日用陶瓷制品的重要手段，它对提高制品的外观品质，丰富人们的日常生活起着积极有效的作用。陶瓷装饰可对坯体或坯体表面进行加工，也能对釉本身或在釉面上或釉下进行联合装饰。按装饰技法不同可归纳成以下几种：釉上彩、釉下彩、釉中彩、贵金属装饰、雕塑、色坯与化妆土、色釉、晶化釉和其他装饰方法等。

3.3.1 陶瓷颜料

在陶瓷制品上使用的颜料，通称陶瓷颜料。包括釉上、釉下以及使釉料和坯体着色的颜料。它是以色基和溶剂配合制成的有颜色的无机陶瓷装饰材料。色基是以着色剂和其他原料配合，经煅烧后而制得的无机着色材料。着色剂是使陶瓷胎、釉、颜料呈现各种颜色的物质（图 3.1）。颜料 = 色基 + 溶剂，色基为发色物质和其他原料，溶剂为低熔点的硅酸盐物质。

图 3.1　不同颜色的陶瓷颜料

色料可以使坯体着色、釉料着色和用来绘制花纹图案。坯体着色是将色剂和坯料混合，使烧后坯体呈现一定的颜色；用色剂和基础釉料可调配各种颜色釉和艺术釉；色料还大量用于釉层表面和釉下进行手工彩绘，也可用作贴花纸、丝网印等。

陶瓷色料大多是基于金属元素发色，作为釉和色料的成分，常参与发色的金属元素有：V、Cr、Mn、Fe、Co、Ni、Cu、U 等。在一定条件下，参与发色的元素：Ti、Cd、Sb、Bi。对釉和色料不发色的元素：Li、Na、K、Mg、Ca、Sr、Ba、B、Al 等。

其中使用最多的呈色元素主要是 Fe、Cu、Co 和 Au。其中 Fe 元素可呈红色、黄色、茶色、褐色、绿色、青色、黑色；Cu 元素可呈青色、绿色、红色，由于 Cu 的挥发性和不稳定性，一般只能在 900℃的温度作为陶瓷色料，但是如果同钒结合使用，烧成温度立刻提高到 1050 ～ 1150℃；Co 可呈青色、深青色、桃红色；Co 与 Fe 同属于第Ⅷ族元素，呈色能力强，多呈青色，非常稳定，具有广泛的用途。Au 可呈粉红色、红色、紫色，多用于工艺美术瓷的釉上装饰。

实际用于色料的呈色元素很少，但颜色却非常丰富，首先对同一元素，着色离子的化合价与配位数不同而呈现的颜色不同，如 FeO 碧绿色，Fe_2O_3 黄褐色；CoO_6 品红色，CoO_4 蓝色。其次基础釉的组成影响呈色，如还原焰烧成时，铜在石灰釉中呈鲜艳稳定的红色，而在滑石釉中呈灰黑色或发黑，在硼釉中呈灰红色。另外相同元素由于烧成制度的不同，也会呈现不同的颜色，如 Mn 的氧化物低温时呈紫色，且比较稳定，加热至 1200℃常褪色；Sb 在 1000℃以下与铅共用时为良好的黄色色剂，1100℃以上则褪色。

陶瓷颜料，按使用方法可分为釉上颜料、釉下颜料、釉中颜料；按矿物相可分为简单化合物类型、固溶体单一氧化物类型、尖晶石型和钙钛矿型等（表 3.4）。

表 3.4　陶瓷颜料种类

陶瓷颜料类型		陶瓷颜料举例
简单化合物型	着色氧化物及其盐类 铬酸盐、铀酸盐	Fe_2O_3，$CoCO_3$，$CrCl_3$，$Cu(OH)_2$ 铬酸铅红、西红柿红（$Na_2U_2O_7$）
	锑酸盐（烧绿石型） 硫化物和硒化物	拿浦尔黄（$2PbO·Sb_2O_3$） 镉黄（CdS）、镉硒红

续表

陶瓷颜料类型		陶瓷颜料举例
固溶体单一氧化物型	刚玉型 金红石型	铬铝桃红 铬锡紫丁香紫
	萤石型 灰锡石（钙锡矿）型	钒锆黄 铬锡红
	灰钛石（钙钛矿）型	钒钛黄
尖晶石型	完全尖晶石型 不完全尖晶石型	钴青（$CoO \cdot Al_2O_3$） 钴蓝（$CoO \cdot 5Al_2O_3$）
	类似尖晶石型 复合尖晶石型	锌钛黄（$2ZnO \cdot TiO_2$） 孔雀蓝（CoZn）$O \cdot (CrAl)_2O_3$
硅酸盐型	橄榄石型、石榴子石型	钴粉红、维多利亚绿
	榍石型、锆英石型	铬钛茶、钒锆蓝
混合异晶型	—	尖晶石与石榴子石混晶

简单化合物类型颜料指过渡元素的着色氧化物、氯化物、碳酸盐、硝酸盐以及氢氧化物。此外，一些铬酸盐（如铬酸铅红）、铀酸盐（如铀酸铅红）、硫化物等归属这一类。简单化合物颜料，在烧成时，除少数外，一般是不耐高温的，抵抗还原气氛与釉的耐酸碱侵蚀能力也弱。因此陶瓷工业上很少直接使用简单化合物颜料，而是用它来制造性能好的其他类型的颜料。

着色氧化物或其相应盐类常可以与另一种耐高温氧化物化合（固溶）而形成稳定的固溶体。这种固溶体虽由两种氧化物合成，但用 X 射线鉴定时，只表现为一种氧化物晶格，故命名为固溶体单一氧化物类型颜料。这种颜料一般情况下是耐高温的，但对气氛与溶体侵蚀的稳定性则各不相同，差异很大。

尖晶石型颜料通常具有耐高温、对气氛敏感性小与化学稳定性好的特性，因而被认为是一种良好的陶瓷颜料。属于尖晶石类型的颜料有：铬铝锌红、锌钛黄、孔雀蓝等。

钙钛矿型颜料是指以钙钛矿或钙锡矿为载色母体的颜料。例如，Cr_2O_3 与钙锡矿固溶形成铬锡红颜料，用 X 射线鉴定时，只表现为钙锡矿母体的颜色特征。

陶瓷颜料制造流程主要包括配料、混合、煅烧、粉碎、洗涤、烘干、粉碎、过筛。

着色剂的最终色调，受加入的着色剂中其他成分的影响很大，因而，为了使每批色料发出同一色调，必须按照组成将质量相同的原料精细地称量和混合。按配方配好的原料需经煅烧才能使其稳定化，在煅烧过程中，因原料性质的不同和希望得到色料的不同，而发生不同的反应。煅烧温度最低要与色料最终制品的使用温度相同。煅烧后色料粉碎，进行水洗，除去其中的可溶物质。如使用铬酸盐的色料必须用热水洗，如剩有可溶性的铬酸盐，则会在铬色的周围出现深浅不匀。若不将硼酸盐除净，将在色上产生薄膜。水洗之后用碾盘式磨机或球磨机，湿法粉碎至所需要的细度。色料的粒度要求虽无明文规定，一般要求全部通过 300 目筛。粉碎不足时会因粒度不均而难于使用，以及缺乏遮盖力而致使烧成后呈斑点状。反之，粉碎过度细如尘埃，则不能充分熔合于釉中而成为发生滚釉的原因。

3.3.2 釉上装饰

1. 彩绘

釉上装饰是指用釉上颜料或由它所制成的贴花纸及其他装饰材料，在制品釉面上进行装饰，经 900℃以下温度烧烤而成的装饰方法。在日用陶瓷、建筑陶瓷及陈设艺术陶瓷方面应用极为广泛。主要有彩绘、贴花、丝网印刷、轮窑烤花等。

在釉烧过的釉面上用低温颜料进行彩绘，然后在不高的温度（600 ～ 900℃）下进行彩烧的方法称为釉上彩。由于彩烧温度低，故可使用的颜料比釉下彩绘多，色调极其丰富。同时，釉上彩绘在高强度陶瓷上进行，因此除手工绘画外，还可以用贴花、喷花、刷花等方法绘制，生产效率高、成本低廉，能工业化大批量生产。但釉上彩易磨损，颜料中往往加入含铅助剂，易溶散，表面有彩绘凸出感觉，光滑性差，且易发生彩料中的铅被酸溶出而引起铅中毒。

贴花是釉上装饰中应用最广泛的一种。贴花纸是专业工厂生产的带有图案的画纸。过去依赖胶水等胶结剂将彩料转移到陶瓷釉面上，现在采用薄膜贴花纸，用稀释酒精水即可把彩料转移到釉面上，操作简单，效果也好。但是彩烤时应加强通风，防止有机物与彩饰的金水起反应导致画面缺金等缺陷。

2. 贵金属装饰

用金、铂、钯和银等贵金属在陶瓷釉上进行装饰，一般只限于一些高级细瓷和礼品瓷等制品。饰金较为常见，其他贵金属装饰较少。用金装饰陶瓷有亮金、磨光金与腐蚀金等方法，使用的金饰彩料有金水与粉末金两种。亮金装饰金膜厚度只有 0.5μm，这种金膜易磨损。磨光金的厚度远高于亮金装饰，比较耐用。

亮金装饰是指金着色彩料，在适当的温度下彩烧后可以直接获得发金光的金属层装饰法。金水的使用方法与釉上彩绘彩料相同，直接用毛笔涂画即可，故很方便。金水在 30s 内就干燥成褐色的亮膜，在彩烧后褐色亮膜被还原成发亮的金层。陶器用金水彩烧温度 600 ～ 700℃，而瓷器用金水彩烧温度可达 700 ～ 850℃。

磨光金因其经过彩烧后金层是无光的，必须经过抛光才能获得金子的光泽而得名。液态磨光金采用液态金水，但这种金水含金量较高（16% ～ 22%），经过彩烧后为无光金层，只有经过抛光后才能获得亮金层。

腐蚀金是用松节油、汽油把蜡或沥青等熔化制成防腐剂。先将防腐剂涂布在釉面上，然后用金属工具在防腐剂上刻划出图案，再用氢氟酸溶液涂刷无防腐剂的釉面部分，则该釉面即分解成可溶性化合物与挥发性氟化硅，经过水冲洗后，腐蚀产物被冲去，釉面消失。再用煤油、汽油等洗去防腐剂并用清水冲洗干净，然后在整个制品表面涂上一层磨光金彩料。彩烧后加以抛光，原来未经腐蚀的釉面上的金层是光亮的，而腐蚀过的部分上的图案则是无光的。彩烧温度为 700 ～ 800℃，彩烧时间 5 ～ 6h。腐蚀金装饰技术的特点是能造成发光金面与无光泽面的相互衬托，具有高雅富丽的艺术效果，适用于装饰高级日用细瓷及陈设瓷（图 3.2）。

图 3.2 釉上彩贵金属装饰

3.3.3 釉中彩

釉中彩又名高温快烧颜料，是 20 世纪 70 年代发展起来的一种新的装饰材料和方法。这种陶瓷颜料的溶剂成分不含铅，是在陶瓷釉面上进行彩绘后，在 1060 ～ 1250℃下快速烧成（一般在最高温度阶段不超过 0.5h）。在高温快烧的条件下，制品釉面软化熔融，使陶瓷颜料渗透到釉层内部，冷却后釉面封闭，颜料便自然地沉在釉中，具有釉中彩的实际效果（图 3.3）。

图 3.3 釉中彩装饰

3.3.4 釉下彩

釉下彩绘，则是在素烧坯体或未烧的坯体上进行彩绘（图 3.4），然后施上一层透明釉，再高温（1200 ～ 1400℃）烧成。釉下彩彩料受到表面透明釉层的隔离保护，使彩绘图案不会磨损，彩料中对人体有害的金属盐类也不会溶出，颜料不易溶散，使用安全。现在国内商品釉下彩料的颜色种类有限，基本上用手工彩画，难以机械化生产，色彩不丰富，限制了它在陶瓷制品中的广泛应用。

釉下彩绘的画面光亮柔和，不变色，耐腐蚀，不磨损。但是釉下彩绘的画面与色调不如釉上彩丰富多彩，且不易机械化等，因而未广泛使用。这种装饰方法始创于唐代长沙窑，宋代磁州窑继承了这个传统，元代以后景德镇予以发展。

釉下彩主要有青花、釉下五彩、青花玲珑、青花釉里红等。

斗彩：釉下青花与釉上彩相结合的一个品种。指在坯体上以青花勾绘花纹轮廓线，施釉烧成后，于轮廓线内填以红黄绿紫等多种色彩，再经炉火二次烧成，画面呈现釉下

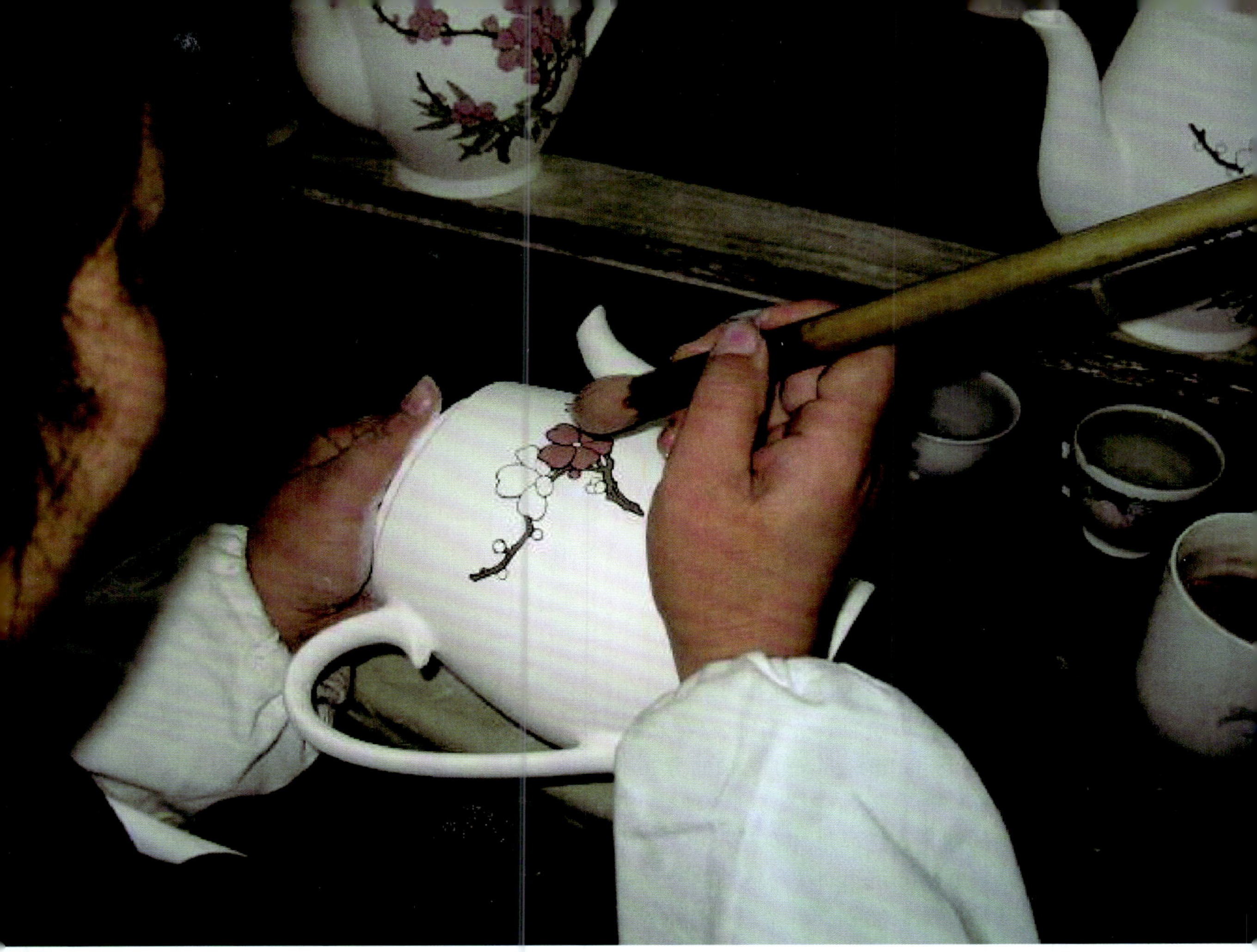

图 3.4　釉下彩绘装饰

青花与釉上色彩相斗媲美，故名“斗彩”。

釉里红：用铜作着色剂的色料在坯体上描绘各种纹样，然后施透明釉经高温还原气氛烧成，在釉里透出红色纹样，故名“釉里红”。

窑彩——釉下五彩、釉下多彩。它是在已上釉的坯体上用多种高温颜料进行彩绘，然后再覆盖一层薄釉，入窑经 1300℃左右的高温烧成的一种彩绘装饰。具有釉面光滑质润，瓷质洁白细腻，色彩丰富淡雅，不含铅毒，不变色，耐用等特点。

釉下彩绘所用彩料系由颜料、胶结剂与描绘剂等组成。胶结剂指能使陶瓷颜料在高温烧成后黏附在坯体上的组分，常用的有釉料、长石等熔剂。描绘剂指在彩绘时能使陶瓷颜料展开的组分，如茶汁、阿拉伯树胶、甘油与水等。

3.3.5　颜色釉

颜色釉简称色釉，在无色透明釉或乳白釉料中引入适量的颜料即为色釉，它是陶瓷制品简便而廉价的装饰方法（图 3.5）。按釉的成熟温度可分为低温色釉和高温色釉两大类。低温色釉是指在 1000℃左右烧成的以硅酸铅为基础或以硼 - 碱釉为基础的釉，现代高温色釉多以长石釉为基础。

图 3.5　颜色釉

3.3.6　艺术釉

艺术釉是在颜色釉的基础上，采用专门的工艺方法，以增加釉面艺术效果的一类釉，包括结晶釉、砂金釉、无光釉、碎纹釉、金属光泽釉、变色釉、荧光釉等。

结晶釉（crystalline glaze）是釉面分布着星形、针状或花叶形粗大聚晶体的一种装饰釉（图 3.6（a））。按釉中结晶剂的种类可分为六类，即硅酸锌、硅酸钛、硅锌铅、锰钴等结晶釉。常见的结晶形体有星形、冰花、晶簇、花朵等。

砂金釉（aventurine glaze）是釉内结晶呈现金子光泽的细结晶的一种特殊釉（图 3.6（b）），因其形状同自然界的砂金石相似而得名。

(a) 结晶釉

(b) 砂金釉

图 3.6　结晶釉和砂金釉

无光釉表面对光反射不强烈，没有玻璃那样高的光泽度，只在平滑的表面上呈绢状、蜡状或玉石状的光泽，在艺术陶瓷和建筑陶瓷上可以获得特殊的艺术效果（图 3.7）。可以通过三种方法来制得：①降低釉烧温度或增加釉料中 Al_2O_3 的含量。②用稀氢氟酸溶液轻度腐蚀釉面。③冷却时使透明釉中析出微晶。

图 3.7　无光釉

碎纹釉（crackle glaze）又称纹片釉、裂纹釉。釉面上的裂纹是陶瓷产品的一种缺陷，但是碎纹釉是人为地在釉中造成清晰的开裂纹样，使陶瓷产品具有独特的艺术效果（图 3.8）。碎纹釉釉面生成网状龟裂纹，适宜于瓷砖装饰。

图 3.8　碎纹釉

金属光泽釉（metallic glaze）指釉面产生色调和光泽等外观类似某种金属表面的陶瓷光泽釉（图 3.9）。如金光釉、银光釉、铜光釉、铜红色金属光泽釉等。

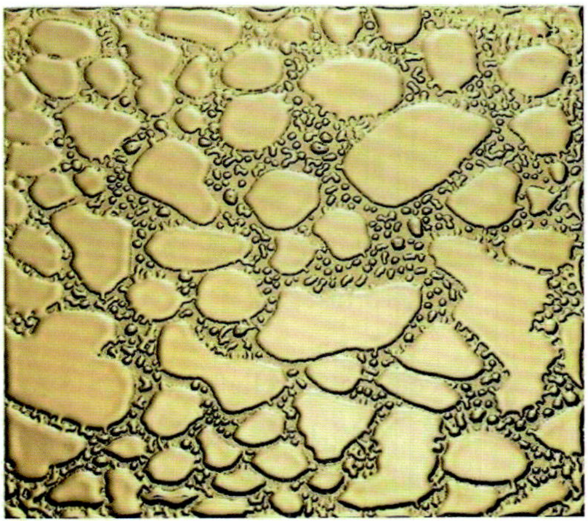

图 3.9　金属光泽釉

变色釉又称异光变彩釉。一般色釉是异光同色的，即其颜色不因照射光源的波长而变化。变色釉则是在不同光源照射下，釉面呈现不同的颜色。如变色釉在太阳光下呈淡紫色，在普通灯光下呈玫瑰色，在日光灯下呈天青色，在水银灯下呈深绿色，在高压钠灯下呈橙红色。以高级细瓷的白釉釉料为基釉，以钕、铈、镨、镱等混合稀土氧化物为着色元素，经一定工艺处理，制成釉浆，施于坯体表面，在适当的烧成温度下，产生物理与化学变化，生成一种新的固体。

3.3.7 坯体装饰

坯体装饰是指将陶瓷坯体通过施釉、贴花、丝网印花、掺彩等方法进行装饰。具体可分为素坯装饰和生坯装饰两大类。素坯装饰是指在素烧后的坯体上进行装饰，再经过二次烧成而达到预期的装饰效果。生坯装饰为直接在成型后的生坯上进行装饰，再入窑一次烧制而成。

仿石砖装饰指通过压机模具的独特设计，形成凹凸不平的坯体表面，再施一层装饰釉（色釉、耐磨釉、无光釉或干式釉等），烧成后形成天然石材的美观自然的装饰效果。玻化砖的装饰目前主要有固体掺彩斑点装饰和液体渗彩印花装饰两大类。

色坯（colored body）装饰指使陶瓷坯体整体着色的装饰方法，其着色机理可以看作着色离子与坯料中的 Al_2O_3 与 SiO_2 等形成着色硅酸盐、铝硅酸盐。最后这些盐类与坯料成分结合成均匀带色体。着色剂氧化物和陶瓷颜料的细度，以及它与坯料混合均匀性，直接影响色坯的装饰效果。当颜料细度不够与混合不均匀时，将引起着色不均匀，甚至表面出现“色斑”。可将颜料与坯体一起进行湿法球磨粉碎，细度控制在万孔筛筛余 0.1% ～ 0.5%，这样既可保证细度要求又能达到充分混合的作用。

斑点（spot）装饰指将色泥通过造粒的方法与基料（常为白坯料）混合，经压制成型、干燥、烧成，使坯体形成色斑的装饰方法。这种装饰使产品表面具有仿天然花岗岩效果，又称仿花岗岩。

图 3.10 绞胎装饰

绞胎（twisted colored body）装饰指将两种以上不同色调的坯泥不均匀地掺在一起成型，造成坯体出现不同色调的花纹以达到装饰的效果（图 3.10）。

刻花填色是在坯体上用刻刀刻划出花纹，而后在凹槽纹饰内填以各种色泥。刻花是我国陶瓷传统装饰方法之一（图 3.11）。它是依照设计的稿样在坯体上用铁、竹制的刀和扦等工具刻划出装饰纹样，施透明釉烧成。

镂雕也叫镂空或透雕。它是以镂空为主，结合圆雕、捏雕、堆雕等技法在陶瓷坯体上把装饰纹样雕通，再在上面粘贴花草或加彩的一种装饰方法。

堆雕（embossed relief）指在坯体表面上，用笔蘸取和坯体同性质的泥浆或用泥料堆出各种纹样（图 3.12），花纹凸出坯体表面，具有浮雕装饰效果，故又名凸雕、浮雕，堆雕可分为堆泥和堆釉两种。

图 3.11　刻花装饰

将白化妆土均匀地混合搅拌

将白化妆土吸入橡皮软管内

将白化妆土挤出进行堆雕

图 3.12　堆雕装饰

堆釉是在施有高温色釉的坯体上用“生白釉”堆出各种花纹，利用釉层厚薄透明，表现出物体的浮雕效果。

圆雕（round sculpture）在陶瓷艺术中一般习惯称为雕塑。它是用瓷（陶土）塑造成立体形象，然后施釉或不施釉烧成。

图 3.13　化妆土装饰

化妆土装饰——化妆土是一种天然黏土，或是一种由黏土、熔剂和非可塑性物料混合制成的泥浆，将它薄薄地施于陶瓷坯体表面用来掩盖坯体表面的颜色、缺陷或粗糙表面，起到化妆的作用（图 3.13）。化妆土一般分为两种：一种是在坯体上施好化妆土后再施釉，通常将这种化妆土称为釉底料或底釉，用于掩盖坯体中铁化合物的颜色，以提高釉面白度或颜色釉的呈色效果。另一种化妆土用于改变坯体的表面颜色和抗风化能力。化妆土剔花装饰以宋代磁州窑系制品为代表。它是在坯体上施一层釉或喷上一层色泥（化妆土），然后剔出花纹。有剔地留花和剔花留地两种装饰手法，有的还在剔好纹饰的坯胎上罩一层透明釉。

3.4 陶艺鉴赏

3.4.1 陶瓷艺术

陶瓷产生于实用需求，但人们同时存在着艺术的精神需求。最初陶瓷是实用性与艺术性的结合，随着社会的发展，人们的精神需求不断提高，陶瓷开始以不同分工来满足人们对这两种不同功能的需求，除了用于日常生活的陶瓷外，还出现了纯粹的工艺陶瓷。但是不管是日用陶瓷还是工艺陶瓷，都不同程度地具有实用性和精神性。这种实用性和精神性同时体现在陶瓷造型艺术和纹样装饰两个方面。

陶瓷制品的造型也叫“器型”。陶瓷最初创造是为社会生活服务的，包括生活用具、生产工具、明器、陶瓷雕塑、建筑陶瓷以及其他类等，涉及社会生活的方方面面。生活用具有食器，如碗、钵等；盛器，如盘、碟等；贮器，如罐、坛、缸等；饮器，如杯、尊、壶、盏、盅等；陶瓷文具、乐器等。陈设陶瓷器有陶瓷塑像，如各种动物、植物、人物、神话形象的造型，花瓶、屏风、艺术瓷盘等。陶瓷明器，即陪葬品，有些与现世生活用具一致，有些是专为冥世所作，最著名的莫过于秦始皇兵马俑了。除此以外还有礼器、祭器及宗教用器。这些陶瓷器件视其功能及功用，具有各种各样的形状和样式。这些造型有的修长挺拔，有的圆润丰满，有的质朴古拙，有的灵动飞扬，有的端庄典雅，有的雍容硕大，有的别致小巧，构成了陶瓷的丰富的造型艺术，体现了丰富的艺术风范和美学精神。这里仅作简单介绍，最常见的生活用具有碗、盘、杯（图 3.14），以及瓶、壶、炉、罐、尊、枕等。

图 3.14　常见陶瓷造型——碗、盘、杯

碗是人们日常必需的饮食器皿。碗的起源可追溯至新石器时代泥质陶制的碗，其形

状与当今无多大区别，口大底小，碗口宽而碗底窄，下有碗足，高度一般为口沿直径的二分之一，多为圆形，极少方形。

盘也是常见的日用器皿，敞口、浅腹、平底、高足或圈足。根据其功能可分为果盘、汤盘、托盘等；根据其形状可分为葵口盘、花口盘、折沿盘等，以圆形为主，也有方形或椭圆形的。

杯，日用器皿，直口或敞口，口沿直径与杯高近乎相等，平底、圈足或高足，主要用来饮酒或饮茶，现代可用来饮咖啡等其他饮料。

瓶是用于盛放液体的容器。早期多为尖底圆腹细颈，肩上有供穿绳用的耳或系，是用于垂直方向汲水的工具。后来瓶逐渐演变为高身深腹平底，除作使用工具外也具有了装饰功能。

图 3.15 为常见的陶瓷瓶、壶、炉造型。壶是用以盛放液体的容器的统称。新石器时代早期出现的陶壶并没有特定的造型。两晋时期出现了鸡首壶、羊首壶，首开一侧有流、一侧安执手的造型，该器型最终成为壶器的定型，并一直沿用至今。炉的出现与其他常见陶瓷器皿相比较晚，一般认为始于汉代。最早的炉是用于焚香，或应称之为香薰更加合适。

图 3.15　常见陶瓷造型——瓶、壶、炉

图 3.16 为常见的陶瓷罐、尊、枕造型。罐是用以盛放或烹煮食物，造型特点是口径大，腹丰且深，胫部内收，大底足。尊是一种陶瓷容器的统称，在先秦时用作酒器，也有用于祭祀。尊通常的形状是敞口、折沿、圆腹，在长江流域、黄河流域，新石器时代各大文化遗址中均有出土，多为陶质，外表上加有各种印纹以作装饰。一般体型均较巨大，应为固定安放的器物。枕即通常所说的枕头，因其功用是睡卧时垫托头部而得名。瓷枕最早出现于隋代，唐朝时开始大量生产，两宋及金、元时期最为鼎盛，明清两代渐次衰退。

图 3.16 常见陶瓷造型——罐、尊、枕

此外还有其他器型，如灯盏、渣斗、笔托、乐器、托架和一些特殊的造型，如人物塑像、十二生肖等。

陶瓷的美不仅在于其千姿百态的精美造型，还在于其优良的质地以及美妙绝伦的釉色和纹样，赏心悦目，成为独特的审美对象。

陶瓷质地主要指陶瓷胎体和釉质的透明度、光泽度和温润感。优良的质地，古有薄如蛋壳的蛋壳陶，今有半透明的骨灰瓷，优良的瓷器精品被人们形容为“薄如纸、明如镜、清如天、白如玉、声如磬”。

陶瓷的釉色丰富，如白瓷，白璧无瑕，一尘不染；汝瓷的颜色据传来自于宋徽宗梦中的颜色，“雨过天晴破云处，这般颜色做将来”不知难倒了多少工匠，不过最后汝州的工匠技高一筹，为我们留下了这抹色彩。最初的陶器为素色，大多为赭红色，后来出现了单色，到红、黑、白、黄等色并用出现了最初的纹样装饰。瓷器最初为原始青瓷，随着烧结技术的提升和釉料的开发，每个时代都有代表性的釉色出现。“雨过天晴破云处”是汝瓷的颜色，“九秋风露越窑开，夺得千峰翠色来”，“千峰翠色”是越窑青瓷釉的写照。

有了不同的釉色后，陶瓷纹饰成了一个丰富而独特的艺术领域。陶瓷纹饰用色彩和线条对陶瓷进行了第二次造型，是陶瓷艺术性最直观的体现。陶瓷的纹样装饰从形式上可分为几何纹样与自然纹样。自然纹样又叫象生纹样，主要包括动物纹样、植物纹样、景物纹样、人物纹样。几何纹样（图 3.17）是图案化了的自然界和人类社会的描绘，这在现代派绘画艺术里，以极端化了的形式表现得尤为充分、彻底。比如三角形可能表达了山，云雷纹中的圈、弧线，可能表达了自然界的云和雷，新石器时代彩陶上的弧线三角纹（半山文化）可能表达了狂风、巨浪等。绘画，无论写实写意，都是人们通过自身的观察，运用人的感觉、认识、理解来反映自然界和人类社会，因而最受人的意识（哲学、美学等）的制约，最具社会性、时代性，具有重要的鉴定意义（图 3.18）。

图 3.17　几何纹样装饰陶瓷

3.4.2　古代陶瓷

我国陶器有 11 700 多年的历史，瓷器有 2000 多年的历史，都是我国的伟大发明。英文用 china（陶瓷）代表中国，足以说明中国陶瓷在世界文化交流发展中的巨大作用。

裴李岗文化时期的陶器（距今约 8000 年）出土于河南省郑州市新郑市裴李岗村。出土的陶器（图 3.19）以泥质红陶和夹砂红陶为主，红陶在中国出现最早，烧成温度 900℃左右。

图 3.18 绘画装饰陶瓷

图 3.19 裴李岗文化陶器

1921 年首次在河南省三门峡市渑池县仰韶村发现的仰韶文化遗址，体现了距今约 5000 ～ 7000 年中国新石器时代的一种文化，它位于黄河中游地区。生产工具以磨制石器为主，常见的有刀、斧、锛、凿、箭头、纺织用的石纺轮等。骨器也相当精致。遗址中发现了各种水器、甑、灶、鼎、碗、杯、盆、罐、瓮等彩陶制品。日用陶器以细泥红陶和夹砂红褐陶为主，主要呈红色，多用手制法，用泥条盘成器型，然后将器壁拍平制造。红陶器上常有彩绘的几何形图案或动物形花纹（图 3.20），是仰韶文化的最明显特征，故也称彩陶文化。

蛋壳黑陶，薄如蛋壳，表面光亮如漆，代表着中国制陶手工技艺上的顶峰。考古学家把这种以精美的磨光黑陶（图 3.21）为主要特征的文化遗存命名为“龙山文化”。

殷商时代（公元前 14 世纪～公元前 11 世纪）的陶器从无釉到有釉，是制陶技术上的重大成就。为从陶过渡到瓷创造了必要的条件，这一时期釉陶的出现是我国陶瓷发展过程中的第一次飞跃。图 3.22 为河南荥阳出土的商代陶器，图中几何纹白陶瓿是殷商釉陶的代表之作。图 3.23 为 20 世纪 70 年代出土的西汉（公元前 202 ～公元 8 年）釉陶（图 3.23（a））和北齐武平六年（公元 575 年）釉陶（图 3.23（b））。

图 3.20　仰韶文化彩陶

图 3.21　龙山文化黑陶

图 3.22　商代陶器（河南荥阳出土）

(a) 西汉釉陶

(b) 北齐釉陶

图 3.23　西汉釉陶（河南省三门峡市出土）和北齐武平六年釉陶（河南省安阳县范粹墓出土）

汉代以后，釉陶发展成瓷器，瓷器的出现，是釉陶的第二次飞跃。在浙江出土的东汉越窑青瓷是迄今为止我国发掘出的最早瓷器，距今已有 1700 年。当时的釉具有半透明性，而胎还是欠致密的。这种“重釉轻胎”倾向一直延续到宋代的五大名窑（汝窑、钧窑、官窑、哥窑、定窑）。

汝窑创烧于北宋晚期，窑址在河南汝州，为宫廷御用窑场。从宋哲宗元祐元年（公元 1086 年）到宋徽宗崇宁五年（公元 1106 年），烧造时间不过 20 年。汝窑以青瓷为主，胎体较薄，釉层较厚，有玉石般的质感。图 3.24 为出土的汝窑瓷器，其传世作品数量不足百件，因此非常珍贵。

钧窑是继汝窑之后的第二座官窑，建于宋徽宗年间，位于河南禹县（今禹州市，时称钧州），烧制各种皇室用瓷。有“黄金有价钧无价”和“家有万贯，不如钧瓷一件”的美誉。图 3.25 为存世的钧窑瓷器，钧瓷的釉色千变万化，灿若云霞，宋代诗人曾以“夕阳紫翠忽成岚”赞美钧瓷。

图 3.24　汝窑瓷器

图 3.25　钧窑瓷器

官窑分“北宋官窑”与“南宋官窑”，其中“北宋官窑”据说创烧于北宋的政和至宣和年间（1111 ～ 1125 年），在当时的京师汴梁烧造，窑址至今尚未被发现，官窑主要烧制青瓷，釉色以月色、粉青、大绿三种颜色最为流行。官瓷胎体较厚，天青色釉略带粉红颜色，釉面开大纹片。这是因胎、釉受热后膨胀系数不同产生的效果。瓷器足部无釉，烧成后是铁黑色，口部釉薄，微显胎骨，即通常所说的“紫口铁足”。瓷器传世很少，珍稀名贵。图 3.26 为少见保存完好的官窑瓷器。

图 3.26　官窑瓷器

哥窑位于处州（现浙江省丽水市），据历史传说为章生一、章生二兄弟各建一窑，哥哥建的窑称为“哥窑”，弟弟建的窑称为“弟窑”。图 3.27 为哥窑传世之器。瓷器的釉面有大大小小不规则的开裂纹片，俗称“开片”或“文武片”。小纹片的纹理呈金黄色，大纹片的纹理呈铁黑色，故有“金丝铁线”之说。釉色主要有粉青、月白、米黄数种。

图 3.27　哥窑瓷器

定窑位于定州（现河北省曲阳县）。以烧白瓷为主，瓷质细腻，质薄有光，釉色润泽如玉。定窑瓷器制作精湛，造型典雅，花纹千姿百态。图 3.28 分别为刻花莲花螭文洗和白瓷婴儿枕。

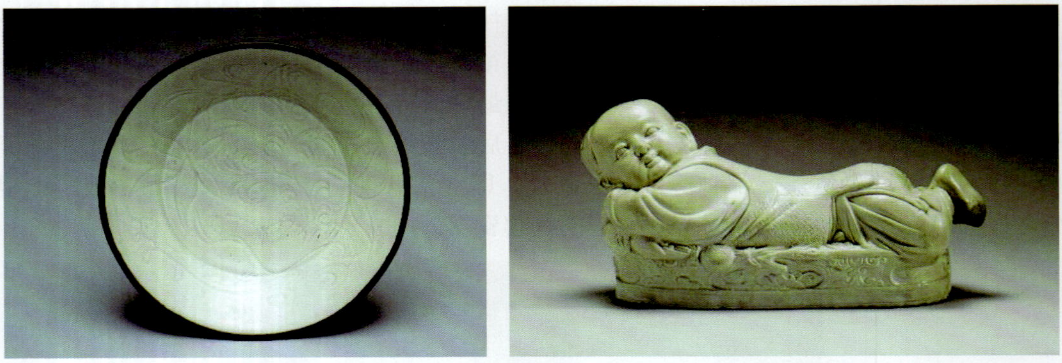

(a) 刻花莲花螭文洗　　(b) 白瓷婴儿枕

图 3.28　定窑瓷器

瓷器“第三次飞跃”是由半透明釉发展到半透明胎。唐代越窑的青瓷、邢窑的白瓷、宋代景德镇镜湖田、湘湖窑的影青瓷都享有盛名。到元、明、清，彩瓷发展很快，釉色从三彩发展到五彩、斗彩，一直发展到粉彩、珐琅彩和低温、高温颜色釉。图 3.29 和图 3.30 分别为元代青花釉里红开光镂雕盖罐和青花缠枝牡丹纹罐；图 3.31 为明代青花瓷的经典之作；图 3.32 为唐代三彩釉陶器；图 3.33 ～图 3.37 均为故宫博物院收藏的清代彩瓷。

图 3.29　元代青花釉里红开光镂雕盖罐

图 3.30　故宫博物院藏元青花缠枝牡丹纹罐

图 3.31　台北“故宫博物院”藏明青花瓷

图 3.32　唐三彩

图 3.33　故宫博物院藏五彩镂空云凤纹瓶和五彩耕织瓶

图 3.34 故宫博物院藏斗彩缠枝花纹梅瓶和斗彩婴戏图玉壶春瓶

图 3.35 故宫博物院藏粉彩葫芦纹碗和粉彩开光人物茶壶

图 3.36 故宫博物院藏黄地珐琅彩梅花纹碗和蓝地珐琅彩缠枝牡丹纹碗

图 3.37　故宫博物院藏清康熙郎红观音瓶和清雍正粉青釉观音瓶

3.4.3　现代陶瓷

时至今日，几乎每个现代科学技术的尖端领域都有现代陶瓷的足迹，现代陶瓷是科技发展的动力和催化剂。

陶瓷轴承（图 3.38）具有金属轴承所无法比拟的优良性能。其抗腐蚀，能在充满腐蚀介质的恶劣条件下使用；密度低，转动时对外圈的离心作用可降低 40%，使用寿命大大延长；受热胀冷缩的影响比钢小，在轴承的间隙一定时，可允许轴承在温差变化较为剧烈的环境中工作；弹性模量大，受力时不易变形，有利于提高工作速度，并达到较高的精度；此外，陶瓷还能耐高温，可用于高温场合。

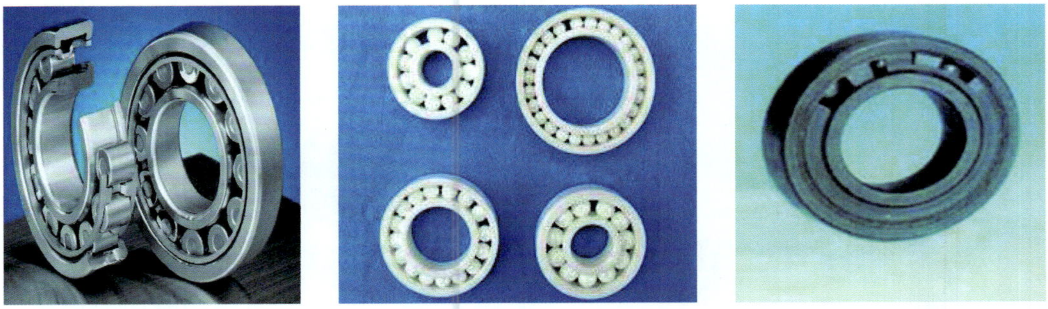

(a) 金属轴承　(b) 氧化铝陶瓷轴承　(c) 氮化硅陶瓷轴承

图 3.38　各种材料的轴承

航天飞机往返大气层时，和大气层摩擦产生的温度高达 1600℃，因此在航天飞机外侧需采用耐热陶瓷瓦。航天飞机的机头温度超过 1760℃，通常采用 SiC 等复合材料。在太空中，由于没有空气的调节作用，向阳面舱外温度超过 100℃，背阳面可达 –100℃。

德国航空航天中心（DLR）研制出一种碳纤维耐热陶瓷瓦（图 3.39），可耐受 1700℃的高温，具有很强的抗冲击性和耐化学性。美国航天局（NASA）对此甚感兴趣，并在“X-38”空天飞机上进行了实验。该陶瓷瓦的另一突出优点是，在大尺寸下性能稳定，没有裂纹，俄罗斯发射“联盟号”火箭时首次使用，取得了理想的效果。

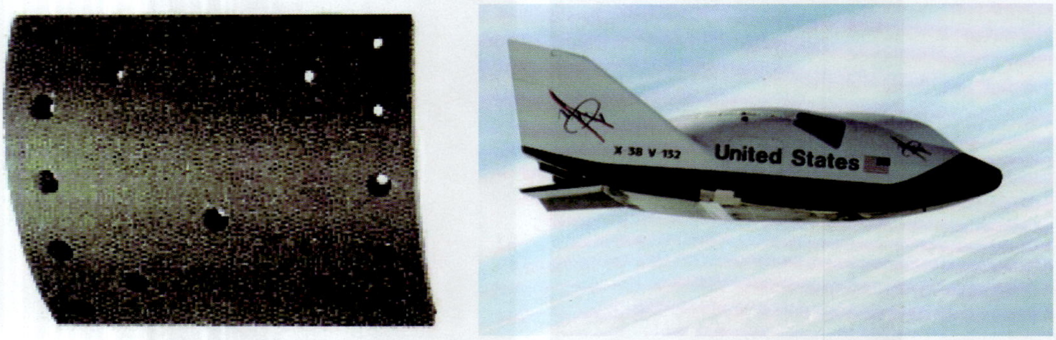

(a) 陶瓷瓦　　(b) “X-38”空天飞机

图 3.39　耐热陶瓷瓦的应用

军事上，特种陶瓷材料具有硬度高、重量轻耐高温的特点，是优良的抗弹材料之一。其重量只及钢的 60% ～ 70%，而强度可达钢的 3 ～ 4 倍，能有效地抗御各种轻武器的射击。目前陶瓷材料已广泛用作防弹衣、车辆和飞机等武器装备的防护装甲。高硬度陶瓷对弹头产生较大的反作用力，能降低弹头速度，阻止弹头穿透装甲。陶瓷装甲具有金属装甲无可比拟的优越性能，各国坦克大都采用含有特种陶瓷材料的复合装甲，这类陶瓷复合装甲不仅能抵御常规弹药的攻击，而且还能承受反坦克导弹的攻击。

英国的“奇伏坦”式坦克（图 3.40）车体装甲厚度一般为 80 ～ 90mm，装甲最厚

图 3.40　“奇伏坦”式坦克（英国）

的部位是炮塔正面，达 150mm，该坦克安装的斯蒂尔布鲁（Stillbrew）装甲为 SiC/Si_3N_4 复合陶瓷装甲。

德国的“豹 -2”式坦克装甲为陶瓷、橡胶和特种树脂组成的复合材料，能在一定程度上承受原子武器的冲击波和热辐射，是目前世界上最先进的复合装甲之一。

美国 M-113 军用装甲运输车采用一种特制陶瓷防护装甲（图 3.41），正面能够经受 20mm 炮弹的轰击，两侧能够经受 13.7mm 枪弹的射击。美国“拦截者”防弹衣采用了前后两片的碳化硼防弹插板。

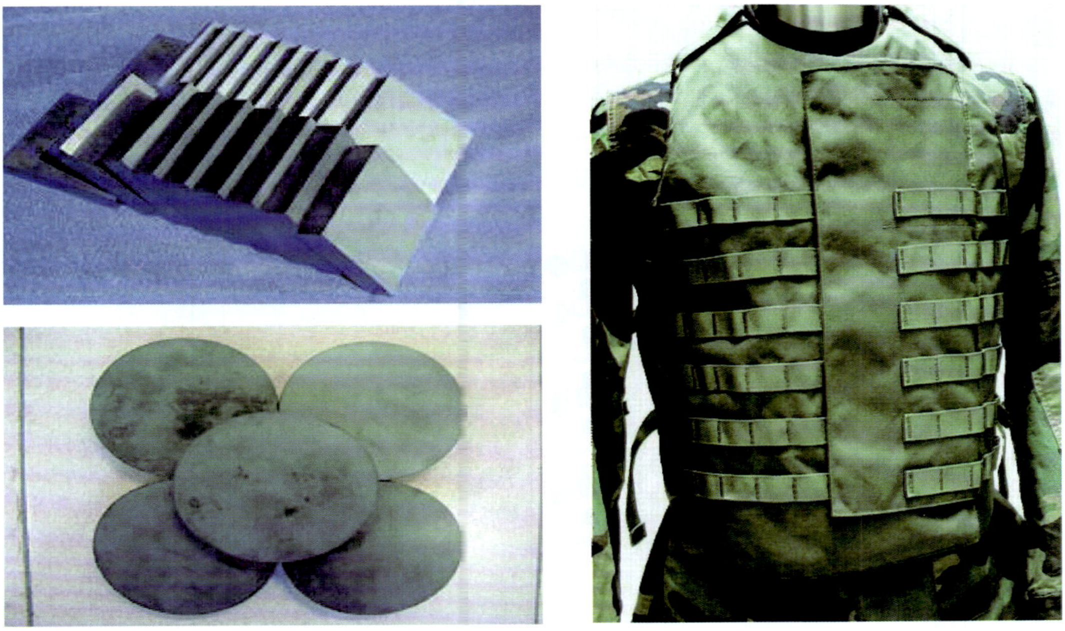

图 3.41　碳化硅装甲陶瓷板和美国“拦截者”防弹衣

某些陶瓷的电阻率、电动势等物理量对热、湿、声、光、磁、电压及气体、离子的变化特别敏感，这类陶瓷称为敏感陶瓷。敏感陶瓷在现代社会生活中应用十分广泛。随着科技的发展，人们接触和使用的气体越来越多，尤其是有毒有害（CO、SO_2、苯、甲苯等）、易燃易爆气体严重危害人们的生命、财产和环境安全。例如生活环境中的 CO 浓度达 0.8 ～ 1.15mL/L 时，人就会呼吸急促，脉搏加快，甚至晕厥；达到 1.84mL/L 时，几分钟内人就会死亡。因此利用敏感陶瓷的特性对气体进行检测具有重要意义。

3.4.4　高熵陶瓷

高熵陶瓷由多种元素以接近等摩尔比组成，这种多样性在材料的组成上创造了无限的可能性。然而，熵稳定效应使这些多组分的材料倾向于形成高对称性的单相稳定结构（图 3.42），因此元素的多样性在材料的微观结构中反而创造出了一种和谐与平衡，类似于艺术作品中不同元素的融合，形成了一个统一的整体，体现了多样性的和谐美。

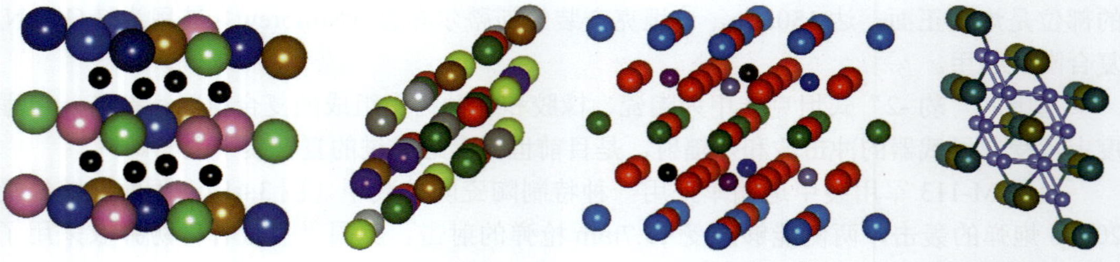

(a) 岩盐结构　(b) 萤石结构　(c) 钙钛矿结构　(d) 硼化铝六方结构

图 3.42　高熵陶瓷的高对称结构示意图

高熵陶瓷的微观结构通常展现出高度有序的晶体结构（图 3.43 中的大球和小球都呈现出规律的几何排布规律），具有一种内在的几何和秩序美。但是晶格中的多种原子排布却是随机的、无序的（图 3.43 中的大球颜色分布）。这种有序和无序的对立与统一赋予了高熵陶瓷独特的性质。

(a) 高熵碳化物陶瓷　(b)高熵硼化物陶瓷

图 3.43　高熵碳化物和高熵硼化物陶瓷示意图（其中小球为碳原子和硼原子，彩色大球为金属原子）

由于不同元素的原子半径和电子结构的差异，高熵陶瓷的晶格畸变产生了复杂的微观结构（图 3.44），这种复杂性可以被看作是一种独特的美学特征。高熵陶瓷的晶格畸变和晶格结构的复杂性可以在高分辨率的电子显微镜图像中展现出独特的美学，这些图像可以揭示材料内部的微观世界。

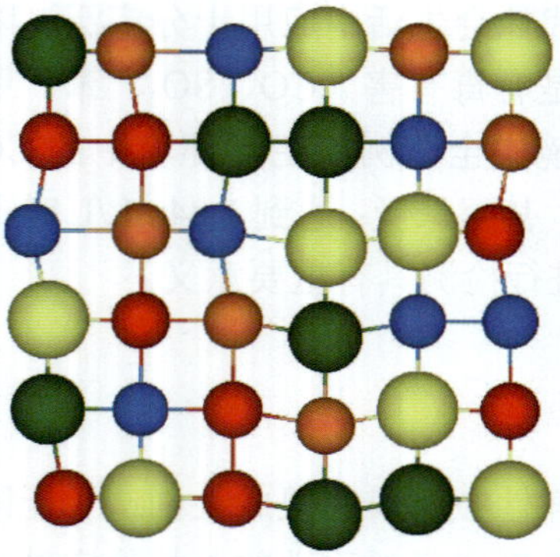

图 3.44　晶格中多种元素所致的晶格畸变示意图

高熵陶瓷的优异性能，如高强度、高硬度、良好的热稳定性等，可以被视为一种功能美学，体现了材料设计和自然选择的精妙。作为材料科学的前沿领域，高熵陶瓷的成分和结构设计往往需要创新思维，这种创新性和突破性本身就是一种美学特征，代表了人类对材料极限的探索和理解，它推动了材料科学的发展。高熵陶瓷的成分设计旨在实现性能的最优化，这种性能与结构之间的平衡体现了一种工程设计的美学。高熵陶瓷在各种高科技应用中的使用（图 3.45），如航空航天、能源转换、催化剂、电子器件、生物工程等，展现了材料与技术结合的艺术性。

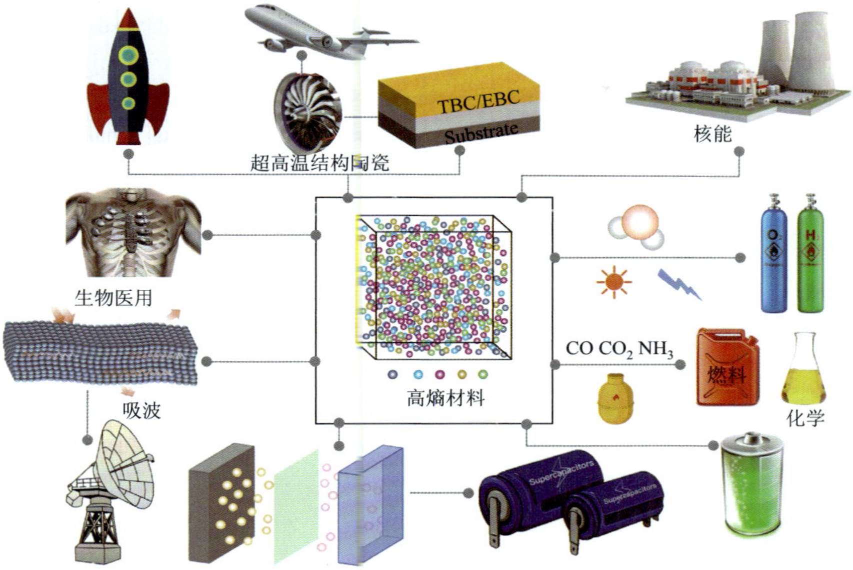

图 3.45　高熵陶瓷材料潜在应用：从超高温结构材料到能源、催化功能材料

参 考 文 献

布莱恩·泰勒，凯特·杜迪 . 2015. 釉——釉料及陶瓷颜色配制手册 [M]. 周颖琪，译 . 上海：上海科学技术出版社 .

陈磊，王恺，苏文韬，等 . 2020. 过渡金属非氧化物高熵陶瓷的研究进展 [J]. 无机材料学报，35（7）：748-758

程金城 . 2008. 中国陶瓷美学 [M]. 兰州：甘肃人民美术出版社 .

冯先铭 . 2001. 中国陶瓷 [M]. 上海：上海古籍出版社 .

故宫博物院 . 2010. 故宫经典：故宫陶瓷图典 [M]. 北京：紫禁城出版社 .

郭瑞松，蔡舒，季惠明，等 . 2002. 工程结构陶瓷 [M]. 天津：天津大学出版社 .

李飞 . 2009. 中国传统陶瓷艺术鉴赏 [M]. 杭州：浙江大学出版社 .

李世普 . 2008. 特种陶瓷工艺学 [M]. 武汉：武汉工业大学出版社 .

刘兰华，张南南 . 2013. 中国古代陶瓷纹饰 [M]. 北京：故宫出版社 .

马铁成 . 2011. 陶瓷工艺学 [M]. 2 版 . 北京：中国轻工业出版社 .

马未都 . 2008. 马未都说收藏·陶瓷篇（下）[M]. 北京：中华书局 .

曲远方 . 2008. 现代陶瓷材料及技术 [M]. 上海：华东理工大学出版社 .

曲远方 . 2014. 功能陶瓷及应用 [M]. 2 版 . 北京：化学工业出版社 .

王皓轩，刘巧沐，王一光 . 2021. 高熵过渡金属碳化物陶瓷的研究进展 [J]. 无机材料学报，36（4）：355.

吴燕平，燕青芝 . 2017. 防弹装甲中的陶瓷材料 [J]. 兵器材料科学与工程，4（40）：135-140.

佚名 . 2017. 奇伏坦主战坦克 . http://www.chinabaike.com/article/96/jszs/2007/20071012576019_2.html [2017-8-1].

赵鹏博，张岩，朱锦鹏，等 . 2022. 高熵硼化物陶瓷的研究进展 [J]. 硅酸盐学报，50（6）：1512-1526.

朱海 . 2016. 先进陶瓷成型及加工技术 [M]. 北京：化学工业出版社 .

Huo W，Wang S，Zhu W，et al. 2021. Recent progress on high-entropy materials for electrocatalytic water splitting applications[J]. Tungsten，3：161-180.

Oses C，Toher C，Curtarolo S. 2020. High-entropy ceramics[J]. Nature Review Materials，5：295-309.

Saeid A，Parisa E，Masayoshi F，et al. 2021. High-entropy ceramics：Review of principles，production and applications[J]. Materials Science and Engineering：R：Reports，146：100644.

Xiang H，Xing Y，Dai F，et al. 2021. High-entropy ceramics：Present status，challenges，and a look forward[J]. Journal of Advanced Ceramics，10：385-441.

Yang B，Zhang Y，Pan H，et al. 2022. High-entropy enhanced capacitive energy storage[J]. Nature Materials，21：1074-1080.

第4章 玻璃及其造型艺术

4.1 玻璃材料的基本知识

4.1.1 玻璃的定义和发展

玻璃在中国古籍中被称为璧琉璃、琉琳、玻黎，唐代称为硝子，明清时期称为料。玻璃的定义有狭义和广义之分。狭义的玻璃定义在美国材料试验学会（ASTM）、德国工业标准（DIN）以及《中国大百科全书》轻工卷和化工卷等中都有记载。这些定义基本类似，以《中国大百科全书（轻工卷）》为代表，对玻璃下的定义为“由于熔融物的过冷却，黏度增加所得具有机械固体性质的非晶态固体”，而《中国大百科全书（化工卷）》则更加具体地定义为“在熔融时能形成连续网络结构的氧化物，如氧化硅、氧化硼、氧化磷等，其熔融体在冷却过程中黏度逐渐增大并硬化而不结晶的硅酸盐无机非金属材料”，即狭义的玻璃为无机玻璃。广义的玻璃定义，如《材料科学技术百科全书》认为“玻璃是一类非晶态材料”，日本《新版玻璃手册》指出“玻璃为表现出玻璃转变现象的非晶态物质”，广义的玻璃包含三大类型：无机玻璃、有机玻璃和金属玻璃。

人们最早使用的玻璃，是火山爆发时，炙热的岩浆喷出地表，迅速冷凝硬化后得到的天然玻璃。在古埃及和美索不达米亚文明中，玻璃已为人们所熟悉。约公元前1600年，埃及已兴起正规的玻璃手工业（玻璃珠和花瓶），由于熔炼工艺不成熟，玻璃还不透明，直到公元前1300年，玻璃才略透光线。中国在3000年前的西周，玻璃制造技术已达到较高水平，然而，自周初到清乾隆近3000年的时间中，由于质感和工艺所限，玻璃在中国始终没能逃脱仿制其他材料的命运。汉朝以前的玻璃工艺品绝大部分为模铸造型的仿玉器物和彩色玻璃珠，其中仿玉器物无论是造型、纹饰，还是追求产生的质地效果，都与同一时期的玉器相同，而彩色玻璃珠，又称“蜻蜓眼”（图4.1（a）），它的表面覆盖着一圈圈色彩、直径不同，近似同心的圆形花纹，其纹样及制作方法与古罗马时期最重要的千花玻璃（图4.1（b））的样式非常接近，而且彩色玻璃珠很可能是受到外来玻璃的影响而产生的。隋朝时期多把玻璃作为容器使用，如玻璃杯（图4.1（c）），到了唐朝末年，则盛行过一阵以琉璃为手镯和头饰的风气。康熙、雍正、乾隆三朝，是中国古代玻璃制造最为发达的时期，这个时期的养心殿造办处玻璃厂制造的透明玻璃器皿，如白地套红玻璃渣斗（图 4.1（d）），引进欧洲技术，结合中国传统工艺，形成"中西合璧"风格，但数量非常少。今天，玻璃已成为现代人们日常生活、生产发展、科学研究中不可缺少的一类产品。

(a) 玻璃珠蜻蜓眼（战国）

(b) 千花玻璃（古罗马）

(c) 玻璃杯（隋朝）

(d) 白地套红玻璃渣斗（清乾隆）

图 4.1　古代玻璃制品

玻璃如今被广泛使用，是由于玻璃具有一系列独特的性能：透光性好、化学稳定性高；良好的加工性能，可进行切、磨、钻等机械加工和化学处理；原料在地壳中分布很广，特别是二氧化硅蕴藏量极为丰富，而且价格也较便宜。玻璃在民用建筑和工业中的应用有窗玻璃、夹丝玻璃、空心玻璃砖、玻璃纤维制品、泡沫玻璃等；在交通运输业中有钢化玻璃、磨光玻璃、有色信号玻璃等；在化工、食品、石油等工业部门有化学稳定性和耐热性优良的玻璃；国防部门主要有光学玻璃；玻璃器皿、玻璃瓶罐、玻璃餐具等是人们的主要日常用品。随着科学技术的发展和人民生活水平的不断提高，其应用范围日益扩大，各种特种玻璃（图 4.2）也不断涌现。

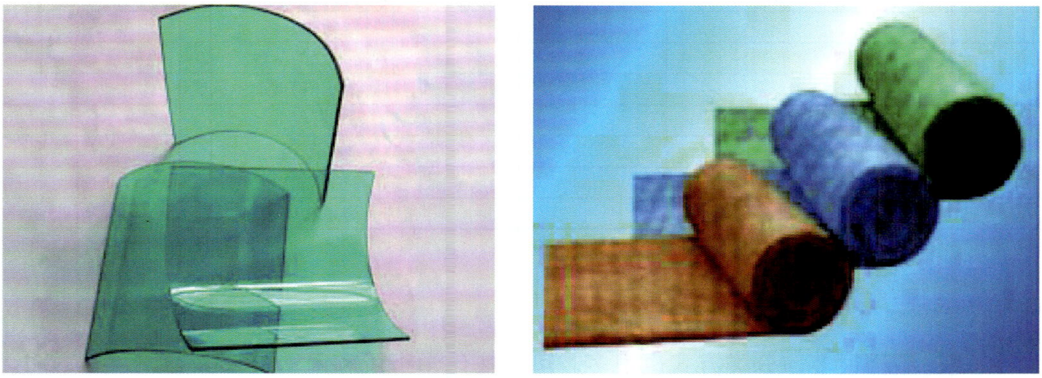

图 4.2　日常生活中的特种玻璃

4.1.2　玻璃的组成

玻璃的主要成分为 SiO_2，一般是通过熔烧硅土（砂、石英或燧石），加上碱和其他物质（如石灰、镁、氧化铝、各种金属氧化物等）而得到的。其中各组分的作用如下：

硼酸（或硼砂）作为组织形成物，能降低玻璃熔融温度，使玻璃具有低膨胀性、化学耐久性、耐热等优点；碱（苏打或钾碱）作为助熔剂，能显著降低玻璃的熔融温度，但会增加其膨胀性，并降低化学耐久性；石灰可以降低玻璃熔融温度，并稍微增加化学耐久性；镁去除杂质；氧化铝提高玻璃表面光洁度；各种金属氧化物使玻璃得到不同的色彩。从前制造的玻璃因原料中常含有不纯物，多少都会带有颜色，如彩色玻璃砂（图 4.3），所以有色玻璃比无色玻璃的制造历史更悠久。今天的科技更致力于玻璃色彩的研究开发，如表 4.1 就是不同的金属氧化物的着色效果。

图 4.3　彩色玻璃砂

表 4.1 玻璃的色彩——不同的金属氧化物的着色效果

金属氧化物	着色效果
氧化铁	呈橄榄绿（黄绿—绿）
氧化锰	呈紫色
氧化钴	呈现有带红的蓝色
氧化铜	钠石灰玻璃呈蓝绿色，铅玻璃中呈蓝绿色
氧化亚铜	呈宝石红
钾石灰玻璃	呈鲜粉红色
钠石灰玻璃	呈带有棕色之粉红
铅玻璃	呈带有金色之琥珀色

4.1.3 玻璃的品种

玻璃的品种很多，分类方式也很多，可以按化学组成和用途进行分类。

玻璃按化学组成分类，主要包括硅酸盐玻璃（SiO_4^{4-}）、硼酸盐玻璃（BO_3^{3-}）、铅酸盐玻璃、磷酸盐玻璃、锗酸盐玻璃等，具体分类如下：①石英玻璃（SiO_2）是玻璃之王，它具有耐高温（熔点与铂相近）、膨胀率极小（陶瓷的 1/6，普通玻璃的 1/20）、耐酸（相当于耐酸陶瓷的 30 倍，不锈钢的 150 倍）、透光性好、密闭性好（新型电光源的最佳材料）等特性。常应用于电气玻璃、化学用玻璃（图 4.4（a））等。但是，因为石英玻璃制品工艺复杂，原料价格贵，造成石英玻璃价格也贵，限制了石英玻璃的大量使用。②碳酸钠石灰玻璃（SiO_2，Na_2O，CaO），在约 1400℃熔融温度和约 1200℃操作温度下加工，微溶于水、用途广泛，一般用于平板玻璃、餐具和器皿（图 4.4（b））。③碳酸钠石灰铝玻璃（SiO_2，Na_2O，CaO，Al_2O_3），在约 1400℃熔融温度和约 1200℃操作温度下加工，难溶于水，啤酒瓶、酒瓶（图 4.4（c））常用到此类玻璃。④碳酸钡玻璃（SiO_2，Na_2O，BaO，CaO），易溶，相对密度大，它主要作为光学用玻璃使用，如滤色片（图 4.4（d））。⑤钾石灰玻璃（SiO_2，K_2O，CaO），具有较强的机械性能、耐腐蚀、折射率大，可用于光学用玻璃、人造宝石（图 4.4（e））、化学用玻璃。⑥硼酸硅玻璃（SiO_2，Na_2O，CaO，Al_2O_3，B_2O），在约 1500℃熔融温度和约 1300℃操作温度下加工，膨胀率小、耐热耐酸、绝缘性好，常用于光学用玻璃、电真空管用玻璃、化学用玻璃、安瓿玻璃。⑦铅玻璃（SiO_2，K_2O，ZnO），在约 1300℃熔融温度和约 1100℃操作温度下加工，较软、易溶、相对密度大、折射率大、有金属的响声，常用在光学用玻璃和装饰用玻璃（图 4.4（f））上。

(a) 化学瓶盖

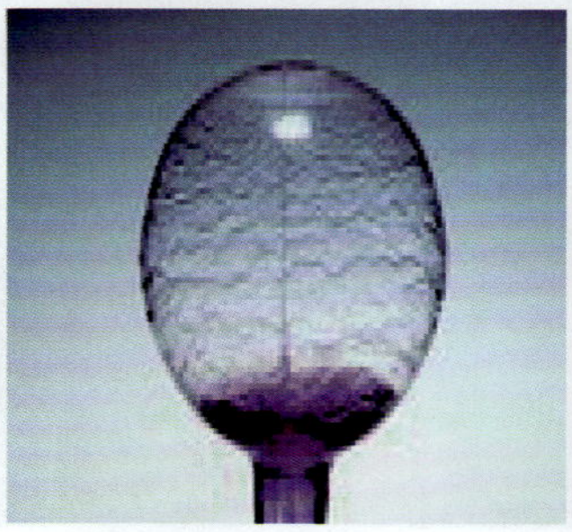

(b) 玻璃器皿

(c) 玻璃酒瓶

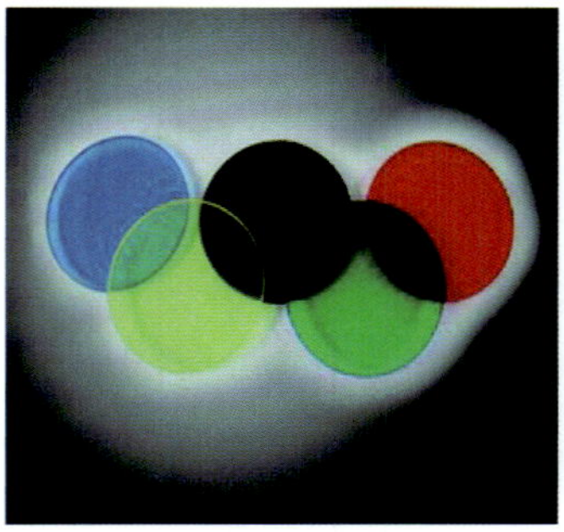

(d) 滤色片

(e) 人造宝石

(f) 铅玻璃装饰品

图 4.4　不同化学成分的玻璃制品

玻璃按用途分类：

（1）容器玻璃。具有一定的化学稳定性、抗热震性和一定的机械强度，能够经受装罐、杀菌、运输等过程，可用于盛放食品、饮料、药品、化妆品等（图 4.5（a））。

（2）建筑玻璃。是以石英砂、纯碱、石灰石、长石等为主要原料，经 1550～1600℃高温熔融、成型、退火而制成的固体材料。具有采光和防护功能，还具有良好的隔音、隔热和艺术装饰效果，可用作建筑物的门窗、屋面、墙体及室内外装饰等。其用量最大为平板玻璃（图 4.5（b））。平板玻璃是指未经其他加工的平板状玻璃制品，也称白片玻璃或净片玻璃。按生产方法不同，可分为普通平板玻璃和浮法玻璃。平板玻璃是建筑玻璃中生产量最大、使用最多的一种，主要用于门窗，起采光（可见光透射比 85%～90%）、围护、保温、隔声等作用，也是进一步加工成其他技术玻璃的原片。

（3）电真空玻璃。具有较高的电绝缘性和良好的加工、封接和气密性能，可用作电子管（图 4.5（c））、显像管、电视荧光屏以及各种照明灯具等。

（4）光学玻璃。无杂质、无气泡，对光线有严格的折射、反射数据，可用作望远镜、显微镜、放大镜、照相机及其他光学测量仪器的镜头等（图 4.5（d））。

（5）泡沫玻璃。气孔占总体积的 80%～90%，相对密度小，隔热、吸声、强度高，可采用锯、钻、钉等机械加工，可用于建筑、车辆、船舶的保温、隔音（图 4.5（e））、漂浮材料等。

(a) 容器玻璃

(b) 建筑用平板玻璃

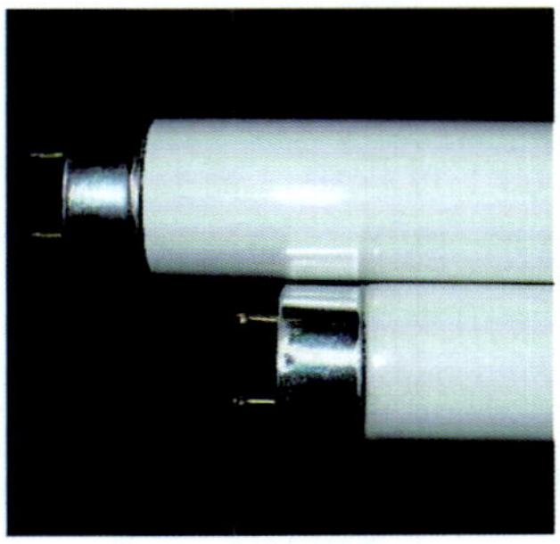

(c) 电子灯管

(d) 显微镜反光镜　　(e) 泡沫玻璃　　(f) 光导纤维

图 4.5　不同用途的玻璃制品

（6）其他特种玻璃。具有特殊用途。如：半导体玻璃、激光玻璃、微晶玻璃、防辐射玻璃、声光玻璃、光导纤维等。光导纤维（图 4.5（f））是用超纯石英玻璃在高温下拉制而成的。其直径小（比头发丝还细），工艺要求高，有很好的导光能力。光导纤维可用于制作传输光能、图像、信息的光缆等。

4.2　玻璃材料的成型艺术

4.2.1　玻璃的基本性能

原料和加工工艺决定了一般玻璃的基本性能。玻璃的基本性能包括：硬度较大，不能用普通刀具切割，可根据其硬度选择磨料、磨具和加工方法；脆性大，抗压强度是抗拉强度的几十倍，断面呈贝壳状或蜡状；对可见光透明，具有吸收或透过紫外线、红外线，感光等重要光学性能；常温不导电，熔融状态变为良导体；热的不良导体，一般承受不了温度的急剧变化；制品越厚，承受温度急剧变化的能力越差；化学性质较稳定，耐酸性较高而耐碱性较差，一般玻璃长期受到大气和雨水作用会失去表面光泽。

4.2.2　玻璃的加工工艺

制备玻璃的传统方法是熔体冷却法，如啤酒瓶的生产（图 4.6）。传统的玻璃加工工艺流程为：熔制（玻璃液）→成型加工→热处理→二次加工（成型 / 表面处理）。在玻璃的加工过程中，需要了解玻璃的各种工艺温度（图 4.7），然后根据温度采取不同的成型方法。随着科学技术的发展，气相和电沉积、真空蒸发和溅射、溶胶 - 凝胶等新的方法也被用来制备玻璃，这使得玻璃态物质更加丰富。

在熔体冷却法制备玻璃的过程中，熔制是最重要的阶段，其关乎玻璃的均匀性和缺陷密度。在此过程中，按照一定质量比例由各种原料所组成的均匀配合料，在高温下生成均匀而黏滞的硅酸盐熔体，即玻璃液（图 4.8）。熔制过程极其复杂，一般可分为硅酸盐的形成、玻璃态的形成、玻璃液的澄清和均化以及玻璃液的冷却四个阶段。

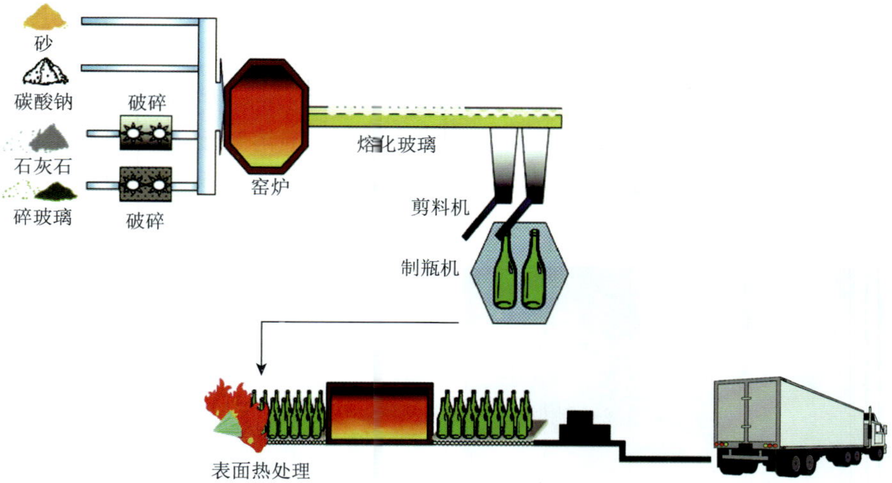

图 4.6　啤酒瓶的工艺流程示意图

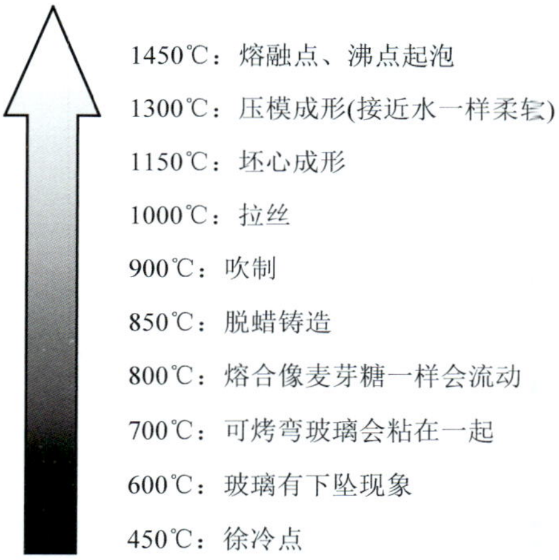

图 4.7　玻璃工艺中的温度

图 4.8　玻璃液

（1）硅酸盐的形成。以普通器皿玻璃（由硅酸盐组成）为例：当配合料受热时，在其中进行复杂的物理化学变化，最终形成硅酸盐的熔体。

（2）玻璃态的形成。随着温度继续升高（1200℃左右），未熔化的砂粒和其他颗粒也被全部熔解在硅酸盐熔体中而成为玻璃液。该过程是硅酸盐形成过程的继续。而玻璃态的物质具有各向同性、无固定熔点、热力学介稳性、状态转化的介稳性和性质变化的连续性和可逆性的通性。

（3）玻璃液的澄清和均化。玻璃形成阶段所得到的熔融体很不均匀且含有大量气泡。澄清指从玻璃液中除去可见气泡的过程；均化指通过对流扩散、质点运动和放出气泡的搅拌作用，以使玻璃液达到均匀。澄清和均化过程是同时进行的。严格控制澄清和均化过程是熔制工艺的关键环节。熔体中夹杂气泡会破坏玻璃的均一性、透光性、机械强度和热稳定性，导致制品质量降低。

（4）玻璃液的冷却。澄清后的玻璃液虽然温度很高（约 1400℃），但黏度很低，不适应玻璃制品的成型需要，故必须将玻璃液冷却使其温度下降 200 ～ 300℃，以增加黏度，使之便于成型。随着玻璃液的冷却，气体在其中的溶解度相应增加，只允许个别大气泡存在于液面，因其冷却过程中可自行逸出；小气泡溶解于玻璃液中难以被肉眼观察。故而，对不同成分的玻璃制定了各自的冷却制度，特别是用硒、锆、碳等着色的彩色玻璃（图 4.9）。

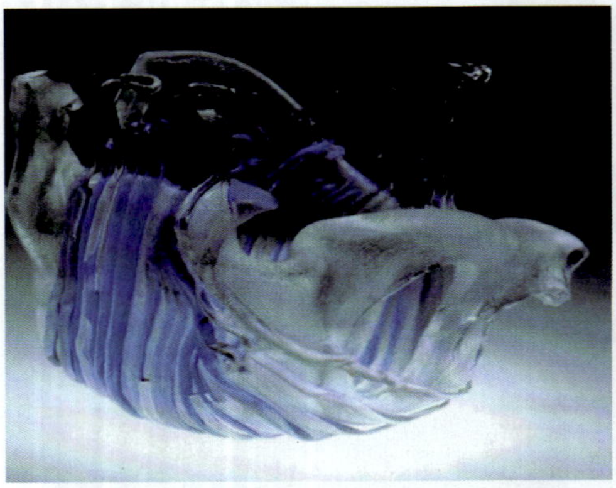
(a) 硅酸盐器皿玻璃

(b) 彩色玻璃饰品

图 4.9 通过熔制获得的玻璃制品

将玻璃液加工成具有一定形状、尺寸的玻璃制品需要经过一系列的加工过程。包括成型加工和二次加工，以及为保证玻璃制品强度和热稳定性等特性而进行的淬火、回火等热处理。其中，玻璃的成型加工方法和温度见表 4.2。

表 4.2 玻璃的成型加工方法和温度

加工方法	熔料温度
压制成型	约 1300℃
压延成型	约 1300℃
拉制成型	约 1000℃
吹制成型	约 900℃
脱蜡铸造	约 850℃

（1）压制成型，又称压模成型。在模具中加入玻璃熔料（约 1300℃）后再加压成型。其工艺流程为：熔料滴进凹模→加阳模、口模后施压→阳模、口模抬起→冷却→顶起→取出。一般用于加工易脱模的造型，如较为扁平的盘碟和形状规整的玻璃砖（图 4.10）。

（2）压延成型。利用金属辊将玻璃熔体压制成板制品，制造工艺分为单辊法和双辊法。主要用于生产压花玻璃、夹丝玻璃。以制备压花玻璃为例，单辊法是将玻璃液浇注到压延成型台上，台面可以用铸铁或铸钢制成，台面或轧辊刻有花纹，轧辊在玻璃液面

图 4.10　建筑中不同形状的玻璃砖

碾压，制成的压花玻璃再送入退火窑。双辊法是玻璃液通过水冷的一对轧辊，随辊子转动向前拉引至退火窑，一般下辊表面有凹凸花纹，上辊是抛光辊，从而制成单面有图案的压花玻璃。压花玻璃（图 4.11）的理化性能基本与普通透明平板玻璃相同，它的优点是在光学上具有透光不透明的特点，可使光线柔和，并具有隐私的屏护作用和一定的装饰作用。

图 4.11　透光不透明的压花玻璃

（3）拉制成型。利用机械拉引力将玻璃熔体制成制品，分垂直拉制和水平拉制。该工艺缺陷是制造时难以精确控制厚度和均匀度。主要用于加工平板玻璃、玻璃管和玻璃纤维等。拉制成型所用的方法称为拉制技法，分为拉丝和玻璃塑形技法（图 4.12）。拉丝指将玻璃拉成细玻璃丝并加以编织，其制品谓之拉丝玻璃，拉丝作品好似编织毛衣一般卷曲。玻璃塑形技法指以喷火嘴为工具，双手各执玻璃棒，将玻璃棒不断于火焰中旋转，使之熔融至所需份量，利用点、拉、熔、切、压等手势将之塑造成型。

图 4.12　玻璃的各种成型技法

（4）吹制成型。先将玻璃黏料压制成预成型坯，再将压缩气体吹入热熔融（约1000℃）的玻璃型块中，吹胀使之成为中空制品。其工艺流程为黏料进预成型模→预成型坯→成型模→吹制→产品。一般用于加工瓶、罐等形状的玻璃器皿。吹制和空心（图 4.12）是吹制成型的两大技法。吹制是以吹管蘸取玻璃膏并从另一端进行吹气撑大玻璃体（吹小泡）使之中空并加以塑形。空心是指玻璃空心管加热吹制塑形，其制品称空心玻璃，如圣诞灯泡的制作。

（5）脱蜡（图 4.12）铸造。包括制模和成型。制模是指翻制硅胶模以石膏固定，灌入蜡液，冷却取蜡模原型精修，以耐火石膏包埋蜡模，加温脱蜡。成型是指取石膏模，将玻璃块填入模内加温烧融，冷凝成型脱模修整。

（6）浮法玻璃加工法。随着科技的发展，产生了一些更加先进的成型加工方法。如建筑中用到了浮法玻璃的加工方法，其工艺流程如图 4.13 所示。该方法是熔融玻璃从池窑中连续流入并漂浮在相对密度较大的锡液表面上，在重力和表面张力的作用下，玻璃液在锡液面上铺开、摊平。再经过一系列的处理，得到上下表面平整、互相平行、厚度均匀的优质平板玻璃。浮法玻璃按用途可分为制镜级、汽车级、建筑级。其规格按厚度分为以下几种：2mm、3mm、4mm、5mm、6mm、8mm、10mm、12mm、15mm 和 19mm。

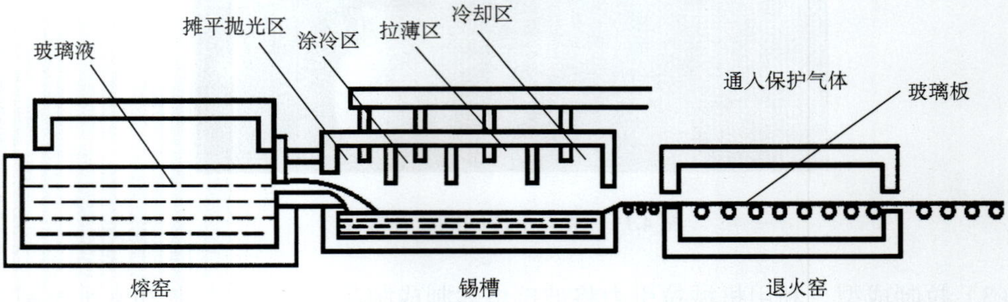

图 4.13　浮法玻璃工艺示意图

玻璃制品成型后都要进行热处理。因为其加工过程中，由于温度变化剧烈和受热不均匀，制品内部会产生热应力，降低其强度和热稳定性；而且，加工过程中结构变化的不均匀也会导致光学性能的不均匀。玻璃的热处理工艺类型主要为退火和淬火。

退火可以消除制品内部的热应力，使内部结构均匀；淬火可以在玻璃表面形成一个有规律、均匀分布的压力层，提高制品的机械强度和热稳定性。

成型后的玻璃制品往往还需要再次加工，即玻璃的二次加工，改善其表面性质、外观质量和外观效果，成为符合要求的制品。玻璃的二次加工分为二次成型加工（切割、钻孔等）和表面处理。二次成型加工指采用先进的激光切割代替传统的机加工（金刚石砂轮、高硬度金属轮）和火焰切割、抛光，加工边缘强度高，一步完成质量好。表面处理指消除表面缺陷的研磨、抛光、磨边处理，形成特殊效果的喷砂、车刻、蚀刻、彩饰、涂层等，如图 4.14 所示就是经过表面处理后的玻璃瓶。

图 4.14　经过表面处理后的玻璃瓶

4.3　玻璃制品的表面装饰技术

4.3.1　堆釉

玻璃表面堆釉即浮雕（图 4.15），包括表面上金、烧结堆釉粉制成的图案、上釉等工序。浮雕的具体加工步骤为：在玻璃表面清洁以后，根据设计的花纹涂金水；在 600℃氧化气氛下焙烧，得到金色明亮花纹图案；将玻璃质的堆釉粉加胶黏剂调和成可塑性物质，手工堆成或压成花纹图案；把花纹图案黏接在已上金的玻璃制品上；600℃左右热处理，即烧结堆釉花纹使其与玻璃制品紧密连接在一起；按要求涂上白釉或色釉，在 580℃下进行热处理即可。玻璃表面堆釉的关键问题是堆釉粉的质量一定要符合工艺要求，即玻璃质堆釉粉必须比玻璃制品易熔，软化点低于 600℃，这样才可能在玻璃制品不变形的情况下，把浮雕烧结在玻璃制品上。

图 4.15　玻璃浮雕

4.3.2　研磨

研磨是指磨除制品表面缺陷或成型后残缺的凸出部分，即使用磨料在磨盘压力下对玻璃表面做相对运动，将玻璃的不平处磨去，但玻璃表面也会变毛。粗颗粒研磨，研磨速度快，但毛面较粗糙，故常用多级研磨。平板毛玻璃的毛面是粗磨获得的，作采光而不透明之用。研磨用到的砂轮可由刚玉、碳化硅、金刚石等磨料制成，研磨玻璃时加水即可。仪器玻璃的磨砂接头、活塞等，就是在磨床或车床上用各种砂轮进行研磨的。

4.3.3 磨边

磨边是磨去玻璃边缘棱角和粗糙截面。根据玻璃的外形、边部形状、边部光滑程度要求不同，加工生产玻璃过程的磨边，可选用直线立式磨边机、水平式磨边机、双边直线磨边机、金刚砂轮研磨机。目前在大型玻璃加工企业中选用多种形式的玻璃切割磨边联合自动机组。

4.3.4 磨刻

磨刻指用钻石轮刀或铜轮、砂轮在玻璃制品表面刻磨花纹。磨刻主要用在圆形玻璃器皿表面装饰上，磨刻的花纹常见于杯形玻璃器皿的杯身和杯底上。在玻璃表面磨刻时，砂轮的旋转速度很高，需要有熟练的操作技术才能完成花纹的磨刻。

4.3.5 抛光

玻璃表面抛光指用抛光材料消除玻璃表面研磨后仍残存的缺陷，获得光滑平整的表面的过程，主要包括酸抛光和化学抛光。酸抛光是利用氢氟酸对研磨过的硅酸盐玻璃毛表面的作用，使原有表层硅氧膜破坏，生成可溶性盐类，用硫酸溶去这些可溶性盐类，再用水冲洗，如此反复多次，玻璃表面层层剥离、翻新，从而获得光洁、明亮的新表面。酸抛光的优点是比传统的机械抛光法效率高、经济，特别适用于使大批量的器皿（如小件玻璃制品）的毛面变亮。化学抛光是利用氢氟酸溶液的化学腐蚀作用与机械抛光结合，使玻璃表面变光滑。化学抛光有别于酸抛光的原因是酸液中还添加了一些使盐类溶解或使盐类缓慢溶解成颗粒的物质。使用磨盘和抛光剂对玻璃表面凸出的部分进行机械抛光，同时又受到抛光剂中酸液的腐蚀，如此反复，直到玻璃变平滑。化学抛光是一种高效抛光法，但仅适用于平板玻璃和形状简单、表面无花纹的制品。

4.3.6 喷砂

喷砂是通过喷枪利用压缩空气通过喷嘴的细孔时所形成的高速气流，带着磨料（细粒的石英砂或金刚砂）喷射到玻璃表面，使玻璃表面的组织不断受到砂粒的冲击，形成花纹。喷砂面的组织结构决定于气流速度、砂粒硬度，尤其是砂粒的形状和大小。细砂粒使玻璃表面形成微细组织，而粗砂粒能增大喷砂面被腐蚀的速度。喷砂主要用于器皿玻璃表面磨砂、艺术玻璃及玻璃仪器商标的打印。

4.3.7 蚀刻

蚀刻是先在玻璃表面涂敷石蜡等保护层并在其上刻绘图案，再利用化学物质（HF）的腐蚀作用，蚀刻所露出的部分，然后去除保护层，即得到所需图案。蚀刻既可以使玻璃表面全部变毛，也可以在部分特定部位对各式各样图案进行深浅不同的蚀刻。蚀刻只是利用化学法将玻璃表面腐蚀成不透明毛面，它不像研磨或喷砂而成的毛面玻璃，表面会产生许多微裂纹，因此蚀刻玻璃的机械强度要高于机械研磨玻璃的机械强度。

4.3.8　彩饰

彩饰是利用彩色釉料对玻璃表面进行装饰（图 4.16）。常见方法有描绘、喷花、贴花和印花。描绘是直接用笔蘸釉料进行涂绘；喷花是先制作出图案的镂空型版，将其紧贴在玻璃制品表面，然后用喷枪喷出釉料；贴花是用彩色釉料在特殊纸上印刷出所需图案，再将花纸贴在制品表面；印花是采用丝网印刷用釉料在制品表面印出图案。彩饰后需烧结以使釉料牢固地溶附在玻璃表面，并使釉料表面平滑、光亮，色彩鲜艳而持久。丝网印刷是用玻璃油墨印制在清洗干净后的玻璃上的一种工艺。目前应用最多的是汽车后挡风除霜玻璃、玻璃黑边、商标等。除霜玻璃用的油墨成分又称银浆，其主要成分是 80%Ag_2O、20%CuO（质量分数），外加适量的易熔玻璃和熔剂。玻璃黑边是近年来流行起来的汽车玻璃装饰，使汽车边框与玻璃的镶嵌更为美观。同时，它还可以作为印制商标的材料。丝网印刷的主要工艺为：玻璃原片→切割、洗涤、干燥→印刷→自然干燥→烘干→热弯或钢化→检验→入库。

图 4.16　彩绘玻璃装饰

4.4　玻璃制品鉴赏及常见缺陷对策

4.4.1　功能各异的特种玻璃

1）中空玻璃

中空玻璃的结构如图 4.17 所示，将两片以上的平板玻璃用铝制空心边框框住，用胶结或焊接密封，中间形成自由空间，并充以干燥空气，具有隔热、隔音、防霜、防结露等优良性能。中空玻璃能在正常使用中，起到保温隔热的作用，是现代不可缺少的门窗构件，也是新兴的透明墙体材料。在建筑物节能广受重视的今天，中空玻璃的使用量将越来越大。

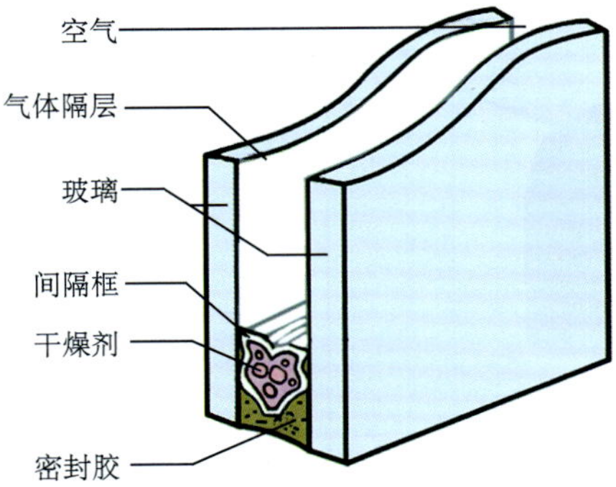

图 4.17　中空玻璃结构

2）夹层玻璃

夹层玻璃（图 4.18）是在中空玻璃的基础上，把两片或多片玻璃用有机胶黏合在一起，使玻璃强度增加。当外层玻璃受冲击而破碎后，碎片被胶黏住只形成辐射状裂纹，不致造成人身伤亡。主要用于汽车风挡、船舶、飞机及高层建筑等。生产方法有胶片法（湿法）和灌注法（干法）。改变胶片性能和组合结构可获得各种功能的夹层玻璃，如电热玻璃、防盗报警玻璃；将不同膜材料夹入其中可制成具有膜性能的玻璃，如过渡色夹层玻璃、防紫外线玻璃、EN 膜装饰夹层玻璃。

图 4.18　夹层玻璃结构（左）和布艺夹层玻璃（右）

3）钢化玻璃

钢化玻璃是将普通玻璃先切割成要求尺寸，然后加热至接近软化点，再进行快速均匀的冷却而得到。钢化处理后的玻璃表面形成均匀压应力，而内部形成张应力，故抗弯、抗冲击强度得以提高，其强度约是普通退火玻璃的 4 倍以上，如钢化玻璃制成的创意圆桌（图 4.19）。钢化玻璃破碎后，碎片呈均匀的小颗粒而没有锐利的尖角，使用起来具有一定的安全性。其经特殊处理后的新品种——区域钢化玻璃，在受冲击破碎后，其玻璃裂纹仍保持一定的清晰度，保证驾驶者的视野区域不受影响。

图 4.19　钢化玻璃创意圆桌

4）防火玻璃

防火玻璃由两层或两层以上玻璃用透明防火胶黏结在一起制成，是一种新型建筑用功能材料，具有良好的透光性和防火阻燃性。平时，防火玻璃与普通玻璃一样透明，遇火时中间膜即膨胀成泡沫状绝热层，能阻止火焰蔓延和热传递，将火灾限制在着火点附近的小区域内。性能好的防火玻璃可在 1000℃以上高温仍具有良好的防火阻燃性。主要用于高级宾馆、影剧院、机场、体育馆、医院、图书馆、商厦等公共建筑，以及其他没有防火分区要求的民用和公共建筑的防火门、防火窗（图 4.20（a））和防火隔断等。

(a) 防火玻璃窗　　(b) 彩色镀膜玻璃

图 4.20　防火玻璃窗和彩色镀膜玻璃

5）镀膜玻璃

在玻璃表面涂镀一层或多层金属、合金或金属化合物薄膜，可改变玻璃的光学性能，以满足某种特殊要求，如彩色镀膜玻璃（图 4.20（b））。镀膜玻璃又分为热反射玻璃和低辐射玻璃。热反射玻璃是在玻璃表面镀上一层或多层诸如铬、钛或不锈钢等金属或混合物组成的薄膜，使产品呈现出丰富的色彩，对可见光有适当的透射率，对红外线有较高的反射率，对紫外线有较高的吸收率。故而，又称“阳光控制玻璃”。低辐射玻璃（low-E）是在玻璃表面镀上由多层诸如银、铜或锡等金属或其化合物组成的薄膜，使产品对可见光有较高的透射率，对红外线有很高的反射率，具有良好的隔热性能。主要用于建筑和汽车、船舶等交通工具。由于膜层强度较差，一般都制成中空玻璃使用。导电膜玻璃是在玻璃表面镀涂覆氧化铟锡等导电薄膜，可用于玻璃的加热、除霜、除雾以及用作液晶显示屏。热反射玻璃和低辐射玻璃基本都是采用磁控溅射和化学气相沉积法生产，利用真空磁控溅射技术可设计制造多层复杂膜系。此外，常见的镀膜玻璃生产方法还有真空蒸发法、溶胶 - 凝胶法等。

6）镶嵌玻璃

由许多经过精致加工的小片异型玻璃，用晶亮的金属条镶嵌成一幅美丽的图案，两面用钢化玻璃或浮法玻璃以中空的形式将图案封在两层玻璃中，构成一完整的玻璃构件。镶嵌玻璃可用以装潢建筑物门窗、屏风等。既美化居室，又能起到中空玻璃的隔音隔热效果。目前比较流行的种类有：压花、冰晶、镜面、磨砂、磨边和各种颜色的彩色玻璃（图 4.21（a）），用铜和铝条金属框略作不同精致的镶拼搭配。

(a) 彩色玻璃屏风

(b) 微晶玻璃器曲面板

图 4.21　彩色玻璃屏风和微晶玻璃器曲面板

7）微晶玻璃

微晶玻璃是在高温下使微晶从玻璃中析出而成，由结晶相和部分玻璃相组成。由于晶相微妙的漫反射作用，无论光线从何角度入射均可形成自然柔和的质感，毫无光污染。其颜色丰富多变，具有天然石之纹理，耐酸耐碱性均优于大理石和花岗石，吸水率近为零（经风耐雨）；比天然石和钢还硬（若用一根微晶玻璃管当榔头，将钉子敲进木头里，玻璃管丝毫无损；做刀具能削铁如泥）。其膨胀率几乎为零。将微晶玻璃杯放在冰块上，再倒入沸腾的金属溶液，玻璃杯依然无恙；用微晶玻璃做杯盘锅碟，不仅敲跌不碎，而且高温不裂；做导弹头的外罩抵得住高速飞行产生的高温。微晶玻璃可用加热方式，制造出质量轻、强度大、价格便宜的曲面板（图 4.21（b））。

8）U 形（槽型）玻璃

U 形玻璃是采用压延法生产的一种极为独特的玻璃型材。外观与槽钢一样，规格一般为长 3m、宽 26cm、槽高 4cm、厚度 6mm。其表面一般做成毛面，透光不透视。有普通和夹丝两种。U 形玻璃具有采光好、隔热保温、隔音防噪（两层对扣成中空）、机械强度高、防老化、耐光照等特点，造型为条幅型，具有挺拔、清秀、线条流畅的时代气息，并有独特的装饰效果（图 4.22），而且安装方便。

9）玻璃马赛克

玻璃马赛克是由石英、长石、纯碱、氟化物等配合料经高温熔制后再加工成的方形的玻璃制品（一般规格为 20mm×20mm；25mm×25mm）。其具有各种颜色，呈乳浊状或半乳浊状。玻璃马赛克（图 4.22）具有耐蚀、绚丽而不褪色、洁净、价廉、施工方便等优点，深受建筑业和用户的欢迎。主要用于外墙装饰，美化和保护墙体，延长建筑物的使用寿命和维修周期。

图 4.22 U 形玻璃建筑（左）和玻璃马赛克（右）

10）喷雕、彩绘玻璃

喷雕、彩绘玻璃是融技术和艺术于一体的装饰产品。喷雕玻璃包括平面雕和立体雕，可在玻璃表面雕刻出有层次的花鸟、山水等各种图案，制成亮花毛底和亮底毛花版面。彩绘玻璃就是在玻璃表面绘制各种图样。彩绘玻璃制作有两种方法，一种是传统的手绘法，另一种是采用黏胶粘合法。喷雕、彩绘玻璃（图 4.23）是宾馆酒家及室内装饰的极好材料。用它可制成大型吊灯的灯片、玻璃家具、工艺品隔断、屏风、壁画等多种产品，营造出晶莹通透的气氛。

图 4.23 彩绘玻璃艺术品

图 4.24 防弹玻璃窗

11）防弹玻璃

防弹玻璃由多片不同厚度的透明浮法玻璃和多片 PVB 胶片组合而成。各单片玻璃的厚度和成品玻璃的总厚度视使用场合而定。由于玻璃（硬度较高）和 PVB（韧性良好）黏合非常牢固，几乎成为一个整体，当子弹射中玻璃后冲击能量被削弱到很低乃至为零，故只能将玻璃击碎而不能穿透。防弹防盗玻璃（图 4.24）可用于军事防御、银行柜台的护卫玻璃、珠宝玉器和金银首饰等贵重物品展示柜以及其他特定的工作生活场所。

12）智能玻璃

智能玻璃利用电致变色原理制成。玻璃表面镀有一种特殊的高分子膜，其散光度、厚度、面积和形式都能由制造者自由选择。其透明度可随外界光线和视野角度变化而变化，在美国和德国的一些城市装潢中很受青睐。如：中午，朝南的玻璃窗随日照而自动变暗，其他朝向的窗户则变亮。冬天，能为建筑物提供 70% 的太阳辐射能，使用于建筑供暖和制冷的能量减少 25%，用于照明的能量减少 60%，峰期电力需求量减少 30%。

13）激光玻璃

在玻璃或透明有机涤纶薄膜上涂敷一层感光层，利用激光在上面刻划出任意的几何光栅或全息光栅，镀上铝或银再涂上保护漆而得。激光玻璃在光线照射下，能形成衍射的彩色光谱，而且随着光线入射角或人眼观察角的改变会呈现出变幻多端的迷人图案。适用于酒店、宾馆及各种商业、文化、娱乐设施的装饰。

14）真空玻璃

真空玻璃由双层玻璃制成，其中间被抽成真空。其热阻极高，是其他玻璃所不能比拟的。真空玻璃具有很高的实用性。酷暑，室外高温无法“钻”入室内；严冬，室内暖气不会逸出。可谓是抵御酷暑、寒冬的“忠诚卫士”，且没有空调带来的种种弊端。

15）自洁净玻璃

自洁净玻璃表面涂镀了一层透明的 TiO_2 光催化剂涂层。当薄膜涂料层遇到太阳光或紫外线灯光照射后，附在玻璃表面的有机污染物会很快被氧化，变成 CO_2 和 H_2O 自动挥发消除，从而实现自洁净功能。自洁净玻璃已被广泛应用于医院门窗、器具的玻璃盖板，高档建筑物室内浴镜、卫生间整容镜、汽车玻璃及高层建筑物的装饰装潢和幕墙玻璃（图 4.25）等场所。

图 4.25 自洁净玻璃幕墙

4.4.2 玻璃制品及其美学

产业革命使玻璃进入大规模工业生产时代，使其成为一种重要生产原料，具有广泛的用途。如装饰品（珠子、首饰、玩具等），实用器具（玻璃器皿、瓶、罐、家具等），窗玻璃，科学仪器（透镜、棱镜等）诸多方面。同时，由于玻璃熔制工艺的易于实现，艺术家们可以建立个人工作室，直接接触玻璃进行艺术创作，使之在艺术领域大放异彩！

玻璃总是引人注目的，因为它能拥有出乎意料的颜色和形态。它的合成本性意味着任何细微工艺和技术的变化都会带来巨大的材料和质量的差异。自 20 世纪 60 年代的玻璃工作室运动以来，艺术家们更加热衷于将玻璃作为表达介质，开展了广泛的研究来挖掘其艺术表达的潜力。用玻璃进行艺术创造往往与其技术性是分不开的。玻璃工艺所涉及的严格的技术制约是玻璃艺术必不可少的一个支点。许多玻璃艺术家善用“偶发性”的技术方式来进行艺术创作，在高温时让玻璃自动成形，并进一步观察与加工，使材质共同参与到创作过程中，如同绘画的自动主义手法，更完美地表现了艺术家诗意般的境界。

海的印象（图 4.26）是以离心加热弯控制技术（technique-bending level）完成作品造型的。离心加工使玻璃形成舒展流动的盘状，然后在无模情况下加热到变形温度，使之在重力下自然变形（重心不断偏移而产生各种偶发的形态）。热弯技术使作品边缘自然地卷曲，细节保留着原来的完全的自由和尽可能的舒展、优美。作品展现了湛蓝的海面上翻卷的透明的浪花　在创作者心中引起的一种莫名的情绪以及其留下的难以磨灭的印象。

图 4.26　庄小蔚：海的印象

鲍伯 • 沃克尔（Bob Worker）博士评价《海的印象》：作者用记忆移动的方法，发现了一种宁静中的运动之美，并以抒情的手法创造了描写海洋的新语言，使作品具有强烈的表现力，它引人注目，丰富了玻璃的技术语言。

创造玻璃艺术品，不仅要娴熟地运用各类成型技法，还可借助不同的表面处理以加工出清晰美观的图案。这类玻璃透明度高，一般为无色或鲜艳的彩色，表面光洁度高。

工艺用的铅玻璃（图 4.27）在高温下呈完全液态，玻璃流体可以自由流动，不同的色彩混合时有着丰富的条纹、涡旋、折叠等效果。故而固态时内部可保留着水一样的液态效果。液态时可和金属结合创造出一个混合的新语境，具有某种象征意义。高温向低温转变时，玻璃本身具有液体的本性，会随着模具内部空间凝固成各种形态，获得不同材质肌理。

早在清代，用玻璃做各种器皿就已成为一种流行。由于清宫玻璃器具有独特的中国风格，工艺精美，深受各国人民喜爱。欧洲和北美的一些大博物馆都收藏有中国清代的宫廷玻璃器皿，尤其是乾隆时期的作品（图 4.28）。现代常用的玻璃器皿包括日常器皿、艺术品和装饰品。其图案美观，色泽或晶莹欲滴或鲜艳动人。一般都要求器皿玻璃有较好的抗热震性、化学稳定性能及机械强度。

图 4.27 工艺用铅玻璃

图 4.28 搅胎玻璃瓶（清乾隆）和白地套蓝玻璃缠枝莲纹碗（清乾隆）

玻璃灯饰既可作生活用品，又具观赏价值，兼有装饰性、平面性、曲线性和综合性四大特征。其造型美观，色彩艳丽，典雅古朴，落落大方，将自然界的山水云天、花鸟鱼虫及人文景观等赋予象征意义，如玻璃台灯（图 4.29（a）），在应用、观赏中将人带入无尽美好的遐想中，为当今新艺术运动的主流。水晶台灯（图 4.29（b））是通过红色、白色、黑色水晶玻璃之间的搭配，形成强烈的色彩对比，通透的材质令光线变化更加丰富多彩。适合放在床头柜，或者放置于客厅的茶几上，晚上不需开室内的壁灯或吊灯，只需打开水晶台灯，光线就会出现有趣的光影变化效果，或者在客厅里置放玻璃凳子等玻璃家具（图 4.29（c）），让家居充满快乐的感觉。

传统家具中，仅在橱柜等门叶中采用一些平板玻璃。随着世界家居风格流行潮流的变化，人们越来越喜爱晶莹剔透的玻璃家具。玻璃家具具有宝石般的材质感，借助现代高超的加工工艺，结合木材和金属的应用，其造型更具独特的艺术效果。现代家居中家具、洁具、镜面等，都显示出了玻璃工艺的超凡不俗。如居室中洁白的冰雕，给人们增加了生活情趣和居家美感。玻璃新工艺在家居装饰及现代家具中的表现力，更是受到人们的青睐。

(a) 玻璃台灯

(b) 水晶台灯

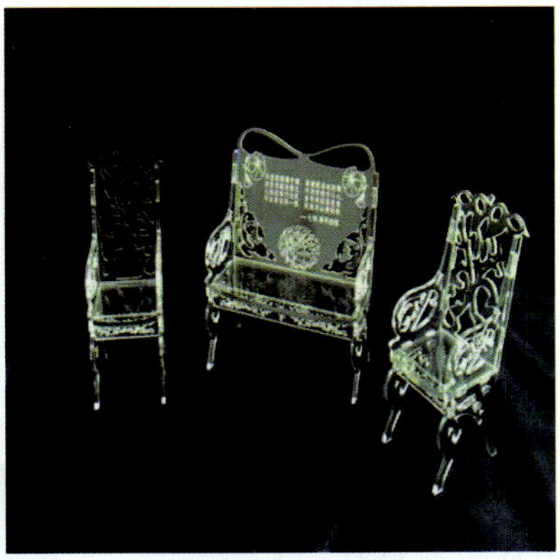
(c) 玻璃家具

图 4.29　现代家居中的玻璃制品

图 4.30　法国桑斯大教堂彩绘玻璃窗

玻璃还在建筑行业发挥着巨大的作用，通过玻璃，人们消除了室内外的界限，将自然引入室内。在早期基督教和罗马式风格时期，教堂内的光源主要是依靠烛光。中世纪，哥特式（Gothic）建筑的教堂使用了彩色玻璃镶嵌的花窗（图 4.30），当阳光透过时，玻璃映射出神秘的色彩，造成一种向上升华、天国神圣的幻觉。对于作品《耶稣：“我就是世界的光”》，丹纳在《艺术哲学》中充满激情地写道：“从彩色玻璃中投入的光线变成血红的颜色，变成紫英石与黄玉的华彩，成为一团珠光宝气的神秘的火焰，奇异的照明，好像开向天国的窗户。” 20 世纪，建筑内部的钢铁框架结构有了进一步发展，使玻璃在建筑中使用面积更大。玻璃幕墙最早出现于 1851 年英国为举办世界博览会而建造的“水晶宫”。该建筑因外部用玻璃装饰而获得此名。其后，意大利米兰的会议大厦采用了拱顶的全封闭玻璃结构。20 世纪 30 年代，这一建筑式样在一些国家的大都市风行。从 90 年代开始，中国的高层建筑，包括一些摩天大楼，大多采用了玻璃幕墙的结构。现今，在建筑内部，楼梯、地砖等处也有了玻璃的用武之地。采用压延法制造的压花玻璃和一些经过特殊处理的不透明玻璃，被广泛应用于洗手间等区域的装饰。

由美籍华人建筑师贝聿铭设计建造的卢浮宫玻璃金字塔（图 4.31）一共有 5 座，包括矗立在地下广场中心的卢浮宫入口塔，环绕其南、北、东三面的 3 座小玻璃金字塔和通向卢浮宫各大厅的主路交汇处的倒玻璃金字塔。

图 4.31 卢浮宫玻璃金字塔

卢浮宫入口玻璃金字塔的塔高 21m，底宽 34m，四个侧面由 673 块菱形玻璃拼组而成。使用玻璃材质既减轻了金字塔的重量，又为地下设施提供了良好的采光。光滑平整的玻璃表面可反映巴黎不断变化的天空，与卢浮宫非透明、厚重的墙体融为一体，相映生辉。通透的斜玻璃幕墙降低了对游客的视线阻碍，消解了形体，使原有建筑群的感觉不被削弱，在增加入口的可识别性的同时又不喧宾夺主；菱形玻璃与网状钢结构的巧妙结合，也赋予玻璃一种力量与特别的艺术美。白天，来自自然的光线穿过透明的玻璃材料流淌到室内，带给室内温暖和灵动之感，加上人的运动与光线的变化，使整个空间充满了活力；夜晚，在灯光的映射下，光与影完美地融为一体，此时的玻璃金字塔夜景（图 4.32（a））展现出了卢浮宫的神圣和美丽。同时，3 座五米高的小玻璃金字塔作点缀，与 7 个三角形喷水池汇成平面与立体几何图形的奇特美景。当玻璃倒金字塔（图 4.32（b））的灯光被点亮后，光与镜立即让它熠熠生辉，仿佛一盏永恒的明灯。

金字塔是古埃及文明的象征，整个卢浮宫玻璃金字塔体现了新与旧、现代与原始的结合，带给人们的视觉冲击是无限的，也是它的魅力所在。

随着时代的发展，玻璃所展现出来的美学特质也越来越被商家注视，苹果公司就将玻璃的美学很好地运用到产品的形象与销售上。

(a) 玻璃金字塔入口塔夜景　　(b) 倒金字塔

图 4.32　玻璃金字塔展现的美景

苹果的杭州零售店（图 4.33）由著名的英国福斯特建筑事务所设计，建筑风格十分简约而更具透明质感。其天花板离地 15m，且地面无立柱。透明的玻璃面板从地面直达天花板，中间毫无间隔，看上去空间更加宽敞。该苹果店内部分为两层，中间由厚度仅为 10cm 的超薄面板隔开，第二层看不到任何悬挂或支撑物，两侧玻璃楼梯采用镂空设计，看起来就像飘浮在空中。

图 4.33　苹果的杭州零售店

由英国福斯特建筑事务所设计的另外一家位于土耳其佐鲁购物中心的苹果旗舰店（图 4.34），是一个由玻璃组成的透明的灯笼型建筑，其地下销售层因玻璃的反射作用，仿佛浮于水上而更具现代感。该店外形与苹果的杭州零售店外形相似，看上去像一个方形的盒子，正好与苹果的包装盒一致，玻璃的晶莹剔透隐含苹果公司秉承消费者至上的极致服务理念。

图 4.34　位于佐鲁中心的苹果旗舰店

除此以外，一些苹果商店在入口处的设计更是让玻璃的美学发挥到极致，如位于纽约的玻璃立方体苹果旗舰店入口（图 4.35（a））和位于上海浦东的玻璃圆柱体苹果旗舰店入口（图 4.35（b））。它们以透明的玻璃作为外壁，或搭配透明的玻璃电梯，或搭配

(a) 美国纽约玻璃立方体　　(b) 上海浦东玻璃圆柱体

图 4.35　苹果旗舰店玻璃入口

螺旋的玻璃楼梯，让苹果商店的入口更添神秘感和现代感。尤其是玻璃外壁上的苹果 logo，看上去好似在玻璃建筑的中心，使得苹果的形象在视野里更为突出，在光与影的作用下，整个建筑与周围环境融为一体。

4.4.3　玻璃造景技法与欣赏

1. 传统的洗石或抿石方式

可在建筑内外墙、门柱、庭园步道、凉亭、花台、棚架等公共设施的地面、墙面进行拼图造景。具体步骤是先将墙面清理干净后打底，即上“水泥砂浆”；接着依建筑师的设计钉上格条；将水泥、石粉、琉璃混合再加适量的水调匀后，以镘刀涂上，经 1.5 ～ 3h（视天气而定）待稍干之后用海绵把表面的水泥擦拭干净即可，如花台实景和地面拼图（图 4.36）就是采用了这种方法。

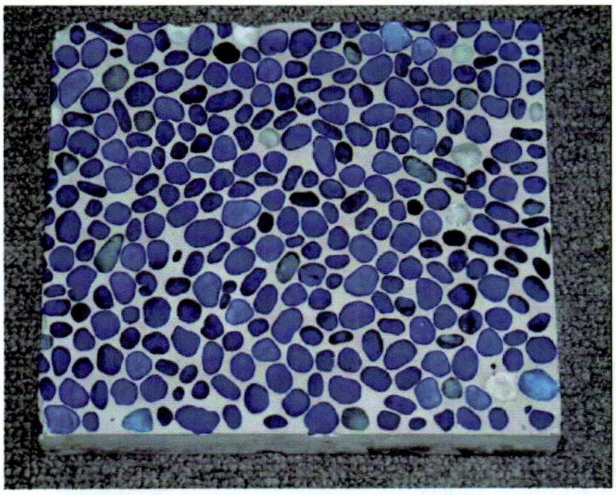

图 4.36　花台实景与地面拼图

2. 镘刀型涂料法

基隆火车站地下通道（图 4.37）就是采用的这种方法，简易施工步骤如下：

图 4.37　基隆火车站地下通道（镘刀型涂料法）和亮彩琉璃的地坪、屏风、间隔墙（涂料法）

（1）基面需清理干净平整，待基面完全干燥后，再漆上底漆（底漆以白色或与主材同色系为佳）。

（2）用毛刷或滚筒刷将稀释后的底胶均匀涂抹于墙上，稀释比率 1 ∶ 1，涂抹厚度 0.5mm，干燥时间约为 2h。

（3）用不锈钢软板镘刀，将主材涂抹均匀，厚度约 2 ～ 3mm，20min 后面稍干，再使用镘刀推平，涂抹厚度需平均，以避免完工后颜色深浅有差别，干燥时间约 24h。

3. 涂料法

涂料法可以应用于亮彩琉璃的地坪、屏风、间隔墙（图 4.37），具体操作步骤如下：

（1）将设计好的花样或图形先在基地上以铜条或塑料条固定好，并将周边可能沾污处加以防护铺好。

（2）将黏结剂（环氧树脂）搅拌均匀涂抹在基地上，干燥时间约 6h。

（3）琉璃若有两种以上需先混合好；环氧树脂混合搅拌均匀，调和后即可开始施工。

（4）用不锈钢软板镘刀，将主材涂抹均匀，厚度 5 ～ 8mm，硬化时间 1 ～ 2h。

（5）隔日成型后用镘刀剔除表面残留骨材，表面再上一层保护剂。

4.4.4 现代琉璃艺术大师及其作品

1）史丹尼斯拉夫 • 李宾斯基和加柔史会瓦 • 布勒赫特瓦（捷克）

作为一对绘画雕塑技巧娴熟的艺术家夫妇，他们知道如何将光线运用在沉滞的琉璃当中，为其内在注入生命，这种视觉的神奇效果使他们的艺术品有更大的发展空间。其作品如《穿越头部》（图 4.38）包含了对美学的鉴赏力和活泼的色彩双重趣味。李宾斯基扭转了捷克原以吹制热塑技法为重的现象，重新发扬传统铸造技法。其无私的倾囊相授作风，不但使学生遍布全球各地，创作教学领域更跨越绘画、雕塑、公共艺术、建筑界，作品闻名国际。

图 4.38 李宾斯基夫妇作品：穿越头部

2）李维 • 瑟古索（意大利）

其作品的几何造型，如 *rigore strutturale*（图 4.39），似乎是要表现对琉璃可塑形式的疑问，以及要为现代雕刻作完整的诠释。创作初期的他，雕刻作品具明显易见的倾向，但后来他开始了解光对作品的重要性。他将传统吹琉璃的技巧与光学切割结合，在对照球体、椭圆和四边形的美术表现方式时，他领悟了光线在琉璃中的包容性，精湛的技巧备受世人肯定。

3）戴尔 • 奇胡利（美国）

戴尔 • 奇胡利于 1976 年因车祸一目失明，从而失去了领导吹琉璃组员的领班工作，但他不放弃，仍以概略结构的吹琉璃方式来完成自己的创作。在他西雅图的工作室中，领导 8 ～ 10 人的吹琉璃小组制作作品，他懂得如何协调、综合他们的理念成为他创作过程的一部分。跟奇胡利一起工作的人深受他的风格所影响。他和艺术赞助人约翰及安 • 高得 • 豪伯格创立了皮恰克琉璃学校（Pilchuck Glass School），在这里，学生可以学到如何以琉璃来创作。他的作品《意大利赤赭色蓝及黑曜岩唇膏》（图 4.40）立意清晰，通常都是特大号的作品，并有多重的旋涡，但不会因此失去其亲和力。

图 4.39　李维 • 瑟古索作品：*rigore strutturale*

图 4.40　戴尔 • 奇胡利作品：意大利赤赭色蓝及黑曜岩唇膏

4）莱其扎 • 保耶纪夫（保加利亚）

曾师事李宾斯基教授。莱其扎 • 保耶纪夫对雕塑中光线和琉璃的关系有特殊的敏感。他的作品（图 4.41）在佛罗里达和芝加哥画廊举行过两次独家作品展。

5）藤田乔平（日本）

藤田乔平在日本与现代琉璃艺术一起成长，后来也成为其中的重要人物之一。他的作品（图 4.42）可以唤起大家对日本传统生活方式的永久怀念，尤其是茶道。他毕业

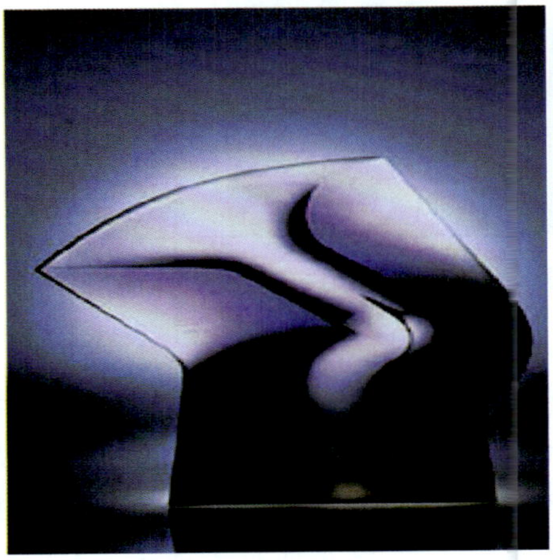

图 4.41　莱其扎 • 保耶纪夫作品

图 4.42　藤田乔平作品

于东京艺术学院的金属专门系。这里的训练影响了他的一生，因为他必须将琉璃及珍贵金属融合在他的作品中。他曾和岩田藤七（Toshichi Iwata）一起研习，并在岩田琉璃有限公司工作了两年。琉璃的纹理与黄金和白金的结合，有一股浓厚的禅意，并使他对色彩产生一种特殊的感觉，“那不只是颜色，其中还表达了人类的精神、思维及情感”。这就是在大师的艺术风格中所要传达的信息。

图 4.43　赫伯·白考克作品：旋风

6）赫伯·白考克（美国）

赫伯·白考克自 20 世纪 70 年代早期以来的作品为超现实图案的褐色玻璃器皿，如《旋风》（图 4.43）。在这一点上，几乎所有以琉璃进行尝试的美国艺术家都吹制琉璃。如今白考克应用他在雕塑上所受过的正规教育，创造微妙而平衡的琉璃、金属和石制品。他常常以难以想象的平衡震撼我们。圆而沉重的石头不稳定地安置在金属上，圆形的玻璃半悬在空中。这些作品的成功就在于这些难以想象的材料和形状之间所达成的平衡。

7）马丁·布兰克（美国）

他是戴尔·奇胡利小组的重要成员，并担任主要的管理角色。由于他大胆的精神及勇于接受任何挑战，在琉璃艺术品领域是位极被看好的艺术家，拥有作品《保持平衡》（图 4.44）。

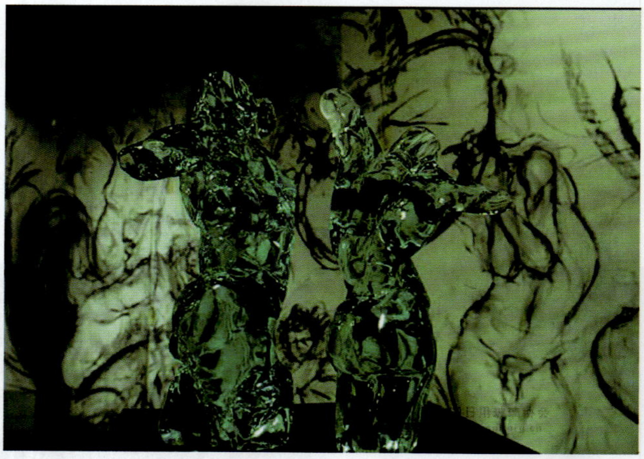

图 4.44　马丁·布兰克作品：保持平衡

8）丹·达利（美国）

以熟悉的形式来做奇异的组合，融合高雅及永恒——这是丹·达利对于我们居住的世界所作的诠释。他是一个创新改革者，不停地寻找琉璃的艺术感。他运用琉璃及金属，以类似讽刺的方式表现日常生活中偶然及常态的事件。“对世俗生活的夸大扭曲，以及歌咏荒谬的单纯无知，是我堆砌我艺术词汇的方式。”这是他对于特殊艺术表现法所下的评论，《大猩猩》（图 4.45）是他的作品之一。

9）吉妮·罗夫娜（美国）

吉妮·罗夫娜非常兴奋可以把她的作品包装成极为实用的形式。她曾参与数个设计组的工作，负责重要建筑的装饰性工程，如安全和平美术馆、文艺创作中心和南公园社区中心。吉妮是个琉璃雕刻家，作品极具挑战力，她的文章也广受好评，有些评论家甚至形容她的作品是“嘲讽的琉璃”。而她自己则认为：“因为我所有的作品都是不具色彩的，所以我最大的兴趣就是呈现以琉璃来制成非琉璃制品的矛盾形式。”受世界永无休止的新奇事物所激发的灵感，以及受朋友家人的鼓舞及影响，她将她的梦转化成真实的琉璃制品，来作完整的呈现，如《消失的源头》（图 4.46）。

图 4.45 丹·达利作品：大猩猩

10）帕佛·哈瓦（捷克）

帕佛·哈瓦在琉璃中萃取几何的光芒，借此体现了他作品的特点，他是现代琉璃运动的重要改革者之一。他最早的作品，是大型的建筑设备。现在他运用更个性化、更大胆的洞察力进行创作，使他的作品流露出对琉璃深奥知识的领略及对自然物质的重视，如《夜露》（图 4.47）。他在自然中撷取灵感，将其转化为抽象的思维，他形容自己的作品如同“敏锐的观察，对世界的深层感触，思维的综合形式”。他特别强调要在平滑的表面，运用蚀刻的琉璃及其他细节，塑造他所谓的“海市蜃楼”。由于他在琉璃工厂担任商业设计师，我们可以从他的作品中，感受到商业的说服力。

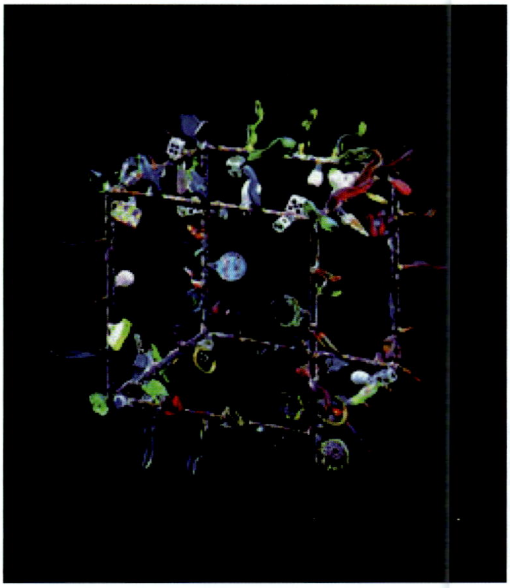

图 4.46 吉妮·罗夫娜作品：消失的源头

图 4.47 帕佛·哈瓦作品：夜露

11）马文·李波斯基（美国）

在其漫长而卓越的经历中，李波斯基常常在世界各地的工作室中工作，与不同文化背景的艺术家和设计家交流，吸收他们的影响和不同传统。他的雕塑《中国团》（图 4.48）以各种颜色、尺寸和造型反映了这些影响。

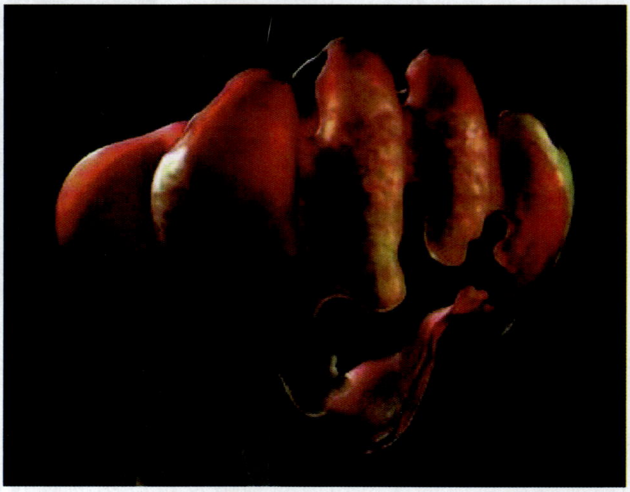

图 4.48 马文·李波斯基作品：中国团

图 4.49 莫尼卡·库基斯伯格和菲利普·鲍德温作品：*Guardiano spago malva spago verde verde spacchi*

12）莫尼卡·库基斯伯格（瑞士）和菲利普·鲍德温（美国）

菲利普·鲍德温和莫尼卡·库基斯伯格把自己的作品 *Guardiano spago malva spago verde verde spacchi*（图 4.49）看作是庆祝。正如他们所说的，“我们的作品所表现的是一些细微然而重要的知识，发掘美和真，感受趣味或欢愉、悲伤或痛苦。在大多数情况下，我们在作品中倾注了愉悦。在这一意义上，我们是很传统的。对我们而言，艺术首先是美。如果在我们的作品中有社会或政治的成分，它体现为我们在纷乱而复杂的世界上，寻求简洁、明了以及和谐和均衡。”

13）通口主明（日本）

通口主明说过，“创造艺术品就如同表演戏中的角色。伟大的演员可以一再演同一个角色，但每一次都有不同，因为他每一次都将自己新的知识和经验融入角色中。艺术家也是这样，通过发现其不足，他们努力改变并提高自己而决不故步自封”。他的作品《覆盖着兔皮的箱子 / 紫藤 / 鹤》让人们印象深刻（图 4.50）。

14）爱里克・希尔顿（英格兰）

许多年来，爱里克・希尔顿的名字已成为琉璃艺术的同义语而且是最著名的艺术家和设计师。目前他作为一名独立艺术家而工作着，将精神的自由与艺术上的精确融为一体，就如他的作品《映描树叶》（图 4.51），将琉璃体转变为奇妙而晶莹璀璨的雕塑。

图 4.50　通口主明作品：覆盖着兔皮的箱子 / 紫藤 / 鹤

图 4.51　爱里克・希尔顿作品：映描树叶

15）保罗・史坦卡（美国）

从一位制作科学琉璃器皿的工匠，到一位拉丝琉璃大师，保罗・史坦卡结合了琉璃与幻象，创造出琉璃的植物写实主义。他很了解琉璃极有可为的艺术性，把花卉、种子、叶片、蜜蜂和树根安排在实际的花朵中，成就了大师的杰作，其中一部分还加入了缩小的“根人”（root people），以展延人类的幻想空间。由于对自然有极细腻的观察力，他所有的作品在细微处的表现更是丰富，也造就了他独特的风格。他说：“最佳的杰作在于发挥琉璃的极限”，这一点使他在品质及塑性方面都达到了登峰造极的层次，如《能看到蜜蜂和人物的林荫路》（图 4.52）。

图 4.52　保罗・史坦卡作品：能看到蜜蜂和人物的林荫路

16）杨惠姗（中国）

杨惠姗是中国台湾 20 世纪 70 年代家喻户晓的演员，连续两年获得台湾电影表演最高肯定——金马奖最佳女主角，在亚太影展获得最佳女主角，使她成为当时台湾电影界最重要的表演艺术家。1987 年，杨惠姗在巅峰状态，离开电影，投身中国现代琉璃艺术，创立琉璃工房，苦心研究特殊的琉璃脱蜡铸造法。她是中国现代琉璃艺术的少数推动者之一。琉璃工房的成长过程中，杨惠姗以她个人独特的艺术天分和敏锐的观察力，创作出富含传统中国语言与人文思想充沛的雕塑作品，如《西湖之镜》（图 4.53），让琉璃工房在很短的时间内，跻身国际艺术舞台。

17）张毅（中国）

张毅是 20 世纪 80 年代台湾“新电影运动”的新锐导演。世界新闻专科学校毕业后，开始了他的导演生涯，他所执导的影片《我这样过了一生》，为他赢得金马奖及亚太影展的最佳导演的荣誉。而他后来执导的影片《我的爱》，则荣获美国纽约综艺杂志年鉴评选的台湾电影百年（1895 ～ 1995 年）十大电影杰作之一。1987 年，张毅创立了中国第一个琉璃艺术工作室。在这唯一的琉璃工作室里，张毅为中国传统工艺美术开创了新的可能与方向。张毅的设计不仅强调现代艺术的创作基本概念，而且涵盖强烈传统民族情感，其中包含蕴藏于中国伦理及宇宙概念的古老图腾，创作之中深见民族情感。图 4.54 是他的作品《太湖石 - 云起》。

18）戴舒丰（中国）

戴舒丰自 1997 年起在《艺术界》《中国现代陶艺》《雕塑》等各类艺术刊物上发表多篇琉璃艺术评论文章及创作作品。1997 年加入英国西米德兰地区华人艺术家协会，参与组织该地区第一次华人艺术家协会组织会议。1998 年，应邀为加拿大诺瓦斯科达艺术学院陶艺系进行讲座。现任清华大学美术学院工艺美术系教授。他的雕刻作品（图 4.55）十分优秀，生动传神。

图 4.53 杨惠姗作品：西湖之镜

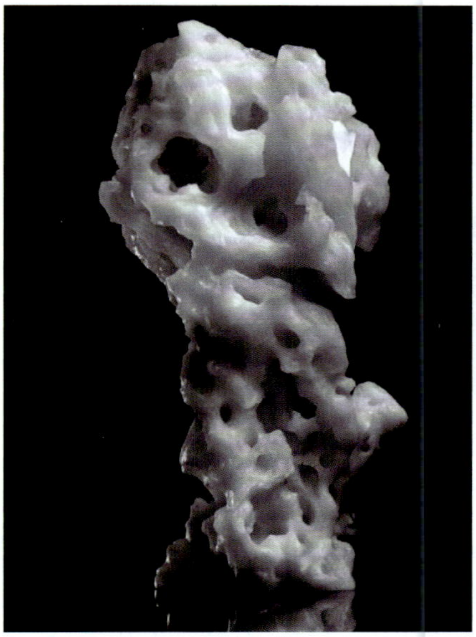

图 4.54　张毅作品：太湖石 - 云起

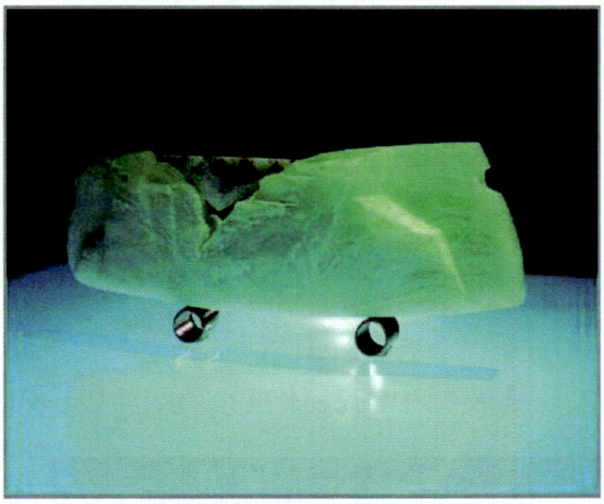

图 4.55　戴舒丰琉璃作品

4.4.5　玻璃常见缺陷和处理方法

玻璃缺陷指玻璃中存在的气泡、结石、条纹和节瘤等各种夹杂物。玻璃缺陷的存在会影响玻璃制品的外观和内在质量，甚至影响成型、加工过程，还会造成大量玻璃废品。玻璃缺陷往往是在熔融过程形成的，一旦产生就无法消除，因此，应在玻璃生产工艺各个环节上采取措施，尽量设法避免生成缺陷。发现玻璃缺陷后，应该立即研究产生玻璃缺陷的原因，以便提出对应的措施，避免玻璃缺陷的进一步产生。

气泡是玻璃制品中最常见的缺陷，实际上几乎没有一种玻璃中没有气泡，只不过是质量高的玻璃气泡尺寸很小，肉眼无法看清。气泡会影响玻璃制品的外观、透明度、机械强度、光学均匀性等。气泡的尺寸大小可以表示缺陷程度，一般将直径大于 2mm 的气泡称为大泡，0.2 ～ 2mm 的称为小泡，小于 0.2mm 的称为细泡或灰泡。气泡的形状可呈球形、椭圆形或细长的线形（图 4.56），它们的形状主要同形成过程有关。

气泡又分为一次气泡、二次气泡、耐火材料气泡、外界空气气泡和金属铁引起气泡。配合料质量较差、玻璃熔制温度过低、玻璃液黏度过大、澄清时间过短和其他外部条件不合理都容易产生一次气泡，为了减少此类气泡，可以在玻璃液澄清阶段，提高熔制温度、加入澄清剂和助熔剂、降低炉内压力等以促使气泡逸出。二次气泡是澄清好的玻璃液由于温度、气氛和压力波动而重新析出的微小气泡，一旦二次气泡形成，非常难以排除。玻璃液与耐火材料间的物理化学作用产生的气泡称为耐火材料气泡，这种气泡也很难排除。由于各种原因气泡中引入了空气称为外界空气气泡，为了避免产生此类气泡，在玻璃的熔制过程中一定要采取正确的操作步骤；金属铁引起气泡就是熔制时混入了金属铁，这一般是由操作不慎造成的。

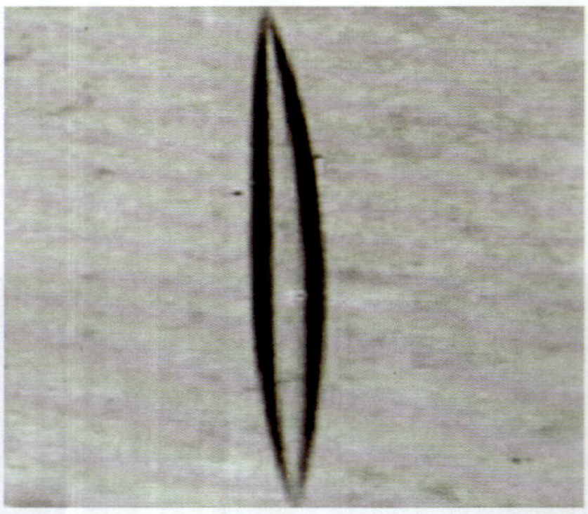

(a) 线形

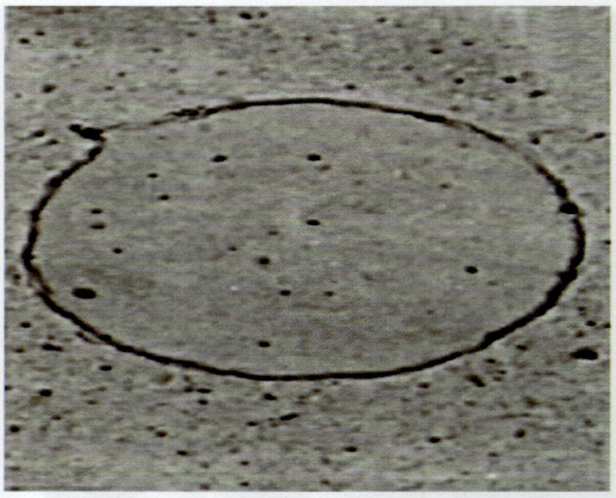

(b) 球形

图 4.56 玻璃中的气泡的显微形貌

结石是玻璃中的晶体夹杂物，也是玻璃中最危险的缺陷。结石破坏玻璃制品的外观和光学均匀性，对玻璃内在质量影响极大，很容易形成裂纹（图 4.57）。结石可分为配合料结石、耐火材料结石和析晶结石。配合料结石是配合料中没有熔化的某些组分颗粒，被带到玻璃制品中间。为了避免形成配合料结石，熔化一定要好。在熔制过程中，当耐火材料受到玻璃液侵蚀剥落或者与玻璃液发生交代作用时，剥落的碎屑或交代作用形成的新矿物就可能夹杂到玻璃制品中去，形成了耐火材料结石。减少耐火材料结石需要采用合理的耐火材料和熔制设备。在玻璃熔制、成形和加工过程中，当玻璃液长期处于有利于晶体形成与生长的温度条件下，或者在熔制时由于玻璃组成不均匀，局部结晶趋势大，可能在玻璃液中析出晶体，称之为析晶结石。玻璃液析晶可以用晶核形成速率与晶体生长速度曲线来表示。两条曲线交叉重叠的范围越小，玻璃析晶的可能性越小。根据两条曲线交叉的情况，可以找出结晶倾向最大的温度范围。为了不让玻璃在操作温度范围内析晶，生产上采取速冷的办法，不使玻璃有充分的时间进行成核和生长，从而避免玻璃析晶。对于析晶倾向较大的玻璃，必须快速冷却才能避免析晶，否则会生成析晶结石。

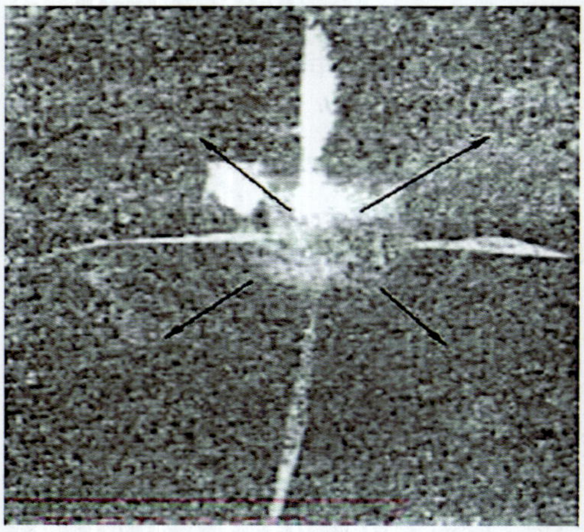

图 4.57 玻璃中由结石引起的裂纹

条纹和节瘤是玻璃中的异类夹杂物。节瘤呈疙瘩状，条纹呈线状、纤维状。条纹和节瘤不仅严重影响玻璃的光学均匀性，也会使制品的机械强度、耐热性、化学稳定性等有所降低。条纹是早期形成的不均匀玻璃在液流作用下和搅拌过程中被分散拉长但尚未扩散均匀化的细小条带。节瘤可能是由结石经过高温与周围玻璃组分长期作用而形成的团块状玻璃，也可能是由碹滴转化而成的玻璃态团块。按化学组成，条纹和节瘤可分为硅质和铝硅质两类。生产光学玻璃时，熔制时不停地搅拌和稳定熔制温度可以减少条纹和节瘤的出现。冕牌玻璃一般放在铂坩埚内熔制，以避免耐火材料的侵蚀影响光学性质，同时也避免了条纹的产生。

从各种玻璃缺陷的类型和形成原因可以知道，要防止产生这些缺陷，必须在玻璃组成、配合料制备、熔制制度、耐火材料选用、熔窑设计和施工的各个方面采取相应的措施。

（1）优化玻璃配方；

（2）提高配合料质量和投料质量

（3）改进作业制度；

（4）使用优质耐火材料；

（5）改进熔窑结构和筑炉质量；

（6）严格工艺制度，谨慎操作，避免因操作失误而引起各种缺陷。

当前，玻璃以其独特的美学特性，成为一种重要的生产原料和艺术媒介。经由生产者及艺术家的经营，让玻璃拥有与生活、艺术、环保结合的生命面向。希望我们能珍惜本土文化，并具有一颗捍卫地球的心，做好玻璃环保再造的工作，更期许中国的玻璃艺术能在世界立足、发扬光大。

参 考 文 献

郭贻成，王震西 . 1984. 非晶态物理学 [M]. 北京：科学出版社 .

基甫生 • 马威德 H，布吕克纳 R. 1988. 玻璃制造中的缺陷 [M]. 黄照柏，译 . 北京：轻工业出版社 .

刘世民，任文军，王迎春 . 1997. 玻璃节瘤 [J]. 玻璃，24（3）：7-8.

毛岱琦 . 2006. 打开潜意识的大门——技术偶发在玻璃艺术中的意义 [J]. 上海工艺美术，（3）：54-57.

茅力佐 . 2012. 玻璃中的玻璃态夹杂物——线道和节瘤 [J]. 玻璃，（3）：7-9.

千福熹 . 2005. 中国古代玻璃技术的发展 [M]. 上海：上海科学技术出版社 .

王承遇，陈敏，陈建华 . 2006. 玻璃制造工艺 [M]. 北京：化学工业出版社 .

王承遇 . 1993. 玻璃表面和表面处理 [M]. 北京：中国建材工业出版社 .

杨博达 . 2004. 中国金银玻璃珐琅器全集（第四卷）[M]. 石家庄：河北美术出版社 .

郑德海 . 2004. 现代网版印刷工艺 [M]. 北京：化学工业出版社 .

作花济夫 . 1985. ガラスの事典 [M]. 東京：朝倉書店 .

第5章 工程塑料及其造型艺术

塑料是重要的有机合成高分子材料，其由小分子单体聚合而成，相对分子质量高达上万甚至上百万。巨大的分子质量赋予了其崭新的物理、化学性质，使其可被制成一系列性能优异、丰富多彩的制品（图5.1），故而塑料成为当今工农业生产、科学研究、人类衣食住行不可缺少的材料。广义的塑料，是指具备塑性行为的材料，所谓塑性是指当发生外力作用时，会发生形变，但当外力消失后，仍能维持受力时的形状。塑料的弹性模量处于橡胶和纤维之间，受力能发生一定形变。软塑料接近橡胶，硬塑料接近纤维。狭义的塑料，是指以树脂（或在加工过程中用单体直接聚合）为主要成分，以填充剂、润滑剂、增塑剂、着色剂等添加剂为辅助成分，在加工过程中能流动成型的材料。

图5.1 丰富多彩的塑料制品

5.1 常用工程塑料及其性质

5.1.1 常用工程塑料的种类

习惯上，人们将产量大、价格低、用途广的一些塑料品种称为通用塑料，如聚乙烯、聚丙烯、聚氯乙烯、聚苯乙烯等，其内涵常随时代及科学技术的发展而发生变化。

工程塑料是指用于各类零部件或外壳材料的塑料，是一类强度、抗冲击力、耐热性、硬度及抗老化性均良好的塑料。工程塑料可按使用温度分类，一般使用温度在 150℃之下的称为通用工程塑料，常用的有热塑性聚酰胺（PA）、聚甲醛（POM）、聚碳酸酯（PC）、改性聚苯醚（PPO 或可写为 PPE）、聚酯（聚对苯二甲酸丁二醇酯（PBT）和聚对苯二甲酸乙二醇酯（PET））五种；耐热达 150℃以上的为特种工程塑料，主要品种有聚酰亚胺、聚苯硫醚、聚砜类、芳香族聚酰胺、聚芳酯、聚苯酯、聚芳醚酮、液晶聚合物和氟树脂等。

工程塑料在 20 世纪中期得到了快速发展。在 50 年代后期聚甲醛和聚碳酸酯开发成功之后，工程塑料迎来了发展的真正高潮，它们的出现具有重大意义。聚甲醛具备高结晶性，拥有优异的机械性能，因而突破性地被用于替代金属材料而跻身于结构材料的行列（图 5.2（a）），如替代锌、黄铜、铝和钢制作诸多结构零部件。而聚碳酸酯则是拥有良好综合功能的透明工程材料（图 5.2（b）），使用范围非常广泛，是发展最为迅速的工程塑料之一。从每年的统计来看，其产量和消费量仅次于聚酰胺而位居第二。

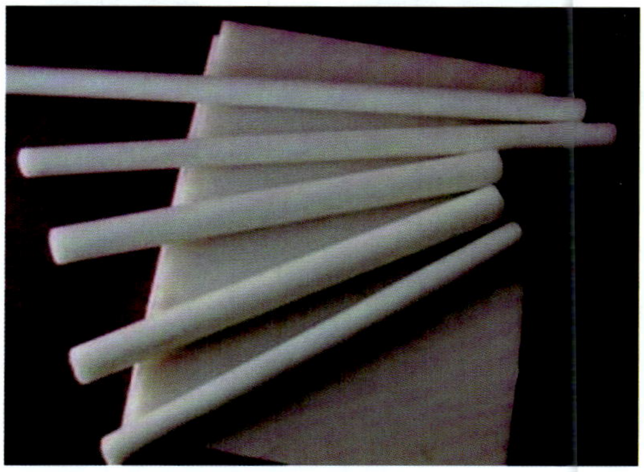

(a) 聚甲醛型材

(b) 聚碳酸酯耐力板

图 5.2　广为应用的工程塑料制品

5.1.2　常用工程塑料的性质

聚酰胺（PA，俗称尼龙）较之其他工程塑料，具有比重低、抗拉强度高、耐磨、自润滑性好、冲击韧性优异等特点，其刚柔兼备的性质赢得了人们的关注。加之其加工简便、效率高、比重仅为金属的 1/7、可替代金属加工成各种制品，被广泛使用于汽车及交通运输行业（图 5.3）。典型制品包括风扇叶片、泵叶轮、轴承、阀座、衬套、各类汽车电器仪表、仪表板、冷热空气调节阀等零部件。聚酰胺在汽车工业的消费占比最高（每辆汽车耗费聚酰胺制品可达 3.6 ～ 4kg），其次是电子电气行业。

聚甲醛（POM）是一种表面光滑、有光泽的硬而致密的材料，淡黄或白色，可在 –40 ～ 100℃温度范围内长期使用。其具有优越的机械性能和化学性能，可用于许多金属和非金属材料所不能胜任的场合，有“夺钢”和“超钢”之称。聚甲醛既有均聚物材料也有共聚物材料，两者均为结晶性材料并且不易吸收水分。前者具有较强的延展强度、抗疲劳强度但不便于加工，普遍用于制作各种滑动、转动机械零件，如齿轮、杠杆、滑轮、链轮（图 5.4）；后者具备良好的热稳定性、化学稳定性且容易加工，适合做轴承，并多用于几何面复杂的仪表精密件、自来水龙头及爆气管道阀门。在很多新领域的应用，如医疗技术、运动器械等方面，聚甲醛也表现出较好的增长态势。

图 5.3 汽车行业的聚酰胺制品

图 5.4 聚甲醛机械类制品

聚碳酸酯（PC）的冲击强度极高，铁锤敲击下也不会被毁坏，能经受住电视机荧光屏的爆炸。其不但具备类似于有色金属的强度，同时又兼备良好的延展性及强韧性。其透明度非常好，能施以任何着色。因此，聚碳酸酯工程塑料广泛应用于玻璃装配业（图 5.5）、汽车工业和电子、电器工业，另外在工业机械零件、光盘、包装、计算机等办公设备、医疗及保健设备等中也有应用。

聚苯醚（PPO）具有优良的物理机械性能、耐热性和电子绝缘性，且吸湿性低，强度较高，尺寸的稳定性较好，在所有的热塑性工程塑料中其抗高温蠕变性能最为优异。聚苯醚最大的特点是在长期负荷下，具备优异的尺寸稳定性和突出的电绝缘性，可以在 110 ～ 120℃长期使用，制品的抗拉强度和抗冲强度较好。主要用于医疗器械、机电工业，还可以用作电子、电气工业中的零部件。

图 5.5　聚碳酸酯在玻璃装配业中的应用

聚对苯二甲酸丁二醇酯（PBT）是一种热塑性聚酯，非增强型的 PBT 与其他热塑性工程塑料相比起来，加工性能和电性能更加优异。PBT 玻璃化温度较低，模具温度在 50℃时便可迅速结晶，加工周期短。由于 PBT 的高绝缘性及耐热性，其被广泛应用于电子、电气和汽车工业中（图 5.6），如用作电视机的回扫变压器、汽车分电盘和点火线圈、各种汽车外装部件、办公设备壳件。

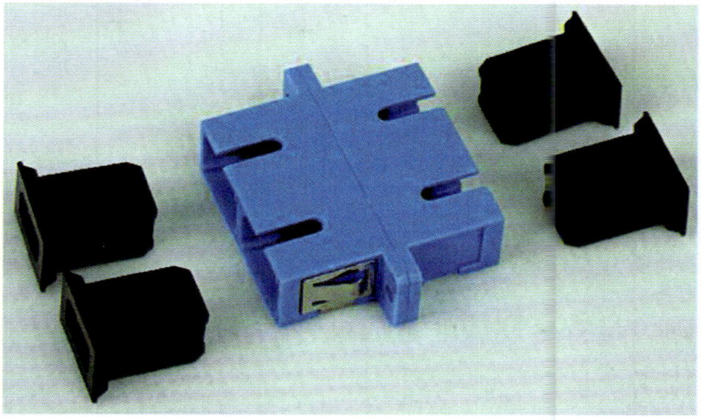

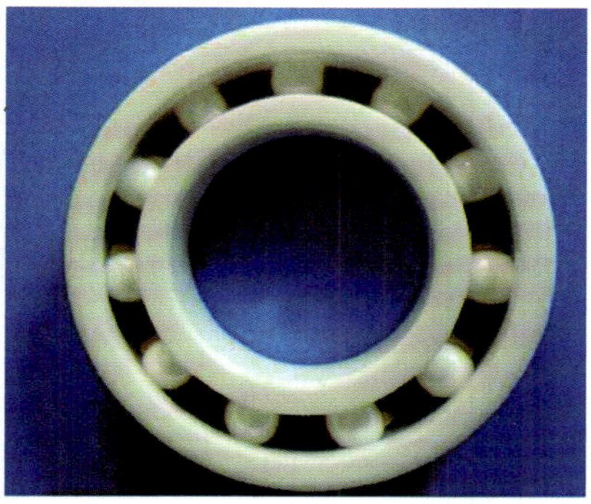

图 5.6　PBT 制品

5.2　工程塑料的成型技术与工艺

塑料制品的完整生产顺序为：预处理、成型、机械加工、修饰、装配。塑料的成型有很多方式，比如层压、各种模塑成型及压延成型等，其中塑料模塑成型的方法最多，如挤出、压缩模塑、注射模塑等。其特点是运用了塑料成型模具（简称塑料模）来成型具备一定形态和尺寸的塑料制品。每种成型技术各有优缺点，下面将介绍几种常见的成型技术。

5.2.1　注射成型

注射成型，又称注射模塑，是生产热塑性塑件的一种重要办法。除了加布基填料的塑料等少数热塑性塑料之外，几乎所有热塑性塑料均能通过注射成型的方法来生产塑件。热固性塑件的注射成型过程与热塑性塑件相仿。

注射成型是经过注射机来完成的。注射机的作用是：①加热熔融塑料以使其能达到黏流状态；②对黏流状态的塑料施以高压使其能射入模具型腔。注射机种类繁多，目前最常见的是螺杆式注射机（图 5.7），其注射成型基本动作次序如下：合模和锁模→注射→保压→冷却和预塑化→脱模。

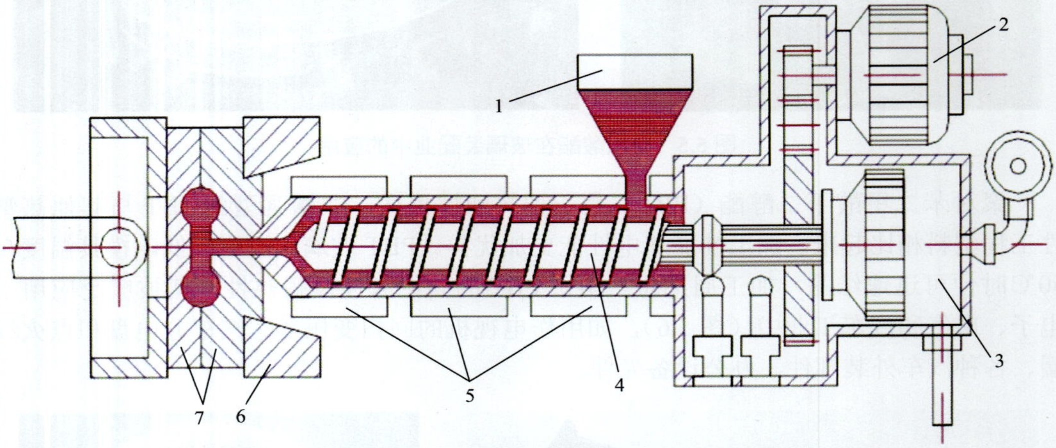

图 5.7 螺杆式注射机注塑原理图

1. 料斗；2. 螺杆转动传动装置；3. 注射油罐；4. 螺杆；5. 加热器；6. 喷嘴；7. 模具

较之其他成型工艺，注射成型的优点在于：

（1）成型周期短。

（2）能一次成型外形复杂、尺寸精确、带有金属或非金属嵌件的塑件。

（3）生产效率高，易于实现全自动化生产。

缺点在于：

（1）生产大面积结构制件时，高的熔体黏度需要高的注塑压力，高的注塑压力要求大的锁模力，从而增加了机器和模具的费用。

（2）生产厚壁制件时，难以避免表面缩痕和内部缩孔，塑料件尺寸精度差。

（3）加工纤维增强复合材料时，缺乏对纤维取向的控制能力，基体中纤维分布随机，增强作用难以充分发挥。

5.2.2 压制成型

压制成型，亦称压缩成型或模压成型。压制成型的装备由液压机、压制成型模具组成，主要用于热固性塑料（如密胺树脂、酚醛树脂）的成型。热固性塑料是由固化剂、合成树脂等按固定比例组合而成。压制模具与注射模具类似，不过无浇注系统，只有一段加料室，加料室是型腔的扩展和延伸。压制成型适用于成型流动性差的布基、纤维填充的热固性塑料。但是由于效率低、生产周期长，不适宜加工形状复杂和精度高的制品。

热塑性塑料也能够用压制成型。它成型时也要经过从固态变成黏流态而充满型腔

（此时模具已加热），但是不会发生交联反应，所以当热塑性塑料熔体充满型腔后，必须把模具冷却至其凝固，这样才可以脱模从而获得塑件。当热塑性塑料压缩成型时，模具需要交替地加热与冷却，生产周期较长，效率较低。为处理好这一问题，当压缩成型用于热塑性塑料时，常利用热挤冷压法，即将由挤出成形机挤出的熔融塑料放入压缩模具成形型腔中压制、定形而制得塑件。由此不难得出，热塑性塑料的成型使用注射成型比压缩成型更经济。一般情况下只有平面相对较大的热塑性塑件才使用压缩成型。汽车上的有机玻璃板是压制成形的，特别是带有弧面的玻璃。

在压制成形的程序中，塑料直接加入型腔内，压力机的压力经过凸模然后直接传递给塑料，模具在塑料最终成形时才会完全地闭合。其优点是：无浇注系统，耗材少；压制成型设施为通用压力机，模具构造比较简单，能够压制平面较大的塑件，或使用多型腔模一次压制多个塑件。因为塑件在型腔内直接受压成型，因此适用于压制成型流动性较差的，用布基、纤维作为填料的塑料，比如电工上使用的酚醛层制布板、环氧层压布板等。

5.2.3　压铸成型

压铸成型也可称为传递模塑。它是在改进压制成型的不足，并吸收注射成型长处的基础上发展起来的一种模塑成型方法，其成型原理如图 5.8 所示。

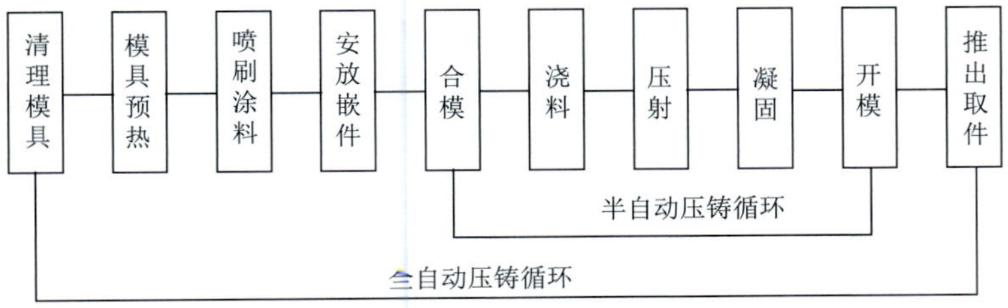

图 5.8　压铸成型原理

压制与压铸成型的主要不同在于：前者塑料在加热腔内加热熔化；后者塑料在加料腔内加热加压熔化并成型，并经过浇注系统而快速射入模具型腔，也是在压力下凝固成形。

与其他成型方式相比，压铸成型的优点在于：能够加工出带有深孔的、形状复杂的塑件，也可模塑易碎的、精细的嵌件；塑件的飞边小，尺寸精确，性能均匀，品质高；模具的磨损较小。其缺点有：得到的压铸产品在外观方面会有气孔、收缩砂孔、冷纹等缺陷。

5.2.4　挤出成型

在塑料加工中挤出成型又称为挤出模塑，是指物料通过挤出机料筒和螺杆间的作用，边受热塑化，边被螺杆向前推送，连续通过机头而制成各种截面制品或半制品的一种加工方法。挤出成型经常用于生产棒材、管材、板材、片材和薄膜等，图 5.9 为挤出管材示意图。一条挤出生产线包含挤出成型机、挤出模具、牵引装置、冷却定型装置、切割或卷取装置及控制系统。挤出机由传动系统、挤压系统、加热冷却系统组成，其挤压系统包含螺杆、料筒、料斗等。挤出过程可分为三个阶段：塑化阶段、成型阶段、定型阶段。

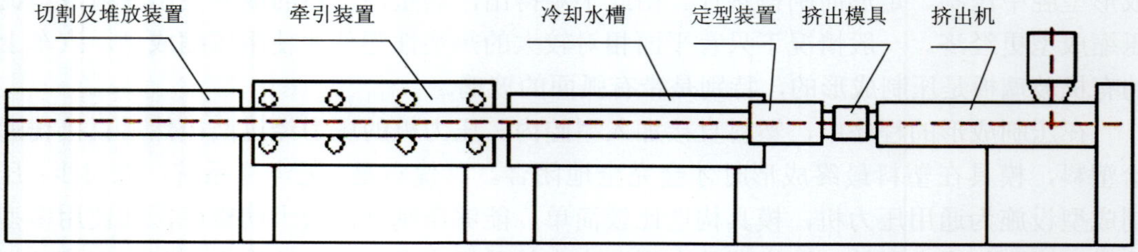

图 5.9 挤出管材示意图

挤出成型的优点有：设备简单，投资较少；可连续生产，效率较高；能够实现自动化生产，降低劳动强度；操作简便，容易控制等。缺点为：成型过程比较复杂；挤出的制品的形状比较简单，尺寸精度比较低。

5.2.5 中空成型

中空成型也称为吹塑成型，其源于古老的玻璃吹瓶工艺，常用于成型包装容器（如各种桶、瓶、箱）。中空成型可分为挤出吹塑和注射吹塑成型两类。

挤出吹塑中空成型设备由挤出机、吹塑模具、管状形坯挤出机头、合模机构、压缩空气系统、液压系统、电气控制系统等部分构成。挤出吹塑成型模具的优点是结构简单，投资少，容易操作，适用于多种塑料的中空吹塑成型。缺点是壁厚不易均匀，需去除飞边。

注射吹塑中空成型的工艺过程如图 5.10 所示。首先注射机把熔融塑料注入注射模内形成管坯，管坯在周壁带有微孔的空心凸模上成型，接着趁热移到吹塑内，然后从芯棒

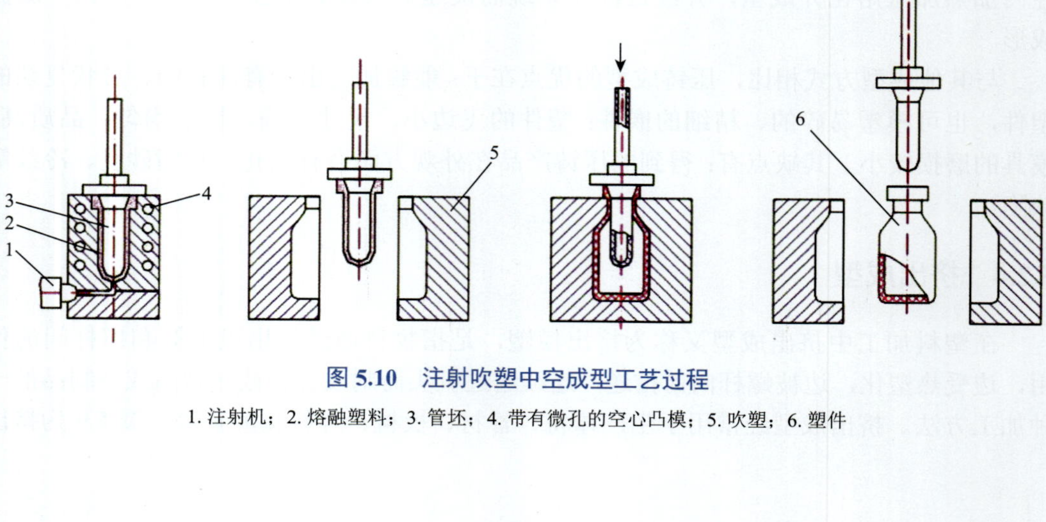

图 5.10 注射吹塑中空成型工艺过程

1. 注射机；2. 熔融塑料；3. 管坯；4. 带有微孔的空心凸模；5. 吹塑；6. 塑件

的管道内通入压缩空气使型坯吹胀并贴于模具的型腔壁上，最后经过保压、冷却定型后释放出压缩空气，开模取出塑件。其优点是壁厚均匀无飞边，不需后加工。经常用作小型塑件大批量生产。

5.3 表面处理与装饰技术

5.3.1 表面处理和装饰的现实意义

物质的表面，是在真空状态下物质内部与真空间的过渡区域，即物质最外面的几层原子与覆盖在其上的一些外来的原子与分子所形成的表面层。人们经常说的表面是处在大气下的固体或液体的外部区域。材料的表面区域有一定的厚度，一般为 5 ～ 10nm。

随着塑料加工、改性技术的不断提升，其应用领域亦迅速拓展，从而对塑料表面装饰、改善黏接、材料保护等性能的要求也相应提高。各种塑料制品的材质不同，相应表面也会有显著的不同，因此适用于不同材质的各种表面处理技术和产品应运而生。聚合物表面性质是受聚合物表面的一部分原子、分子等支配，而不是与全部聚合物化学结构有关。对于塑料来说，最表层为吸附层，即迁移到表面的低分子量组分和表面吸附的润滑油、迁移至塑料表面的添加剂等形成的半液体或液体薄层。该层会破坏涂膜与塑料表面的附着，表面处理的作用就是除去该吸附层从而增加涂膜与塑料表面的附着。

表面处理常见的方法包括打磨、抛光处理；除尘、除静电、脱脂处理；酸处理；火焰处理；热溶剂处理等方法。常见的表面装饰方法包括印字、图刻装饰；着色装饰；加金属光泽装饰等。下面我们对这些常见的表面处理和表面装饰方法进行详细的介绍。

5.3.2 打磨抛光

聚合物表面的性质，不只是与聚合物化学结构相关，还受到来自聚合物表面的一部分原子、分子等影响。就塑料而言，最表层为吸附层，该层对涂膜与塑料表面的附着起着阻碍作用，打磨、抛光表面处理的目的就是除去该吸附层，从而增加涂膜与塑料表面的附着。实际生产中对于塑料材料的表面抛光有多种方法。

1）机械抛光

机械抛光一般以手工操作为主，是通过切削、材料表面塑性变形去掉被抛光后的凸部而得到平滑面的抛光方法，常用油石条、羊毛轮、砂纸等，对于某些形状特殊的零件（如回转体表面），可在转台等辅助工具帮助下完成生产。对于高质量要求的产品表面，可采用超精研抛的方法。该方法是使用特制的磨具，在含有磨料的研抛液中，紧压在工件需要加工的表面上，作高速旋转运动。利用该技术可以达到 R_a0.008μm 的表面粗糙度，在当前的抛光技术中，该技术可达到的精度最高。

2）化学抛光

化学抛光是让材料表面微观凸出的部分在化学介质中相较于凹陷部分先溶解，从而得到平滑面。在实际生产中，化学抛光的优势在于：不需复杂设备，可以抛光形状复杂的工件，可同时对多产品进行抛光，工作效率相当可观。抛光液的配制一直以来都是化学抛光的核心问题。化学抛光得到的产品表面粗糙度一般为 10μm。

3）电解抛光

电解抛光与化学抛光基本原理相同，即靠选择性地溶解材料表面微小凸出部分，使之表面光滑。与化学抛光相比，其消除了阴极反应的影响，效果较好。

4）超声波抛光

超声波抛光是将工件置于磨料悬浮液中并一起放入超声波场中，通过超声波的振荡作用，从而让磨料在工件表面磨削抛光。超声波抛光加工的宏观力小，不会导致工件变形，但其制作和安装较为复杂。超声波加工可以与化学或电化学方法相结合应用。先对工件应用电化学抛光加工，在溶液腐蚀、电解的基础上，再添加超声波振动搅拌溶液，以使工件表面溶解产物脱离，表面附近发生均匀腐蚀或电解，同时超声波在液体中的空化作用还可有效抑制腐蚀，有利于表面的光亮化。

5）流体抛光

流体抛光是利用高速流动的液体及其携带的磨粒对工件表面进行冲刷，从而达到抛光的目的。常用方法有：磨料喷射加工、液体喷射加工、流体动力研磨等。流体动力研磨通过液压驱动，让携带磨粒的液体介质在工件表面高速往复流过。该介质主要采用在较低压力下流动性好的特殊化合物（聚合物状物质）并掺上磨料制成，磨料可采用碳化硅粉末。

5.3.3 除尘、除静电、脱脂

除尘、除静电可以通过静电除尘枪和除尘纱布（图 5.11）配合完成。

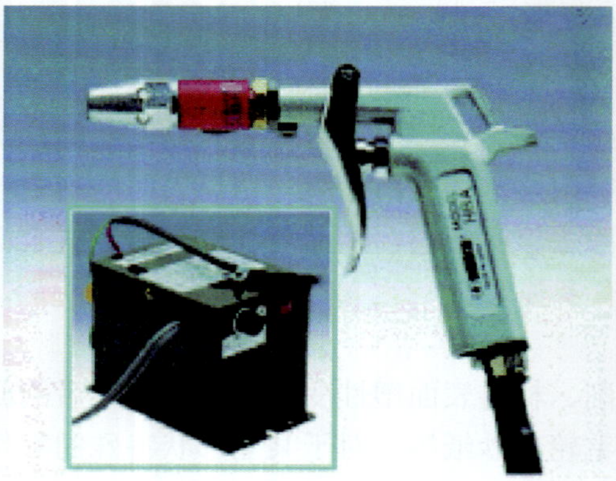

(a) 静电除尘枪

(b) 除尘纱布

图 5.11 除尘、除静电装置

塑料表面有油污时必须除油和脱脂。脱脂方法与金属类似，可用碱性水洗溶液、表面活性剂等。

脱脂的目的是除掉脱模剂和黏附上的其他含有酯类、硅烷等异物。通常情况下的工艺流程：预脱脂→脱脂→水洗→表调→循环去离子水水洗→新鲜去离子水水洗→干燥。

5.3.4　酸处理

（1）硫酸与铬酸混酸处理：将工件置于 70℃左右的混酸溶液中（要完全覆盖），浸泡 4 ～ 5min，再使用电子显微镜测定 PE、PP 等的表面，研究表明直径为 0.2 ～ 0.5μm，深为 0.1μm 的小孔，有利于附着。

（2）次氯混酸处理：使用亚氯酸叔丁酯溶液与工件常温下接触 20min，酸洗后的工件必须要通过充分的水洗，除去表面残存酸液，而后充分干燥。

5.3.5　火焰处理

火焰处理是对低活化能的结晶高聚物处理的一种有效方式。火焰处理之后，表面张力得到改变的同时还会使后续油漆喷涂工序的质量得到提高。在汽车行业中，相较于传统材料更加轻量化的材料 PP 通过火焰处理工艺，得以在汽车制造业内广泛使用（图 5.12）。

图 5.12　火焰处理汽车保险杠

火焰处理工艺用煤气或乙炔气和氧气的氧化焰，在 1000 ～ 2800℃之间煤气的氧化焰，对被处理工件进行扫描，为防止工件形状改变，使用火焰处理时间限定在最小限度 10s 以下，火焰扫描后立即对其进行冷却。火焰处理后得到的工件接触角减小，容易润湿，附着力得到提高。

塑料的表面性质也可通过火焰处理来调整，在高温下使塑料表面的大分子发生氧化反应产生极性基团，另外还对表面分子聚集的结构形态产生影响，使水基覆盖膜附着在塑料表面上。火焰处理的作用是在塑料表面产生亲水组分，如果能选择性地产生亲水表面，那么这个工艺在泡沫浮选分离塑料中是非常有用的。

现实生产过程中火焰处理往往是通过机器人（图 5.13）协助完成，将火焰喷射头安装在机械手的前臂上，通过机械手，依照已编程好的程序特定的轨迹动作，在所要处理的塑料件表面上移动，在机械手不同轴的变换下，火焰处理头在与塑料表面距离 20cm

处，因为这个距离能使火焰的外焰接触塑料表面，使其可在短时间内达到1000℃的高温，否则可能由于接触不良导致欠烧现象。同时，所有发泡表面必须被机械手的移动所覆盖，而且不得有重复的情况发生。因为多次烧灼会使塑料表面生成的亲水组分发生破坏，发生过烧的情况。处理完成后产品可以放置一周时间。火焰材料取材方便，我们日常生活中的煤气就可用于这项工艺，但在加工过程中，要保证空气和煤气的混合比例适当，火焰温度高达1000℃以上，处理的效果就比较明显。在国外已经有成熟的配套方案，例如速焰烧嘴进行气体混合后喷出火焰，结合机器人手臂运动进行汽车保险杠喷涂漆，玻璃高精密度抛光工艺。

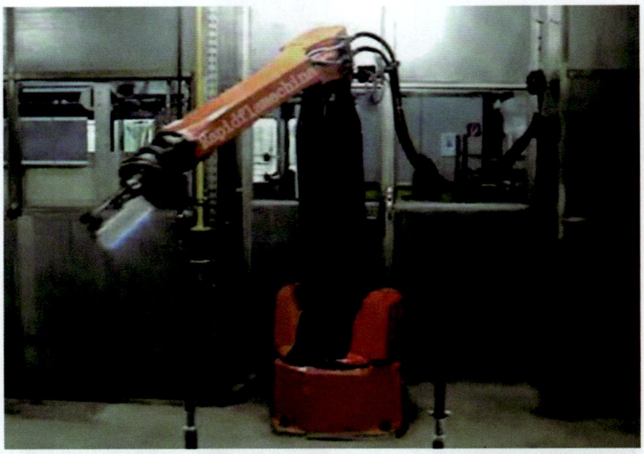

图 5.13 机器人结合烧嘴火焰处理

5.3.6 热溶剂处理

在高温情况下，PP材料使用特定的溶剂进行短时间的处理，它的表面发生剧烈的膨胀，或出现含有被腐蚀的非结晶部分和受影响较小的结晶部分的粗面，从而达到提高涂料的附着力的目的。但对于某些塑料，热溶剂处理并不适用，它会在热塑性塑料表面出现皱裂现象。产生皱裂现象一方面是因为在塑料加工成型过程产生的内应力导致皱裂，另一方面是由于选择的溶剂不适合所要处理的塑料。为避免皱裂现象，可以在涂装前做退火处理，在低于热变形温度的条件下进行较长时间的加热。热溶剂处理的另一个弊病是会对操作者造成较大伤害且污染环境。

除了上面介绍的几种主流表面处理方法外，还有紫外线处理、辉光放电处理、电晕处理、等离子处理、等离子射流处理等。这几种表面处理方法在实际生产条件下还很难实现，多是在实验室中使用。

5.3.7 印字图刻

若需要在工程塑料的表面上印字或图刻（图5.14），有如下几种方法。

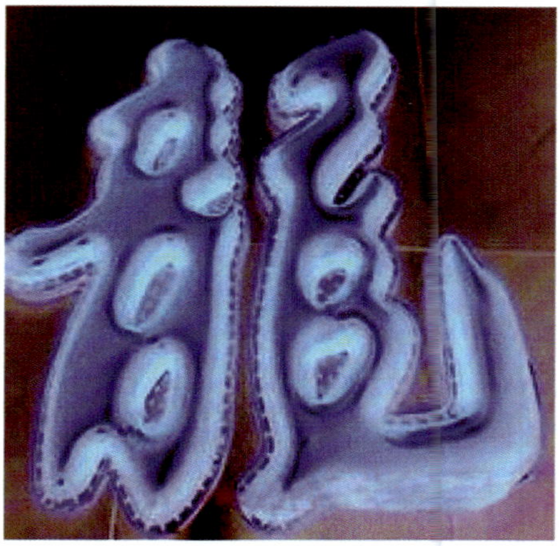

图 5.14　塑料表面印字与图刻

1）曲面印刷

曲面印刷（图 5.15）是一种在塑料成型品的表面进行文字或图案印刷的常用方法。曲面印刷是指用一块柔性橡胶，将需要印刷的文字、图案印刷至含有曲面或略微凹凸面的树脂成型品的表面。

图 5.15　手动曲面印刷机

曲面印刷工艺流程是先将油墨注入雕刻有文字或图案凹版内，随后将文字或图案复印到曲面上，再利用曲面将文字或图案转印至成型品表面，最后通过热处理或紫外线光照射等方法使油墨固化。曲面印刷的工艺包括成型品的脱脂、必要时要对成型品进行表面处理、印刷、油墨的固化处理、涂布过多的后处理。

在实际生产中，我们要想得到美观且耐久的印刷品，则必须对成型品进行前处理。前处理包括清洗成型品表面的油脂及垃圾，以及为了改善油墨的润湿性和黏合性的表面处理。前清洗（脱脂）工艺采用有机溶剂清洗成型品表面从而渗出油污。因为成型品的表面易受模具防锈剂、脱模剂、树脂的添加剂等的污染，导致油墨开裂，使油墨与成型品的密接性下降。特别是印刷不均匀问题出现时，则成型品表面受污染的可能性也会相应变高。

在工程塑料中，为了防止塑料表面受油或溶剂等的污染，仅靠单纯的干燥不能得到良好的印刷效果，所以大多数情况下，需要采用某些方法使油墨固化。为此，使用反应性的油墨有利于增加树脂与油墨的密接性。固化的常用方法有热硬化处理与紫外线（UV）硬化处理两种。无论采用何种方法，都利用了油墨的化学反应性能，所以必须选用合适的油墨。

热固化处理工艺是将印刷后的成型品置于恒温槽内，使印刷品被远红外线照射或热风加热，通过热反应使油墨固化，通常温度控制在 60 ～ 100℃，有时温度也会达到 150℃左右。一般来说，固化的温度高，则可得到良好的印刷效果。但是，承印物为塑料成型品时，在高温处理之后，则会导致成型品的收缩及变形。 此外，印刷后干燥不充分的话，加热会造成溶剂起泡。UV 固化处理工艺是将被印刷的成型品在特定波长的紫外线（UV）照射下，利用光化学反应使油墨固化的方法。

2）渗透印刷

渗透印刷是采用具有升华性能的特殊油墨，使油墨渗透到成型品内部的印刷方法，故比较适用于有耐磨损要求的场合。其中转印方法可分为直接法及热转印法两种。不管何种方法，印刷后再通过加热处理使油墨渗透至成型品内部 30 ～ 50μm。

首先选择油墨，升华性油墨与一般油墨不同，且在种类与颜色上均受限制，目前仅有黑、红、黄、蓝四种颜色，没有白色。然后进行转印，转印的工艺有两种。第一种方法叫直接法，像曲面印刷一样，采用普通的油墨及印刷方法。加热后使其冷却，并必须用溶剂清洗表面上过多的油墨。工艺流程：成型品→印台印刷→加热处理→清洗。第二种方法叫热转印法，工艺流程见图 5.16。事先用升华性油墨在特殊的离型纸上印刷上图案，而后再将图案转印到塑料薄膜上，印刷图案已于离型纸印刷时被确定，这时还可使用彩印。将离型纸粘贴在印刷表面后，于纸面上加热并适当加压，离型纸上的染料会渗透至成型品的内部。

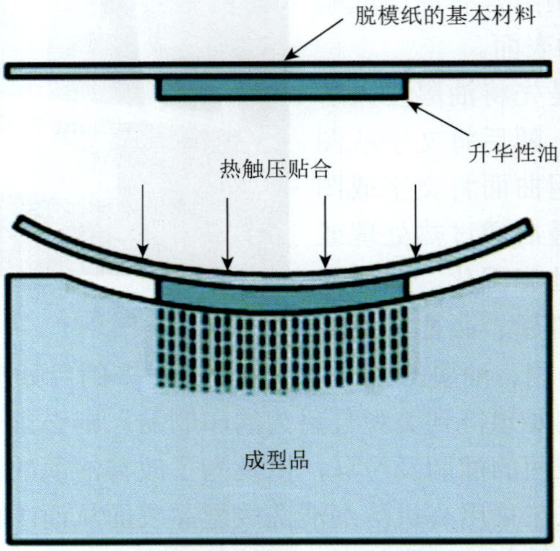

图 5.16　热转印法工艺流程

3）电化铝烫印

电化铝烫印是利用专用箔，在一定的温度下将文字及图案转印到塑料制品的表面。其优点在于该方法不需要对表面进行处理，使用简单的装置即可进行彩印。此外，还可以印刷出具有金、银等金属光泽的制品。其缺点是印刷品不耐磨损，且树脂与箔的相溶性会影响其印刷适性。

适用于成型品形状的电化铝烫印方法有以下两种。第一种是模压印方法。利用热的模版将箔压印在成型品光洁的表面上（平面、曲面），从而得到精美的文字及图案。如

图 5.17 所示，将金属模版放在电热板上加热后使箔转移到成型品的表面。模印所用材料为不因加热而被氧化且热传导性较大的金属材料。

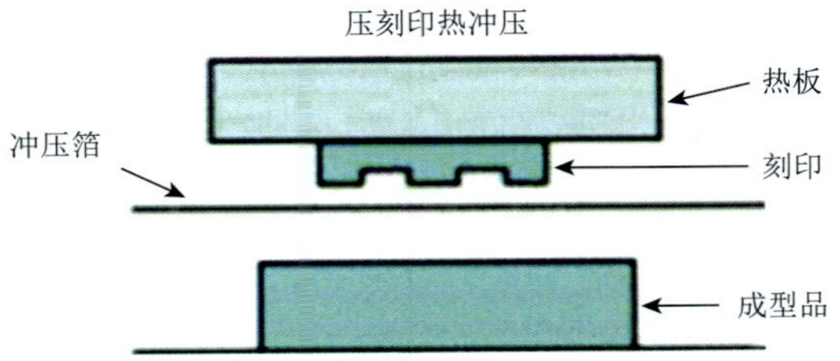

图 5.17　模压印示意图

第二种方法是橡胶压印方法。如图 5.18 所示，将耐热橡胶板（硅胶）贴在加热板上，加热后将箔转印到成型品表面。在选用橡胶压印时，必须对箔的种类、压箔条件进行选择。此外，由于与箔相接触部分是选用热传导性较低的橡胶，故电热板的设定温度要高于模压印，一般为 230 ～ 240℃，我们必须依照不同的模压材料相应地提高温度。在对凸部进行电化铝烫印时，对温度、加压条件的控制比较困难，有时不一定能得到精美的制品。为此，用铝箔来替代橡胶箔是一种比较有效的方法。

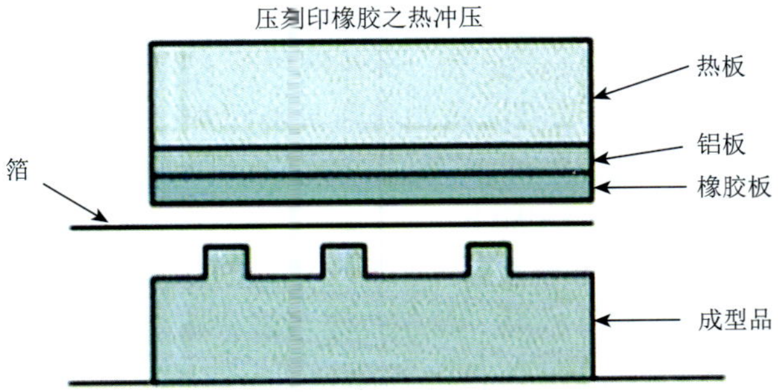

图 5.18　橡胶压印工艺示意图

4）激光印字

激光印字技术是利用激光所持有的高能量，直接将文字、图案打印至材料表面的印刷方法。我们可以依据所使用的激光种类（波长）或打印方式，将其分成数种类型。与一般的油墨印刷相比较，由于不需要使用油墨，所以也就不需要使用溶剂，因此，激光印字技术是属于环保型的装饰技术。此外，它利用制品本身的质变进行雕刻，印刷品因不易被磨损而备受瞩目。

激光印字法的优点很多：首先，由于不使用油墨与溶剂，也不需要进行清洗或表面处理，故不需要周边设备、保管设备、废溶剂处理等设备，操作简单。其次，由于使用激光进行打印，因此可描绘出精致的图案与细小文字。特别是扫描时，由于受电脑的控制，可自由描绘，并可针对每一种产品的不同文字进行自动打印。然而激光印字法也有其缺点。例如，色彩与清晰度会受激光种类（波长）与印字材料的组合所影响，可印刷的颜色也是有限的。由于其印刷原理与黑白印刷相似，因此无法进行多色或彩色印刷。

另外，目前的激光印字设备价格贵，成本高。

激光印字是利用下列工序进行配色、雕刻，将图案或文字印刷在承印物上的。首先，激光会被照射物所吸收，然后被吸收的激光能量会转为热能或引起光化学反应。接着，被照射部分会因受热或化学反应，而分解、蒸发、碳化、变色、发泡。最后，由于与周边的颜色与表面状态不同，因此我们可以清晰地看到文字或图样。

激光印字装置（激光机）的分类有以下几种方式。依据激光发光装置的不同而分类有二氧化碳激光机、钇铝石榴子石激光机、原子激光机、高频钇铝石榴子石激光机；依据打印方式的不同分类主要包括扫描式激光机和屏蔽式激光机。

5.3.8 着色

若需在成型品上着色时，有以下几种方法。

1）喷涂

喷涂是通过喷枪或碟式雾化器，借助于压力或离心力，使颜料分散成均匀而微细的雾滴，施涂于被涂物表面的涂装方法。可分为空气喷涂、无空气喷涂、静电喷涂以及上述基本喷涂形式的各种派生的方式，如大流量低压力雾化喷涂、热喷涂、自动喷涂、多组喷涂等。

在日常的生产过程中，有手工喷涂和全自动喷涂两种工艺。手工喷涂是指通过前线操作人员，对产品的表面直接进行喷涂，目前应用于对自动喷涂后的不良品进行手工喷涂处理（图 5.19（a））。全自动喷涂是指将需要喷涂加工的产品固定在可转动的支架上，然后将支架锁定在流水线上，通过流水线的移动和可转动支架不停地旋转，以达到 100% 均匀喷涂在产品表面（图 5.19（b））。

喷涂作业生产效率高，适用于手工作业及工业自动化生产，应用范围广，主要有五金、塑胶、家私、军工、船舶等领域，是现今应用最普遍的一种涂装方式。喷涂作业需要环境要求有百万级到百级的无尘车间，喷涂设备有喷枪、喷漆室、供漆室、固化炉/烘干炉、喷涂工件输送作业设备，消雾及废水、废气处理设备等。喷涂中的主要问题是高度分散的漆雾和挥发出来的溶剂，既污染环境，不利于人体健康，又浪费涂料，造成经济损失。

(a) 手工喷涂

(b) 全自动喷涂

图 5.19 喷涂作业方式

2）染色

热塑性塑料原料大部分是透明或呈乳白色，而精密塑件常常对颜色提出各种要求，光学仪器中的零件需要制成黑色以防止漏光和消除杂散光，外观零件常根据设计需要而使用不同的颜色。所以在塑料制品的加工之前需要进行染色，即在塑料中配以不同分量的染料进行比例混合，热塑性塑料的染色方法有以下三种：

第一种方法是干染色法。将一定比例的染料和塑料原料装入旋转滚筒中，并加入 0.01% ～ 0.1% 的硬脂酸锌或白矿油作为润湿剂使塑料易于和染料黏合，转动滚筒使塑料与染料完全混合均匀。第二种方法是挤压染色法。该方法是先将染料和塑料按干染色法进行混合，然后用专用挤压机挤成细条状，切成粒状。该方法的色混合良好，有助于分散不良的颜料。第三种方法是干燥浓厚染色法。这种方法基本与挤压染色法一样，不同的是染料在塑料中的比例相比于挤压染色法要高出 10 倍以上，注塑时可以加入多倍的原色塑料来调稀使用。

塑料染色时应注意下面几点：在染色前要对制品进行脱脂，然后用水洗净；为切削品染色时，则必须提高染料浓度；为了防止气泡等的黏附，在染料水溶剂中可添加少量的非离子型活性剂；不要将染料液煮沸。

5.3.9　加金属光泽

如表面需有金属光泽时，有以下几种方法。

1）真空蒸镀

真空蒸镀法是在高真空下将金属加热，使其熔融、蒸发，冷却后在样品表面形成金属薄膜的方法。加热金属的方法有利用电阻产生的热能，也有利用电子束的。在对树脂实施蒸镀时，为了确保金属冷却时所散发出的热量不使树脂变形，必须对蒸镀时间进行调整。此外，熔点、沸点太高的金属或合金不适合于蒸镀。

真空蒸镀工艺包括四个步骤：

（1）脱脂与表面处理。用丙酮或酒精进行清洗或用电晕放电处理、紫外线照射处理等。特别是像夺钢（聚甲醛）这种与涂料的密接性较差的材料，通过表面处理可以使材料的润湿性得到改善。

（2）底面涂布 / 硬化处理。为了得到精美的蒸镀膜，有时必须进行底面涂布处理。进行底面涂布处理可以改善树脂与蒸镀膜之间的密接性，将成形品表面的微小凹凸部分填平，以获得如镜面一样的表面。

（3）真空蒸镀。蒸镀用金属铝、金等。

（4）表面涂布 / 硬化处理。由真空蒸镀所产生的金属薄膜相当薄，为利用外界的化学、物理等性能，以达到保护蒸镀膜的目的，有时需要实施表面涂布处理。表面涂布就是使用透明的涂料，与底面涂布一样，采用与涂布相同的工艺进行涂布、固化。

2）喷镀

喷镀如同电镀或蒸镀一样，是在树脂等表面涂布金属薄膜的手法之一。尽管喷镀与蒸镀在技术上非常相似，但蒸镀是在减压容器内，使加热、蒸发的金属蒸气附着在树脂表面；而喷镀是让加速离子与金属发生碰撞，在反作用力的作用下使释放出的金属原子附着在树脂的表面。

由于金属原子的能量低于蒸镀能量，即使是耐热性较差的树脂材料，在其表面亦可生成稳定性良好的金属薄膜。此外，还可生成合金、高熔点的金属膜。因需要大型中间电极，故极少看到喷镀金、银这样高价金属的范例。

3）电镀

电镀就是利用电解原理在某些工件表面上镀上一薄层其他金属或合金的过程，是利用电解作用使金属或其他材料制件的表面附着一层金属膜的工艺，从而起到提高耐磨性、导电性、反光性、抗腐蚀性（硫酸铜等）及增进美观等作用。

电镀时，镀层金属或其他不溶性材料做阳极，待镀的工件做阴极，镀层金属的阳离子在待镀工件表面被还原形成镀层。为排除其他阳离子的干扰，且使镀层均匀、牢固，需用含镀层金属阳离子的溶液做电镀液，以保持镀层金属阳离子的浓度不变。电镀的目的是在基材上镀上金属镀层，改变基材表面性质或尺寸。电镀能提高金属等工件的抗腐蚀性（镀层金属多采用耐腐蚀的金属）、增加硬度、防止磨耗、提高导电性、光滑性、耐热性和使表面美观（图 5.20）。

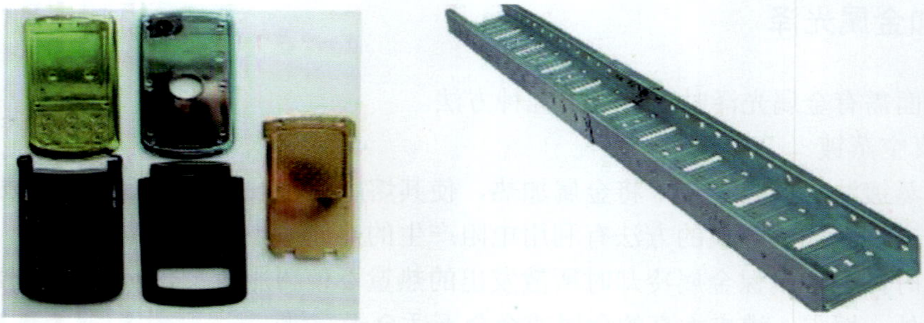

(a) 真空电镀的手机壳　　(b) 镀锌的桥架

图 5.20　电镀后的塑料制品

5.4　塑料制品鉴赏

塑料制品具有抗腐蚀能力强、制造成本低、耐用等优点。它的出现不但给人们的生活带来了很多方便，而且极大地带动了工业的发展。同时，塑料是一种很轻的物质，非常容易加工成型。用较低的温度加热就能使它变软，然后就可以做成各种形状的物品。因此，塑料制品在具备实用性的同时，还具有一定的观赏性。上面介绍了塑料制品的各种表面处理和装饰方法及技术，随着这些方法和技术的改进和提高，塑料制品也具有了各自不同的形态和色泽。下面我们选取了若干塑料制品供读者赏析。

5.4.1 经典塑料产品鉴赏

1）Cifra 3 时钟

1967 年，意大利建筑师吉诺・瓦莱（Gino Valle）为 Solari 公司设计了一款数字滚动时钟。Solari 公司是一家专业制造厂家，其专为世界各国运输行业生产数字式显示时钟及时刻表。这种新款 Cifra 3 型号时钟（图 5.21）明显比传统公共汽车站、火车、站台上使用的时钟小很多，只有 10cm 长，且仅用于意大利国内。这款时钟呈光滑的外圆柱形，可摆放在水平面上。采用透明聚甲基丙烯酸甲酯（PMMA）材料制成的前挡盖，设计成曲线板状，从而将可旋转活页显示板装饰得更加巧妙。丙烯腈 - 苯乙烯 - 丁二烯共聚物（ABS）材料制成的钟座外壳，采用顺延曲线环绕向后的设计风格，同时精巧地在时钟背后设置安放两节圆柱形 1.5V 电池。时钟采用红、白、绿三种颜色搭配，其灵感源自于意大利国旗颜色。此产品投放市场 30 多年后，应现代艺术博物馆的委托，重新投入生产。至今，这种具备鲜明爱国色彩的新颖时钟总共生产了 15 000 座。如今看来，其外观或许不那么引人注目，但它们的的确确称得上塑料工业发展百年史上的一座里程碑。

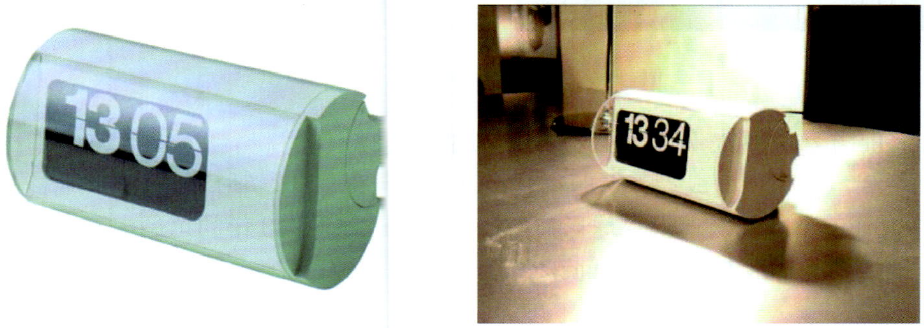

图 5.21　Cifra 3 型数字滚动型时钟

2）塑料手把剪刀

FISKARS 公司于 20 世纪 60 年代早期开始设计和生产一款用塑料作手把的新型剪刀，以避免传统剪刀常出现的卡夹大拇指和中指等问题。由 FISKARS 公司首创的 CLASSIC 系列剪刀（图 5.22），运用塑料模塑成橘色、光滑环套手把，能够便利舒服地使用。所设计的环状手指护套是其与众不同的特色，其中，朝上的指环护套紧套在大拇指的根部，朝下的指环护套可放进一个或多个手指，可使之与大拇指使出的力大小相当。

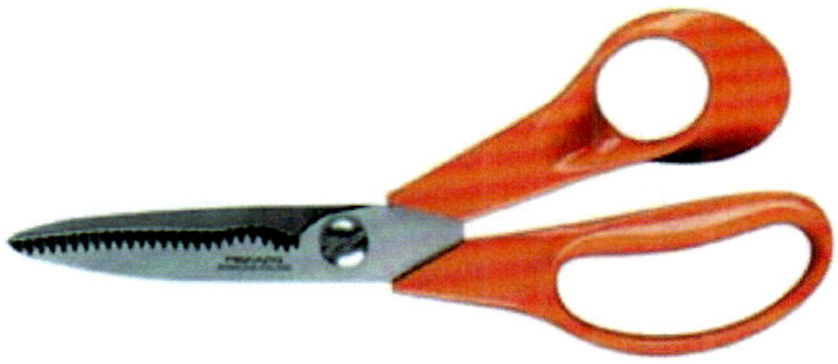

图 5.22　CLASSIC 系列塑料手把剪刀

这种通用型橘色手把剪刀从 1967 年开始生产，此后 FISKARS 公司成功推出众多系列的剪刀款式（包含有刺绣剪、裁缝剪和理发剪），这些剪刀出口到世界各地。其塑料手把大多由 PBT 材料制成，这种材料耐普通化学药品性（如溶剂和润滑油脂），能够进行机械冲铣，且相当耐用，在太阳直射下能够持久使用，可在 140℃的高温高压状态下杀菌。

3）Pastille 摇椅

20 世纪 60 年代，芬兰室内及工业设计师艾洛·阿尼奥（Eero Aarnio）注意到因 JFK 载人登月行动通告引发的公众对太空旅行的强烈兴趣，由此迸发出了设计一系列新颖的现代化和功能化椅子的灵感，从而设计出了 Pastille 室内、外用摇椅（图 5.23）。该摇椅既是塑料制品，也是运动娱乐产品，能舒适地漂浮于游泳池微波上或休闲地毯堆上。

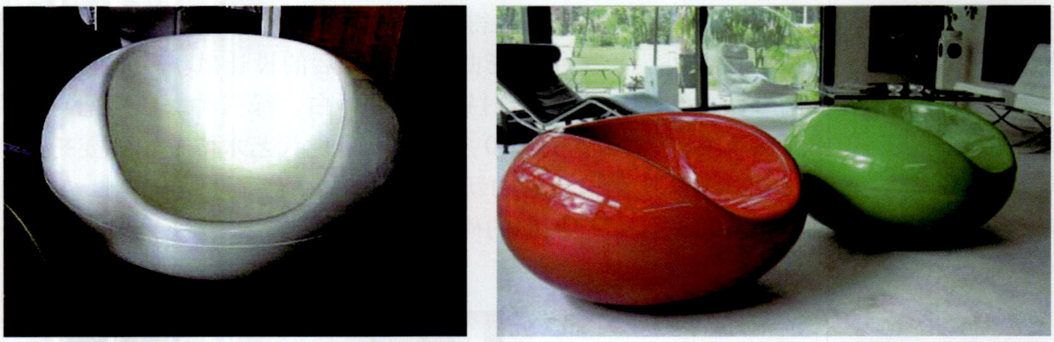

图 5.23 Pastille 摇椅

Pastille 系列室内、外用玻纤摇椅，都是采用现代化材料和生产工艺来制造的。正是这个系列，使阿尼奥成为著名的家具设计师。从那时起，他所设计的其他椅子，包括 1963 年设计的单低腿玻璃钢“球形椅”（ball chair）和 1968 年的可吊在天花板上的有机玻璃、镀铬钢制“泡泡椅”（bubble chair）均深受人们喜爱。

5.4.2 现代优秀塑料制品鉴赏

1）IZZY

IZZY 是一款由塑料制成的自行车（图 5.24），其不仅具有很强的安全性和舒适性，还拥有美丽的外观。为了提高城市脚踏车给消费者带来的与众不同的体验，并能够循环利用，该自行车采用了可循环的材料，且车型设计非常时尚。它是一款有益健康且十分环保的自行车，是个人旅行的优选。

该款自行车采用了许多创新型的配置，拥有流畅的车身造型。其包括了两个独立的刹车和三维照明设施，这些创新型的配置归因于该自行车独特的塑料结构设计。消费者可根据个人爱好，更换自行车零配件、颜色，其成本适中，适合广大消费者。没有链条的 IZZY 自行车在使用时能很好地传递踩踏力，虽然它是一款折叠自行车，但其车身是由 29 轮径的轮组组成，车子的折叠也很简便，可以实现“秒折”，虽然车身折叠后长度只有 0.9m，但稳定性的确非常好。

图 5.24　IZZY 自行车

2）BOPP 材料果汁瓶

BOPP 是“biaxially oriented polypropylene”的简称，即双向拉伸聚丙烯薄膜。BOPP 具有材质透明、耐热性强、重量轻、不易破损、成本较低、环保适应性好等优点。其耐热性经由 PP 拉伸工艺而提高，其瓶口无须特殊设施处理，使阻氧特性大大提升；贮存期较长，易回收，产品成本比 PET 瓶便宜 20% 以上，已获得广泛的使用。

全球著名的果汁饮料生产商 Tampico 采用 BOPP 容器作为儿童果汁饮料产品的包装（图 5.25）。Milliken 设计的 Tampico 热填充瓶，在热填充的条件下，瓶子不变形，还提高了硬度，缩减了运作周期。虽然在果汁里没有使用防腐剂，然而内容物在较高的温度环境下依然能保鲜。

图 5.25　BOPP 材料果汁瓶

3）德国 SIMONA 防渗漏油箱

该油箱采用了一种完全不同的新工艺——两板工艺，即用两片经过真空成形、多层共挤 PE 板材来制作（图 5.26）。这种工艺的最大优点是，可以在上、下两部分焊在一起

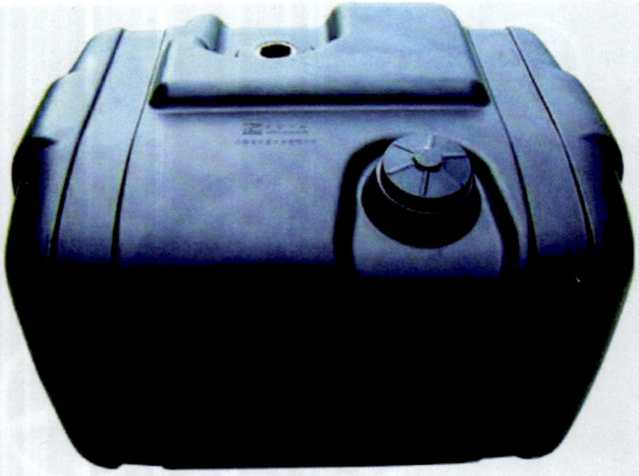

图 5.26　德国 SIMONA 防渗漏油箱

之前，将全部的油箱部件用最便捷的方法放入油箱内适宜的位置。这种方法不再需要打工艺孔，生产的油箱一般只需加油和排气两个孔，能够完美地满足低排放（LEV）和部分零排放（PZEV）的排放指标。

将油箱外部的零件转移到油箱内，不会如以往设计那样需要容纳油箱外部零件，如此油箱的容量便能得到提升。此外，这种新工艺还减轻了装配油箱外零件的烦琐任务，而是在热成形中应用机械手完成零件的装配。与此同时，两板工艺比吹塑法具备明显的成本优势，特别是热成形容许成本要求较低的机具。热成形也为有效实施小批量生产打下了很好的基础。另外，因为壁厚比较均匀，所以吹塑法要比真空成形油箱使用的原材料多 5% ～ 10%。

与吹塑法比较，柔性生产降低了成本，由于对机器的依存度在成形过程中比较低，因此真空成形油箱更合适柔性工程的定义。在汽车组装厂生产油箱使汽车厂可以不必搬运很占空间的成品油箱，成托盘紧凑布置的片材能够很便捷高效地运输。

传统油箱由不锈钢板制成，而如今世界范围内 63% 以上的油箱都已使用塑料，在欧洲地区这一比例更高，已超过 80%。由于塑料的重量轻、耐腐蚀，并且易于模塑成形的特点，使得塑料油箱的生产发展非常迅速。

4）3M 自亮号牌

3M 公司的专家结合安全和设计两个主题，为汽车工业设计出了新型号牌系统——自亮号牌（图 5.27）。其突出特点是号牌不再依靠外部资源进行照明，而是由其内部的平板灯来发光。存储于其中的发光二极管，透过一个仅几毫米厚的 Degussa PLEXIGLAS GS1002 板将光线投射出来。

图 5.27　3M 自亮号牌

此前 PLEXIGLAS GS1002 主要用于各种灯光信号或广告板的展示。它能够透过整个平面将光线均匀柔和地射出，其对光线优异的散射特性可按不同的工程要求进行调节。在这一运用中，结合 3M 膜片的特殊功能，光线能够按照设计均匀地直射在号牌板上。多年的汽车尾灯和转向灯运用实践证明，与其他塑料比较，这一材料不仅具有出众的光学性能，而且具有优异的防黄变功能。

5）超声波盲人拐杖 UltraCane

一家英国公司 Sound Foresight 开发出一种专供盲人使用的塑料拐杖（图 5.28）。这种拐杖可以发射超声波，当遇到障碍物时，超声波会反射回来"告知"安装在拐杖上的一个按钮，以此提示盲人障碍物的具体位置，故命名为 UltraCane。该拐杖全部是由塑料制作，其主要零件由 ABS 和 PC 材料混合制造，拐杖底部的探测器是由 PA 材料制成，由 TPE 材料制成的手把让使用者拥有舒适的手感。

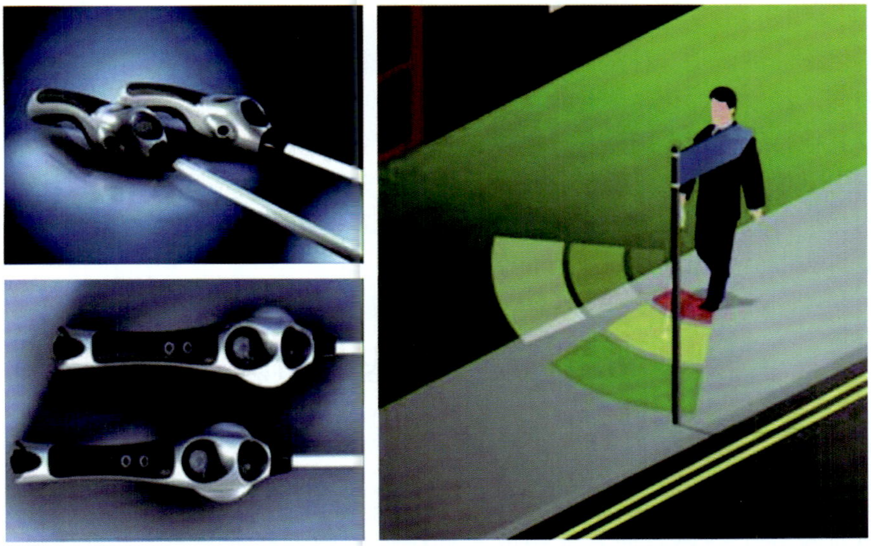

图 5.28　超声波盲人拐杖 UltraCane

参 考 文 献

樊新民，车剑飞 . 2005. 工程塑料及其应用 [M]. 北京：机械工业出版社 .
刘亚青 . 2006. 工程塑料成型加工技术 [M]. 2 版 . 北京：化学工业出版社 .
刘正英，杨鸣波 . 2008. 工程塑料改性技术 [M]. 北京：化学工业出版社 .
王介民 . 2001. 工业产品艺术造型设计 [M]. 北京：清华大学出版社 .
吴崇周 . 2008. 塑料加工原理及应用 [M]. 2 版 . 北京：化学化工出版社 .
吴海宏 . 2009. 现代工程塑料 [M]. 2 版 . 北京：机械工业出版社 .
Cai. 塑料制品赏析 . http://max.book118.com/html/2015/0611/18825717.shtm [2017-08-14].

第6章 涂料及其涂装工艺

涂料俗称油漆，是一种呈流动状态（少量呈粉末状态）的有机物质，能方便地涂敷在物体表面，经物理、化学变化形成具有一定附着力的涂层，从而对物体起到保护、装饰美化及其他特殊作用。随着科学技术的发展，各种新型有机树脂不断被合成，油漆的面貌也发生了根本性变化。涂料在工业、生活、建筑等方面应用越来越广泛，由于其简单有效的保护方式更加得到人们的青睐。而其色彩的搭配、光泽感更刺激着人们的美学感官，是其从古至今一直得到欢迎的原因。

6.1 涂料的基本知识

6.1.1 涂料的定义

涂料是覆盖于物体表面且能结成坚韧保护膜的物料的总称。以前常被称为“油漆”，是因为采用植物油作为成膜物质。自20世纪以来，由于各种合成树脂获得迅速发展，用其作为主要成分配制的涂装材料被更广义地称为“涂料”。最早出现的是清油和厚漆。清油是单纯由植物油熬炼而成。清油加颜料、填充剂制成的糊状物称为厚漆。最初的调和漆是厚漆加清油调制而成的，目的是便于涂布。后来，为提高漆膜的光泽度和改进漆膜的性能，加进了天然树脂或合成树脂。加有树脂的清油称清漆，清漆加颜料后即为色漆，因为漆膜光亮，和搪瓷一般，因而又称为磁漆（或瓷漆）。

石油化工和有机合成工业的发展，为涂料工业提供了新的原料来源，使许多新型涂料不再使用植物油脂。所以，“油漆”这个名词就显得不够贴切，而代之以“涂料”这个新的名词。因此，可以这样定义涂料：涂料是一种可用刷、涂、淋、浸、喷等特定的施工方法涂布在物体表面上，经过固化能形成连续性涂膜（即涂层）并能通过涂膜对被涂物体起到保护、装饰等作用的物质。

6.1.2 涂料的作用

人类自远古以来，就使用涂料。如古埃及人在木乃伊箱上使用油漆。从古至今，中国漆器更是名扬世界。进入近代文明社会以来，涂料的应用更是日益广泛。总的说来，涂料的作用大致分述如下。

1）保护作用

金属、木材等材料长期暴露在空气中会受到水分、气体、微生物、紫外线辐射等的侵蚀，若使用涂料就能延长其使用期限，因为涂料的涂膜能防止材料磨损并能隔绝外界的有害影响。对金属来说，有些涂料还能起缓蚀作用，如磷化底漆可使金属表面钝化。一座钢铁桥梁如果不用涂料保护，其寿命只有几十年，而用涂料保护并且维护得当，则可以有百年以上的寿命。

2）装饰作用

涂料的装饰作用主要通过色彩、光泽和纹理三个方面实现。用色彩来美化产品与环境是人类情感的需要。涂料很容易搭配出成千上万的色彩，甚至可以做出各种立体质感的效果（如锤纹、晶纹、橘纹等）。房屋、家具、日常用品涂上涂料，可使人感到美观和舒适。机器设备涂上锤纹漆，不但美观，而且可以经常用水或上光脂擦洗打光。

3）色彩标志

目前，应用涂料作色彩标志在国际上已逐渐标准化。人们往往将明度高、反差强烈的几种色彩，如红、橙、黄、绿、白、黑等，用于产品标识。各种化学品、危险品的容器可利用涂料的色彩作为标志，以引起人们的警觉；各种管道、机械设备也可用各种颜色的涂料作为标志，以保障其安全；道路划线、交通标识也可用不同色彩的涂料来表示警告、危险、停止、前进等信号。随着时代的发展，新兴的现代装饰不断推出个性化装饰、欧式涂装、特殊墙艺装饰（别名：艺术涂装、艺术涂料、美术涂饰），这些都需要丰富多彩的涂料来实现其装饰目的。为适应现代市场快节奏的需求，许多厂家推出了个性化调色中心。目前涂料生产厂家一般备有黑、白、红、绿、蓝、黄、青、紫等色浆。用于调色涂料的混合配色遵循减色法原理，其三原色是黄、青、紫，它们的互补色是蓝、红、绿。

4）特殊用途

在一些特定的场合使用的涂料具有特殊的作用：船底被海洋生物附着后就会影响航行速度，用船底防污涂料就能使海洋生物不再附着；导电的涂料可移去静电，而电阻大的涂料可达到加热保温的目的；空间计划中需要能吸收或反射辐射的涂料，导弹外壳的涂料在其进入大气层时能消耗自身同时也能使摩擦生成的强热消散，从而保护了导弹外壳；吸收声音的涂料可使潜艇增加下潜深度。涂料的特殊作用在现代科技产品上的应用日益广泛。

5）其他作用

在日常生活中，涂料用于纸、塑料薄膜、皮革服装等上面，使它们能抗水以及使服装具有抗皱的性质。

涂料的这些特殊作用，增加了产品的使用性能，拓宽了使用范围，从而对涂料的涂装技术提出了更高要求。

6.1.3　涂料的组成

涂料一般由不挥发分和挥发分组成。它在物体表面涂布后，其挥发分逐渐挥发逸去，留下不挥发分干后成膜，所以不挥发分又称为成膜物质。成膜物质又可分为主要、次要、辅助成膜物质三类。

主要成膜物质可以单独成膜，也可以与黏结材料等次要成膜物质共同成膜，它是涂料的基础，简称基料。成膜物质决定涂料层的性质，其必须与物面和颜料具有良好的结合力。原则上各种天然的（油料）和合成的聚合物（树脂）都可作为成膜物质。与塑料、纤维、橡胶等相比，涂料所用聚合物平均分子量一般较低。主要分为反应性成膜物质和非反应性成膜物质。

反应性成膜物质：将其涂覆于物面后，在一定条件下聚合或缩聚而形成坚韧的膜层。如：植物油、天然树脂、环氧树脂、氨基树脂、醇酸树脂等。植物油有干性油（如桐油、葵花籽油），半干性油（如豆油、芝麻油）以及非干性油（如橄榄油、花生油）。

非反应性成膜物质：由溶解或分散于液态介质中的线型聚合物构成。涂布后，由于液态介质的挥发而形成聚合物膜。如纤维素衍生物、氯化橡胶、乙烯基聚合物、丙烯酸树脂。

与此同时，由于涂料的品种不同，有些组成可以省略。如各种罩光清漆就是没有颜料和体质颜料的透明体；腻是加入大量体质颜料的稠厚浆状体；色漆（包括磁漆、调和漆和底漆在内）是加入适量的颜料和体质颜料的不透明体。由低度的液体树脂作基料，加入挥发性的稀释剂的称为无溶剂涂料，基料呈粉状而又不加入溶剂的称为粉末涂料；一般用有机溶剂的称为溶剂型涂料，而用水作稀释剂的称为水性涂料。

颜料是涂料的次要成膜物质，可使涂料着色，提高涂膜的强度、耐磨性。主要为金属氧化物或各种染料。常用无机颜料有铬黄（$PbCrO_4$）、铬绿（Cr_2O_3）、铁黄（FeOOH）、铁红（Fe_2O_3）、氧化锌、钛白粉、铁黑等。其中以铁红最重要，其着色好、抗辐射、热稳定性优良。金属颜料有铝粉、铜粉等；有机颜料有炭黑、酞菁蓝、耐光黄、大红粉等；特种颜料如夜光粉、荧光颜料等。涂料工业中还会使用到提质颜料，如重晶石粉、碳酸钙、滑石粉、石棉粉、云母粉、石英粉等。其不具有遮盖力和着色力，却可改进涂料的流动性能，提高膜层的力学性能和耐久性、光泽，并降低成本。故又称填充剂或增量剂。

辅助成膜物质包括稀料（如溶剂）和助剂。溶剂是用来溶解并稀释涂料的挥发性液体，可分为水性和油性两大类，选择合适的溶剂对涂料的制备、储存、施工是非常重要的。乳胶漆是主要的水性漆，它是以石油化工产品为原料而合成的乳液为黏合剂，用水为分散体的一类涂料。具有不污染环境、安全无毒、无火灾危险、施工方便、涂膜干燥快、保光保色性好、透气性好等特点，一般用于抹灰面或砼（tóng）面的粉刷。

其他助剂包括：①催干剂，促进膜层聚合或交联的催化剂。常用的有环烷酸、辛酸、松香酸及亚油酸的铝盐、钴盐和锰盐，其次是有机酸的铅盐和锆盐。②增塑剂，为提高漆膜柔性而加入的有机添加剂。如氯化石蜡、邻苯二甲酸二丁酯（DBP）及邻苯二甲酸二辛酯（DOP）。③增稠剂及稀释剂，为提高涂料的黏度而加入的增稠剂有纤维素醚类、细分散的二氧化硅以及黏土等。为降低涂料黏度而加入的稀释剂有乙醇、丙酮等。

涂料中的其他添加成分还有杀菌剂、颜料分散剂以及为延长储存期而加入的阻聚剂、防结皮剂等。

6.1.4　涂料的分类

涂料应用广、功能多，品种已逾千种。其分类方法在国际上很不一致。根据长期以来形成的习惯，国际上涂料的分类主要有以下几种方法：

（1）按用途来分类：如建筑用漆、船舶用漆、电气绝缘漆、汽车用漆等。

（2）按施工方法分类：如刷用漆、喷漆、烘漆、流态床涂装用漆等。

（3）按涂料的作用分类：如打底漆、防锈漆、防腐漆、防火漆、耐高温漆、头度漆、二度漆等。

（4）按漆膜外观分类：如大红漆、有光漆、无光漆、半光漆、皱纹漆、锤纹漆等。

此外，常见的还有一些其他分类方法。

（1）按涂膜干燥方式：自干漆、烘干漆、湿固化漆和光固化漆等。

（2）按使用层次：腻子、底漆、二道底漆、面漆（调和漆、磁漆、罩光漆）。

（3）按施工方法：刷漆、辊漆、喷涂、浸涂、淋涂、电泳涂料等。

（4）按漆膜外观：清漆、色漆；按漆膜表面外观：皱纹漆、锤纹漆、橘形漆、浮雕漆等。

（5）按主要成膜物质：我国 1966 年起采用以涂料中主要成膜物质（树脂类型）为基础的分类法，将涂料分为 18 类（如油性漆类、天然树脂类、合成树脂类），并规定了涂料的命名原则（全名由颜色或颜料名称加上成膜物质名称、基本名称），如红醇酸磁漆、锌黄酚醛防锈漆等。其中，油性涂料（即油基树脂漆）包括油脂类漆、天然树脂漆、沥青漆等，属低档漆；合成树脂类属高档漆，包括酚醛漆、醇酸漆、氨基漆、乙烯漆、聚酯漆、环氧漆、丙烯酸漆等。

（6）按涂料的形态：固态涂料、液态涂料。固态涂料（即粉体涂料）的全部组成物为固体，采用喷涂、静电喷涂等工艺施工，主要为聚乙烯、聚氯乙烯和尼龙粉体，多用于防腐和纺织；液态涂料包括溶剂型涂料、水乳性涂料、水溶性涂料。

（7）按涂料的光泽（即漆膜表面将投射其上的光线反射出去的能力，反射的光量越多则其光泽度越高）：漆膜光泽是装饰性涂层的一项重要指标。涂膜的光泽度是采用固定角度的光泽仪来测定的。乳胶漆的光泽度可分为以下几档：高光＞ 85；半光 40 ～ 60；蛋壳光 10 ～ 20；平光＜ 5。包括高光型或有光型涂料、丝光型或半定型涂料、无光型或亚光型涂料。

（8）按涂刷部位：内墙涂料、外墙涂料、地坪涂料、屋顶涂料、顶棚涂料等。

（9）按涂料涂层状态：平涂涂料、砂壁状涂料、含石英砂的装饰涂料、仿石涂料等。

（10）按涂料的特殊性能：建筑涂料、防腐涂料、汽车涂料、防露涂料、保湿涂料、弹性涂料、防震涂料、防火涂料、生态涂料（以纯天然油料和石蜡为主）等。

6.1.5　涂料的原理

涂料涂布于物体表面上后，由液体或不连续的粉末状态转变为致密的固体连续薄膜的过程，称为涂膜的干燥或固化。涂膜干燥是涂料施工的主要内容之一。该过程不仅占用很多时间，而且有时能耗很高，因而对涂料施工的效率和经济性产生重大的影响。

涂膜的固化机理有三种类型，一种是物理机理，其余两种是化学机理。

第一，物理机理固化。只靠涂料中液体（溶剂或分散相）蒸发而得到干硬涂膜的干燥过程称为物理机理固化。高聚物在制成涂料时已经具有较大的相对分子质量，失去溶剂后就变硬而不黏，在干燥过程中，高聚物不发生化学反应。

第二，涂料与空气发生反应的交联固化。氧气能与干性植物油和其他不饱和化合物反应而产生游离基并引起聚合反应，水分也能和异氰酸酯发生反应，这两种反应都能得到交联的涂膜，所以在储存期间，涂料罐必须密封良好，与空气隔绝，通常用相对分子质量低的聚合物（相对分子质量 1000 ～ 5000）或相对分子质量较大的简单分子，这样，涂料的固体组分可以高一些。

第三，涂料之间发生反应的交联固化。涂料在储存间必须保持稳定，可以用双组分涂料法或是选用在常温下互不发生反应，只是在高温下或是受到辐射时才发生反应的组分。

6.1.6 我国涂料的发展状况

人均年使用涂料量是一个国家生活水平的重要指标。20 世纪 80 年代以来，我国油漆涂料的产量一直以 10% 以上的年增长速度高速发展。其间引进和发展了许多新的涂料品种，淘汰了一些过时的品种，极大地缩小了与发达国家的差距。目前，对照国外涂料行业发展经验，我国的涂料行业还有一定的差距，同时也有很大的发展空间。从统计数据来看，发达国家人均涂料消耗量在每年 10kg 以上，我国目前只有 2.4kg。随着社会经济的发展，我国涂料行业必将不断发展，前景非常广阔。

6.2 产品造型中常用的涂料

环顾我们身边的各类产品、设备、生活和生产用具，其表面大都采用了涂料进行美化和保护。涂料工业发展迅速，种类繁多，下面结合产品造型特点简要介绍一些广为应用的涂料。

6.2.1 油基树脂漆

1）油脂类漆

以植物油或植物油加天然树脂 / 改性酚醛树脂为基的涂料。有清油（干性油加工而成）、清漆（清油 + 树脂）、调和漆（清漆 + 颜料）等类型。按油度比（树脂：油），可分为长油度（1 ： 3）、中油度（1 ： 2 ～ 3）、短油度（1 ： 0.5 ～ 2）。

油脂类漆的主要成分包括植物油、树脂、催干剂以及溶剂。植物油的主要成分为甘油三酯。亚麻油、桐油、梓油、大麻油含不饱和脂肪酸，可进行氧化聚合而自行干燥，为干性油（碘值＞ 130）。豆油、芝麻油、棉籽油等的干燥速度稍慢，为半干性油（碘值 100 ～ 130）。不能自行干燥的蓖麻油、椰子油等属非干性油（碘值＜ 100），一般用于增塑剂和制造合成树脂。常用树脂为松香加工树脂（松香经加工而制得的松香皂、酯类等）、松香改性酚醛树脂、丁醇醚化酚醛树脂、石油树脂、古马隆树脂等。催干剂主要为油类氧化的催化剂（钴、锰的有机酸皂类，如环烷酸钴），钙和锌的有机酸皂类是常用助催干剂。溶剂主要为油漆溶剂油、二甲苯及松节油。

油脂类漆的应用范围非常广泛。例如，清油（沸炼油，boiled oil），主成分为干性油、干燥剂，一般作为油漆调和用。清漆（清油 + 树脂）一般直接涂饰家具或作为打底用漆；亮光漆（varnish）主成分为干性油、树脂、干燥剂、溶剂，一般用于建筑物、木制品表面；调和漆（清油 + 树脂 + 颜料，ready mixed paint），适于涂刷门窗（抗水和耐阳光），以及钢铁制品。

2）大漆（中国漆）

大漆是一种天然漆（漆树的分泌物）。新从漆树剖出的漆汁含有相当多的水分，称为生漆或土漆（urushiol coating）。生漆脱水后成为深色黏稠状物，称为熟漆。可用桐油等稀释，其本色呈紫黑，甚为秀美，古色古香。主要用于漆器、家具、高级木制品。

生漆的主成分为漆酚（即含有不同脂肪烃取代基的邻苯二酚混合物，50% ～ 80%），以及 1% 漆酶（天然催干剂）和 20% ～ 40% 的水分，1% ～ 5% 油分，3.5% ～ 9% 的树脂质（即松香质，为多糖类化合物，起悬浮和稳定剂作用）。

3）色漆（磁漆，enamel paint）

用大漆加丹砂、雄（雌）黄、红土、白土等制成的色漆，通常在较高湿度（70% ～ 80% 相对湿度）下氧化成膜。主要用于木器、钢铁制品、建筑物等。其膜坚韧、光亮，质地甚好，易干而不裂，还可加二氧化锰、蛋清及氧化铅以催干。因为此类生漆的干燥受所含漆酶的催化作用，其适宜温度为 20 ～ 30℃，相对湿度为 80%。

4）沥青漆（bituminous solution）

沥青漆为天然树脂漆，是以沥青为基料，加入植物油、树脂、催干剂、颜料、填料等助剂而制成的涂料。利用沥青涂饰物件在我国已有悠久历史，它是一种热塑性材料，遇热就熔化，遇冷就硬结成膜，价廉易得，施工方便。由于沥青漆具有耐水、耐酸和电绝缘等性能，漆膜光亮平滑，至今在产品装饰中仍占有一定地位，如：路面、钢铁防锈用。

5）其他天然树脂漆

天然树脂漆还包括卡秀漆（cashew coating）、洋干漆（shellac varnish）和柯巴漆（copal varnish）等。卡秀漆也是一种常用的天然漆，其主要成分为天然植物性树脂，主要用于漆器、家具、高级木制品。洋干漆主要由虫胶和酒精混合而成，常用于木制品。柯巴漆主要成分为柯巴胶、蓖麻油、酒精，也常用于木制品表面。

6）合成树脂漆

主要合成树脂漆包括醇酸树脂漆、环氧漆、氨基烘漆、聚氨酯漆、丙烯酸漆、乙烯基树脂漆、氟树脂漆、酚醛树脂漆等。

醇酸树脂漆由醇酸树脂、颜料、填料、催干剂、抗结皮剂、溶剂汽油或松香水配成。其涂膜光亮、保光性强、耐久性好，适用于金属底漆。由于其性价比高，可广泛用于金属、木器、家庭装修、农机、汽车、建筑等的一般防护、装饰性涂装。

环氧漆常为双组分（树脂组分，固化剂组分）。按固化剂类型，可分为：胺固化型、合成树脂固化型、脂肪酸酯化型。环氧树脂可制成无溶剂漆和粉末涂料，漆膜坚韧耐磨，普遍具有极强的附着力，良好的耐水、耐化学性和热稳定性，但漆膜外观和耐候性差，主要用于造船工业、汽车工业（防腐底漆）、地坪以及电气和化工行业等。

氨基烘漆由各种改性 / 共聚氨基树脂、醇酸树脂、颜料、丁醇和二甲苯配制而成，需中温烘烤固化。氨基烘漆因所用氨基树脂、醇酸树脂品种和配比的差异而呈现出不同的特性和应用。氨基醇酸烘漆为应用最广的工业用漆，其涂膜光亮、坚硬，主要用于交通工具、家用电器、仪器仪表、木器家具、金属的外表装饰。

聚氨酯漆由于树脂分子链含有氨基甲基酯基，涂膜的坚韧和耐磨性特别优异，且附着力强、耐化学腐蚀，漆膜丰满光亮，广泛用作地板漆、甲板漆、纱管漆，以及汽车、木器家具、仪器仪表的防腐、绝缘涂装。

纤维素漆（快干漆）以纤维素醚或纤维素为基料。常用的有：硝酸纤维素、醋酸纤维素、醋酸丁酸纤维素、乙基纤维素等。常与其他天然或合成树脂并用，以改善漆膜性能。硝化纤维喷漆（NC lacquer）主成分为硝化纤维、树脂、可塑胶、溶剂、颜料，其特点是干得快，化学稳定性好，多用于涂过颜料的木材或金属面上。醋酸纤维喷漆（acetyl cellulose lacquer）主成分为醋酸纤维、可塑剂、溶剂、颜料，主要用于纤维、纸张加工。压克力喷漆（acrylic lacquer）主成分为硝化纤维、压克力、树脂、溶剂、颜料，主要用于木制品、金属制品。乙基纤维喷漆（ethyl cellulose lacquer）主成分为树脂、可塑胶、溶剂、颜料、乙基纤维，主要用于纸张加工。

丙烯酸漆是以丙烯酸树脂为主要成膜物质而制备的一类工业用漆。丙烯酸树脂的单体经过不同工艺，可制成各种水性漆、电泳漆、乳胶体漆，也可制成粉末涂料。其具有优良的色泽和良好的保色、保光、耐热等性能，长期保存也不会变质，适合于我国东南沿海及湿热地区使用。根据其聚合时所使用的单体结构，可分为热塑性丙烯酸漆和热固性丙烯酸漆。前者广泛应用于织物、木器及金属制件，加入荧光颜料可制成发光漆，在航空工业及建筑工业（内外墙、地坪）中有广泛应用。后者固化后性能更好，在要求高装饰性的轻工产品（如汽车、家电、塑料制品等）方面应用广泛。

乙烯基树脂漆中，应用最多的是以过氯乙烯为主要成膜物质的聚氯乙烯树脂漆（vinyl conting）。它是一种挥发性涂料，漆膜固化速度比空气氧化干燥的油性漆快得多，能耐酸、碱、氧化剂、盐溶液、海水等，可在海洋和化工气氛及低温（–30℃）环境下使用，广泛应用于船舶、飞机、建筑物等的涂饰。

此外，不饱和聚酯漆可用于木器家具、化学防腐、金属防护、地坪。天然橡胶经化学处理变为分子量较低的环化橡胶、氯化橡胶制成的橡胶漆，主要用于防腐、防护、水闸、交通工具等。酚醛漆应用最早，有清漆、绝缘漆、耐酸漆、地板漆等。

6.2.2 水性树脂涂料

以合成树脂代替油脂，以水代替有机溶剂，是涂料工业发展的两个主要方向。与一般树脂型树脂涂料不同，水溶性树脂涂料以水为溶剂，可避免一些有毒或易燃有机溶剂在施工时发生的危险。其性能大都超过同类溶剂型品种，因而发展迅速，应用范围越来越广，是一种很有发展前途的品种，目前使用的水溶性树脂涂料主要指以水为溶剂的水溶性聚合物涂料或以水为介质的乳胶型涂料。

1）水溶性漆（water soluble paint）

主要成分为水溶性树脂、颜料、清水。常用聚合物有水溶性油、环氧树脂、醇酸树脂、聚丙烯酸树脂等。聚合物一般不溶于水，通过某种方法可使之溶于水。如：氨基聚合物以羧酸中和成盐；羟基聚合物用胺或碱中和成盐；皂化（从聚乙酸乙烯酯制取可溶于水的聚乙烯醇）。

水溶性树脂漆常用于钢铁制品表面。除可采用喷、涂、刷等方法涂布外，还可采用电沉积法（电泳）进行施工。

2）乳胶涂料（emulsion paint）

以石油化工产品为原料而合成的乳液为黏合剂，用水为分散体，加入颜料、提质颜料、保护胶料、增塑剂、润湿剂、防冻剂、防锈剂、防霉剂等，经研磨分散即成为乳胶涂料（即乳胶漆）。

主要品种有聚乙酸乙烯乳胶漆、乙酸乙烯 - 顺丁烯二酸二丁酯共聚乳胶漆、丙烯酸类乳胶漆及丁苯乳胶漆等。具有不污染环境、安全无毒、无火灾危险、施工方便、涂膜干燥快、保光保色性好、透气性好等特点，一般用于建筑物、水泥墙的粉刷。

6.2.3　粉末涂料

粉末涂料是继水性涂料后涂料工业的又一次技术革命，它是一种以粉末形态进行涂装并形成涂膜的新型涂料。其全部组分均为固体粉末，采用喷涂、静电喷涂等工艺施工，再经加热熔化成膜。由于无须溶剂，所以生产和施工安全，几乎无污染。受生态平衡、节能和经济效益的驱使，粉末涂料有着广泛的发展前景。

一般而言，任何热塑性树脂均可制成粉末涂料。热塑性粉末涂料多用于防腐及纺织方面，应用较广的有：聚乙烯、尼龙、聚苯硫醚、线型聚酯等。

热固性粉末涂料是由反应性膜物质复合物（树脂、交联剂、颜料、填料、流平剂、抗静电剂等）混合而成。应用最广的是环氧树脂粉末涂料（管道内外壁防腐）。此外，还有聚酯型粉末涂料、聚酯 - 聚氨酯粉末涂料、聚丙烯酸酯型粉末涂料、不饱和聚酯粉末涂料以及新型复合粉末涂料。主要用于家用电器、自行车、金属家具、电子元件等作为装饰性保护涂料。

6.3　涂 装 技 术

涂装是将涂料涂敷到产品表面，从而通过物理或化学变化，使涂膜转变成具有一定附着力和特殊功能的漆膜。大多数工业产品均采用涂装工艺获得缤纷色彩和丰富质感，故产品的涂装又可称为产品的涂饰。

在涂装工艺中，直接影响涂膜质量的是涂料的选用、涂装施工方法和涂装工艺管理。对物体进行涂装时，应根据涂料种类、基层材质、施工方法、表面花饰以及涂料的配比与搭配等来安排恰当的工序，以保证质量合格。涂装施工一般步骤为：基层处理→刷底油→刮腻子→磨光→涂刷油漆。常用涂装施工方法有刷涂、滚涂、喷涂和抹涂等。

6.3.1 不同基层材质的涂饰工艺

涂装的工艺程序因产品材质、涂装类型、涂膜装饰性等级和表面平整性不同而异。产品的基层，通常可分为木质基层、金属基层、混凝土基层三大类。

1）木质基层的涂饰工艺程序

所用涂料有：油性涂料（清漆、磁漆、调和漆）、溶剂型涂料等。通常采用涂刷施工工艺。

溶剂型混色涂料的工艺程序：清扫、起钉子、除油污等→铲去脂囊、修补平整→磨砂纸→节疤处点漆片→干性油或带色干性油打底→局部刮腻子、磨光→腻子处涂干性油→第一遍满刮腻子→磨光→刷涂底层涂料→第一遍涂料→复补腻子→磨光→湿布擦净→第二遍涂料→磨光（高级涂料用水砂纸）→磨光→第二遍满刮腻子→湿布擦净→第三遍涂料。

清漆涂料工艺：清扫、起钉子、除去油污等→磨砂纸→润粉→磨砂纸→第一遍满刮腻子→磨光→第二遍满刮腻子→磨光→刷油色→第一遍清漆→拼色→复补腻子→磨光→第二遍清漆→磨光→第三遍清漆→水砂纸磨光→第四遍清漆→磨光→第五遍清漆→磨退→打砂蜡→打油蜡→擦亮。

2）金属基层的涂饰工艺

施工工序：除锈、清扫、磨砂纸→刷涂防锈涂料→局部刮腻子→磨光→第一遍刮腻子→磨光→第二遍满刮腻子→磨光→第一遍涂料→复补腻子→磨光→第二遍涂料→磨光→湿布擦净→第三遍涂料→磨光（用水砂纸）→湿布擦净→第四遍涂料。

3）混凝土及抹灰基层的涂饰

薄质涂料：包括水性涂料、合成树脂乳液涂料、溶剂型（包括油性）涂料、无机涂料等。其施工工序为：清扫→填补腻子、局部刮腻子→磨平→第一遍刮腻子→磨平→第二遍刮腻子→磨平→干性油打底→第一遍涂料→复补腻子→磨平（光）→第二遍涂料→磨平（光）→第三遍涂料→磨平（光）→第四遍涂料。

厚质涂料：包括合成树脂乳液涂料、合成树脂乳液砂壁状涂料、合成树脂轻质厚涂料、无机涂料等。其施工工序为：基层清扫→填补腻子、局部刮腻子→磨平→第一遍满刮腻子→磨平→第二遍满刮腻子→磨平→第一遍喷涂厚涂料→第二遍喷涂厚涂料→局部喷涂厚涂料。

注意事项：施工过程中要特别注意防火安全（溶剂的闪点和自燃点比较低、挥发性强），严格执行安全防范和操作规程。涂料工程施工完毕，应注意保护成品，保护成膜硬化条件及已硬化成膜的部分不受玷污。其他非涂饰部位的涂料必须在涂料干燥前清理干净。

6.3.2　主要涂漆工艺

要充分发挥涂料的装饰和保护作用，其涂装工艺是关键。涂装工艺一般包括基体表面前处理、涂装施工方法及涂膜干燥三大步骤。

漆前处理关系到漆膜的附着力和使用寿命，需根据被涂物材质、用途和涂料种类而采用不同的化学或机械处理。如金属材质表面的除油、除锈和化学处理，塑料表面脱模剂的清除和活化等，一些新型的施工工艺（如静电喷涂等）需要更严格的表面处理。

根据被涂物的具体情况，下面简要介绍几种常用的涂装施工方法：刷涂、滚涂、喷涂和抹涂。

1）刷涂

一般采用鬃刷或毛刷施涂。刷涂时，头遍横涂走刷要平直，有流坠马上刷开，回刷一次。蘸涂料要少，一刷一蘸，不宜蘸得太多，防止流淌。由上向下一刷紧挨一刷，不得留缝。第一遍干后刷第二遍，第二遍一般为竖涂。

施工注意事项：上道涂层干燥后，再进行下道涂层，间隔时间依涂料性能而定；涂料挥发快的和流平性差的，不可过多重复回刷，注意每层厚薄一致；刷罩面层时，走刷速度要均匀，涂层要匀；第一道深层涂料稠度不宜过大，深层要薄，使基层快速吸收为佳。

2）滚涂

利用滚涂辊子进行涂饰。先把涂料搅匀调至施工黏度，少量倒入平漆盘中摊开。用辊筒均匀蘸涂料后在墙面或其他被涂物上滚涂。依据施工质量要求，滚涂的涂膜应厚薄均匀，平整光滑，不流挂，不漏底，表面图案清晰均匀，颜色和谐。

施工注意事项：平面涂饰时，要求使用流平性好、黏度低的涂料；立面滚涂时，要求使用流平性小、黏度高的涂料；不要用力压滚，以保证涂料厚薄均匀。不要让辊中的涂料全部挤压出后才蘸料，应使辊内保持一定数量的涂料；接茬部位或滚涂一定数量时，应用空辊子滚压一遍，以保证滚涂饰面的均匀和完整，不留痕迹。

3）喷涂

利用压力将涂料喷涂于物面墙面上。目前常用的有空气喷涂法、热喷涂法、气雾喷涂法、静电喷涂法等。

空气喷涂适用于形状复杂的零件，且设备简单、成本低，应用范围广。其施工要点包括：将涂料调至施工所需稠度，装入贮料罐或压力供料筒中，关闭所有开关；打开空气压缩机进行调节，使其压力达到施工压力。施工喷涂压力一般在 0.4 ～ 0.8MPa 范围内；喷涂作业时，手握喷枪要稳，涂料出口应与被涂面垂直；喷枪移动时应与被喷面保持平行；喷枪运行速度一般为 400 ～ 600mm/s；喷涂时，喷嘴与被涂面的距离一般控制在 400 ～ 600mm；喷枪移动范围不能太大，一般直线喷涂 700 ～ 800mm 后下移折返喷涂下一行，选择横向或竖向往返喷涂；喷涂面的上下或左右搭接宽度为喷涂宽度的 1/3 ～ 1/2；喷涂时应先喷门、窗附近，涂层一般要求两遍成活（横一竖一）；喷枪喷不到的地方应用油刷、排笔填补。

施工注意事项：涂料稠度要适中；喷涂压力过高或过低都会影响涂膜的质感；涂料开桶后要充分搅拌均匀，有杂质要过滤；涂层接茬须留在分格缝处，以免出现明显的搭接痕迹。

施工质量要求涂膜厚度均匀，颜色一致，平整光滑，不得出现露底、皱纹、流挂、针孔、气泡和失光等现象。

4）抹涂

抹涂是用钢抹子将涂料抹压到各类物面上，其施工方法包括两步：首先抹涂底层涂料，用刷涂、滚涂方法先刷一层底层涂料作结合层。然后抹涂面层涂料。底层涂料涂饰后 2h 左右，即可用不锈钢抹压工具涂抹面层涂料，涂层厚度为 2 ～ 3mm；抹完后，间隔 1h 左右，用不锈钢抹子拍抹饰面压光，使涂料中的黏结剂在表面形成一层光亮膜；涂层干燥时间一般为 48h 以上，期间如未干燥，应注意保护。

抹涂的施工注意事项：抹涂饰面涂料时，不得回收落地灰，不得反复抹压；涂抹层的厚度为 2 ～ 3mm；工具和涂料应及时检查，如发现不干净或掺入杂物时，应清除或不用。

抹涂的施工质量要求饰面涂层表面平整光滑，色泽一致，无缺损、抹痕；饰面涂层与基层结合牢固，无空鼓，无开裂；阴阳角方正垂直，分格缝整齐顺直。

涂膜的干燥是整个涂料施工工艺中重要的一环，只有干燥得当，才能获得符合要求的高附着、均匀、致密的涂层，否则会产生起皱、麻点、针孔、失光等弊病。施工时，需根据涂料品种的干燥性能来选择相应的方法，如：硝基漆可通过溶剂挥发进行室温下的固化；油脂漆是通过化学变化固化成膜的，也可在室温下固化，但干燥速度慢；氨基漆必须加热到一定温度才能通过化学反应固化成膜，必须加热烘烤。

6.4 漆器珍品与鉴赏

漆最早的功用是书写文字，漆的髹（xiū）漆功用要晚于书写。由于漆有耐酸、耐碱、耐热、防腐等特性，用漆调色装饰器皿在我国有久远的历史。漆器具有实用功能和欣赏价值，体胎轻便，经久耐用、美观大方、古色古香，装饰不受太多限制，是传统的工艺品（图 6.1），很长一段时间为东方独有，留至今天的文物也较多。

图 6.1 髹漆屏风

据浙江余姚出土的漆碗考证，中国人使用漆的历史至少可以上溯至 7000 多年前的原始社会。经过 6000 余年的不断革新和发展，漆器的制作工艺日趋复杂、考究，品种变化万千，到明代达到了一个顶峰时期。其工艺技法大致可以分为平漆（器物表面直接平涂）、雕漆（器物表面叠涂后进行雕刻）、雕填（雕涂后凹底填入其他颜色漆料）和螺钿镶嵌，用金作装饰的描金、贴金、撒金、泥金等，以及描漆、彩漆等其他技法。

6.4.1　新石器时代——朱漆木碗

史书上曾记载有："舜作食器，黑漆之，禹作祭器，黑涂其外，朱画其内。"迄今发现的最早的髹漆器皿之一，如图 6.2 的朱漆木碗出土于河姆渡文化遗址。新石器时代又被人们称为彩陶时代，这件漆器的出土，证明当时人们所使用的器皿并不局限于陶器。

由于这件漆碗年代甚早，故在中国漆器发展史上占有相当重要的地位。此碗为木质，器壁较厚，口及壁部残损严重，圈足略向外撇。碗壁外有一层朱红色的涂料，微有光泽。经化学方法和光谱分析，涂料为天然大漆。

6.4.2　西周——彩绘兽面凤鸟纹螺钿漆罍

螺钿漆器的出现早至西周，甚至更早。如图 6.3 为彩绘兽面凤鸟纹螺钿漆罍（léi）。漆罍造型虽已严重残损，但器物表面镶嵌的部分螺钿仍然得以保存下来，与漆绘（凤鸟纹和兽面纹）交相呼应，色彩明快。

图 6.2　朱漆木碗

图 6.3　彩绘兽面凤鸟纹螺钿漆罍

6.4.3　第一次高峰（战国至两汉时期）——楚人嗜漆

我国漆器工艺史上第一次突飞猛进、兴盛繁荣时期出现在战国，且经久不衰，一直延续到两汉。战国时期漆树广为栽培，庄子曾任管理漆园的官职。漆器产量之多、品种之齐、制作之精、分布之广皆远超前代。因其生产工序复杂、耗时耗工而价格不菲。但新兴诸侯更喜爱易洗涤、体积轻、隔热耐腐、五光十色的漆器，其一定程度上取代了青铜器。

楚国是战国时期幅员最辽阔的国家，楚地盛产生漆且气候温暖、湿润，十分利于漆器生产。漆器适宜于表现丰富而绚丽的色彩，且经久不变，是当时其他质地的器物难以比拟的。漆器在楚文化中占有十分重要的地位。迄今见到的完好的先秦漆器，最早、最多、最精美的当属楚漆器。大中型楚墓中随葬漆器少则数十件，多则上百件。战国初期漆器多在整块木料上雕刻出所制造物品的雏形，然后髹涂；而后出现了“卷素漆”（选用较薄的木材卷成筒状，粘上底，再用彩漆涂上纹饰）工艺。

图 6.4 所示彩绘漆耳杯收藏于湖北省博物馆，在湖北省江陵县望山二号楚墓出土。此杯平面呈椭圆形，双耳为新月形，杯内和口外边沿髹朱漆，外髹黑漆，边沿及耳用黑漆饰有圆卷纹。高 6.5cm，杯口长 17.5cm，宽 10.8cm。

图 6.4 彩绘漆耳杯

图 6.5 所示彩绘漆耳杯盒收藏于荆州博物馆。耳杯是汉代楚地漆器的代表器型。此盒为木胎，外形近似椭圆形球体，盖、底同大，以子母口扣合，盒内侧置漆耳杯十件。器内髹朱红色漆，器表髹黑漆后再用朱、黄、灰等色漆彩绘，器口绘涡卷纹和点纹，盖底四周各绘六组草叶纹样，盖顶正中绘两组草叶纹，纹饰线条均匀而流畅。

西汉时期，楚地依旧是中国漆器的主要产地。当时的漆器艺术已显示出了精美华丽的美学价值，长沙马王堆出土的大型漆棺更是画风豪迈、雄奇瑰丽。

图 6.6 所示彩绘木雕内棺漆器的彩绘风格反映了中国古代原始宗教巫术的内容，充满了神秘浪漫的色彩，俨然为一幅神灵护佑的地宫图画。

图 6.5 彩绘漆耳杯盒

图 6.6 彩绘木雕内棺

从新石器时代起，历经商周直至明清，在漫长的历史发展中，中国的漆器工艺不断发展，逐步出现在各种器物上彩绘、描金、戗金、填漆等，或在器胎上涂漆至一定厚度，再在上面雕刻图案的做法，还有的在漆器上镶嵌金、银、铜、螺钿、象牙及宝石，以组成华丽的花纹，千文万华，纷然不可胜识。

各个朝代的特色名品不一。如唐代的金银平脱、宋代的一色漆器、元代的雕漆、明代的百宝嵌，还有清代的脱胎漆器等。图 6.7 就是战国的彩绘出行图夹纻（zhù）胎漆奁（lián）。

图 6.7　彩绘出行图夹纻胎漆奁

6.4.4　第二次高峰（唐宋时期）——初创技法

1）唐代漆器

品种基本齐备，开始向华美方向发展，如金银平脱器、嵌螺钿漆器、戗金漆器等，剔红也已出现，具有鲜明的时代特征。这一时期漆器制造技术开始传入日本等国。收藏于中国国家博物馆的“金银平脱漆背铜镜”（图 6.8）最能代表唐代的工艺水平。此八瓣葵花形的铜镜，镜面平坦，背面髹有褐色的漆且嵌满了金银片镂雕的展翅羽人、飞凤、花鸟、蝴蝶等，镜纽周围饰有金银片的八瓣莲花座，整件器物纹饰繁密华丽，雕刻精湛。铜镜将铜和漆两种不同材质完美地结合在一起，形成了鲜明的盛唐风格。

图 6.8　唐代金银平脱漆背铜镜

2）宋代漆器

民间作坊已很普遍，漆艺呈大发展趋势，但由于漆器不易保存，传世珍品甚少。随南宋政权南迁，南方（杭州、温州）漆器工业迅速发展。瓷器的使用，使漆器逐渐成为供欣赏的陈设品（图 6.9），雕漆工艺应运而生。

流行技术有戗（qiàng）金和雕漆。宋代的戗金有新发展，出现戗金、戗银和填彩之别。螺钿漆器也很发达，宋代螺钿不如唐代华美，多朴实无华，以造型取胜，充分表现出器物的韵律美。图 6.10 为北宋时期的描金堆漆舍利函。此函为方形顶，通体描金堆漆成菊花和神兽等，嵌小珍珠，髹棕色漆。图案精致，堆漆工艺高超，描金运笔老练，并且布局疏密有致。

图 6.11 为南宋园林仕女图戗金朱漆奁。奁是装放妇女梳妆用具的匣子，大都分成多层，以放置不同的物件。此奁制作成莲瓣形，共四层，木胎髹朱漆，口沿处包镶银。盖面戗刻园林仕女图，仕女长裙曳地，相携款款而行。在朱红色的漆底上戗刻金纹，人物、山石、花卉无不精致高雅，繁盛绚烂，具有极佳的装饰效果。

图 6.9 紫褐色漆瓶

图 6.10 描金堆漆舍利函

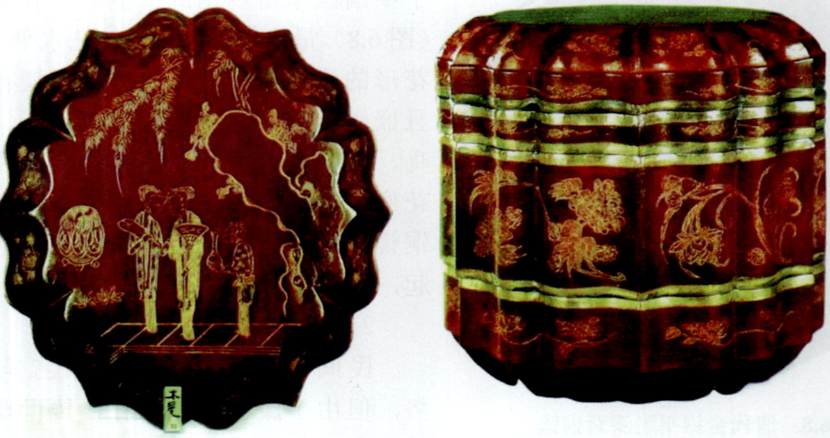

图 6.11 南宋园林仕女图戗金朱漆奁

6.4.5 第三次高峰（蒙元时期）——雕漆盛行

元代设有油漆局，掌管髹漆。其主要漆器品种有雕漆、戗金和螺钿等，成就最高的当属雕漆（图 6.12）。其特点是堆漆肥厚，用藏锋的刀法刻出丰硕圆润的花纹，大貌淳朴浑成，而细部又极精致，涌现出张成、杨茂、彭君宝等一批技术卓越、流芳千古的制漆名家。元代漆器较薄，其对日本漆工艺影响很大。

6.4.6 第四次高峰（明清时期）——百花齐放

图 6.12 元代剔红花卉纹尊

1）明代漆器

明代漆器工艺已相当成熟。漆制品数量众多，品种新颖，制作精良，特别是工艺上采用多种髹涂法相结合，使其从实用器具上升为观赏价值极高的艺术品。

明朝永乐年间设立了官局（果园厂）制造漆器，生产的雕漆器已达到很高的水平（图 6.13），浙江嘉兴和安徽新安、江苏扬州等都是漆器的重要产地，出现了不少世代相传的优秀漆工。

图 6.13 黑漆描金龙纹方角药柜

2）清代漆器

清代设有清宫内务府造办处，下设四十二作，其中“漆作”主要生产车、船、轿、仪仗及皇室、贵族日常家具、器具，以及各种装饰摆件，进一步推动了漆器制造业的发展。某些品种在造型和制作技术上达到了登峰造极的境地。

清代漆制品以繁缛、精巧为主，通常在一件器物上综合了多种髹漆法，以尽能工之事，各地的漆器制作中心各有所长，如北京的雕漆、扬州的螺钿、福建的脱胎漆器等。

福州脱胎漆器乃清乾隆年间（1736 ～ 1795 年）由制漆艺人沈绍安始创，是脱胎技艺与髹漆艺术相结合的产物。其质地轻巧坚牢，造型古朴典雅，色彩鲜艳明亮，纹理清晰秀丽，自成一格，与北京景泰蓝、江西景德镇瓷器，合誉中国传统工艺的“三宝”。其制作分为脱胎和木胎两种。脱胎是以泥土、石膏、木模等为胚胎，用夏布或绸布和生漆逐层裱褙在胚胎上，待阴干后，敲碎或脱下原胎，留下漆布器型，上灰地、打磨、髹漆研磨，施以各种装饰纹样。木胎主要是用楠木、樟木、榉木等坚硬木材为坯，直接涂髹，工序与脱胎布胚相同。

图 6.14 为北京故宫博物院馆藏的清脱胎菊瓣形朱漆盘。该盘属菊瓣边、菊瓣足，口径 14.2cm，高 3.5cm，壁薄如纸（厚约 0.5mm），入手极轻。整盘光素无纹，唯盘心以刀刻填金隶书乾隆题七言律诗一首，款署“乾隆甲午御题”。外底髹黑漆，刀刻填楷书“大清乾隆仿古”双行直款。此盘漆色似红珊瑚，光亮娇润，宫廷气息极浓。

图 6.14　清脱胎菊瓣形朱漆盘

6.4.7　古老漆艺变身家居新宠

在漫长的历史发展中，漆艺不曾间断，历代都出现了许多精美的作品，也产生了丰富多样的漆艺技法。然而，以下作品已存世无多：款识准确，能代表某一历史时期典型漆工艺品种的；造型、纹饰、雕工、色调、工艺水平高而完整无缺的；著名工匠的代表作。

漆艺在当今社会既经受了严峻的考验，也面临着重大的发展机遇。在国际上回归自然、回归乡土、回归传统的大背景下，随着我国人民物质生活水平的不断提高，也逐渐有能力接受手工制作的、富有文化内涵的天然漆艺术，这给振兴漆艺带来了新的契机。平遥县的推光漆器已名播海内外，以手掌推出光泽而得名。在图案的颜色异样处可见清晰的掌纹划过，与喷漆、烤漆有明显的区别。典型产品如图 6.15 所示。

图 6.15　平遥县的推光漆器

漆艺已经从工艺、收藏、研究领域逐渐走向家居设计，成为逐渐升温的时尚家居新宠。图 6.16 所示屏风外观古朴雅致、闪光发亮，绘饰金碧辉煌，手感细腻滑润，耐热防潮，经久耐用，诚为漆器中之精品。

图 6.16　屏风

图 6.17 为北京工业大学艺术设计学院梁远设计的酒瓶。这组酒瓶是以纯天然的大漆和麻布为原料，采用高超的雕漆手法，将现代酒瓶造型与古典松柏图案相结合，同时具有怀旧的斑驳感，这是目前漆艺家居设计的一大流行趋势。

图 6.18 是以大漆和麻布为涂饰原料的器皿，虽然设计灵感来源于菱角，但在设计上采取现代手法的变形和夸张，看上去更像一张美丽性感的红唇。

图 6.17　酒瓶

图 6.18　器皿

参 考 文 献

仓理 . 2009. 涂料工艺 [M]. 2 版 . 北京：化学工业出版社 .
杜新胜，于晓灵，杨威洁，等 . 2009. 防腐涂料的研究与进展 [J]. 上海涂料，47（7）：26-27.
高谨 . 2007. 防腐涂料与涂装 [M]. 北京：中国石化出版社 .
林润惠 . 2007. 工业设计应用材料 [M]. 北京：中国轻工业出版社 .
马庆麟 . 2003. 涂料工业手册 [M]. 2 版 . 北京：化学工业出版社 .

上海市化学化工学会，上海涂料分司 . 1991. 涂装作业安全技术 [M]. 北京：机械工业出版社 .
特纳 G P A. 1985. 涂料化学与入门 [M]. 徐宗器，林三元，译 . 上海：上海科学技术文献出版社 .
王嫪彩 . 2006. 巧夺天工造物——工艺美术之旅 [M]. 郑州：郑州大学出版社 .
王世泰 . 1988. 现代涂料及应用 [M]. 山东：山东大学出版社 .
王锡春 . 1986. 涂装技术 [M]. 北京：化学工业出版社 .
王玉林，苏全忠，曲远方 , 等 . 1994. 产品造型设计材料与工艺 [M]. 天津：天津大学出版社 .
虞兆年 . 1994. 防腐蚀涂料与涂装 [M]. 北京：化学工业出版社 .
赵金榜 . 2010. 国内外涂料工业现状及发展趋势 [J]. 电镀与涂饰，25（1）：51-52.

第7章 木质材料及其造型艺术

木质材料是一种优良的造型材料，不仅种类繁多，色彩和纹理也千差万别。木质材料是公认的最富有人情味的传统材料，其自然朴素的特性令人倍生亲切感。从远古时代的简易工具到近现代的复杂建筑和精美的工艺品，木质材料的风姿无处不在。在新材料层出不穷的今天，木质材料仍以其优良的特性在建筑、家具、包装、交通等领域发挥着巨大的作用。本章主要介绍木质材料的特性、种类以及在造型艺术领域的独特价值，同时强调可持续利用木质材料的重要性，倡导关注环境保护，推动对木材资源的合理开发和保护。

7.1　木质材料基本知识

7.1.1　木材的定义与概述

木质材料（简称木材），是指天然树木采伐后，经过初步加工或未经加工，具有一定尺寸和形状的，能够用于建筑、制造、工艺、能源等多种用途的植物材料，在人类的生产和生活中发挥着重要作用。

远古时代，人类利用原始木材构筑自己的生活空间。他们用木材来取暖、搭建简单的庇护所。由于文明程度还不够高，原始人利用木材的目的仅仅是获得安全的保障，而不是获得美的享受。随着现代科技的飞速发展，人们在水泥钢筋构筑的人类家园中对于大自然的渴望与日俱增。为了美化自己的生活家园，人类开始把自然的概念逐渐引进生活当中，木材又在其中大放光彩。可以说，木材与人类文明的发展息息相关，它见证了我们从原始社会的懵懂到现代社会的繁荣，始终是我们生活中不可或缺的一部分。

随着人类需求的不断变化以及现代科学技术的进步，木材的利用方式从最原始的原木开采逐渐发展到锯材、单板、刨花、纤维和化学成分的利用，形成了一个非常庞大的新型木质材料家族，典型的如胶合板、刨花板、纤维板等木质重组材料，以及石膏刨花板、水泥刨花板、木 / 塑复合材料、木材 / 金属复合材料等木基复合材料。与其他材料相比，木材具有易加工性、多孔性、各向异性、湿胀干缩性、易燃烧性和生物降解性等独特性质，如何更好地利用这些特性并最大限度地限制其副作用，是木材科学家和工程技术专家需要努力解决的问题。另外，在各种资源日益枯竭、人类社会正在走向可持续发展的今天，木材的使用还应考虑其经济和环保问题，从而更好地使用木材为社会的可持续发展和人类的幸福生活做出贡献。

7.1.2 木材的分类

木材的分类标准并不统一，常见的分类标准有按木材的树种、用途、来源、品质等分类。

1）按木材的树种分类

根据树种的不同，可以将木材分为针叶木和阔叶木两大类。针叶木主要来自松科、杉科、柏科等树木。这类木材的特点是纹理较直、材质较软、密度相对较小。由于其生长较快，资源相对丰富，常被用于包装材料和一般家具的制造。阔叶木来源于种类繁多的阔叶树种，如橡木、胡桃木、枫木、榉木等。阔叶材的纹理通常更加复杂多变，材质也较硬，密度较大。它们在高档家具、地板、乐器制作等领域备受青睐。

2）按木材的用途分类

按照木材的用途，可以将木材分为结构材、装饰材和工艺材三大类。结构材用于建筑结构、桥梁等承受较大荷载的场合。这类木材需要具备较高的强度和稳定性，以承受建筑物或其他结构的重量和压力。例如，云杉、落叶松等常用于房屋框架和桥梁建设。装饰材注重木材的美观和表面质量，用于提升室内外的装饰效果。柚木、花梨木等因其独特的颜色和纹理，常被用于制作高档的门窗、墙板和装饰线条。工艺材则是指用于雕刻、造纸等工艺制作的木材，以及纤维板、刨花板等产品制造的木材，具有高度的装饰性和艺术性。

3）按木材的来源分类

按照木材的来源，可以将木材分为天然林木材和人工林木材。天然林木材来自未经人工干预的原始森林。这些木材往往具有独特的品质和特性，但由于环保和可持续发展的考虑，其采伐和使用受到严格限制。人工林木材是通过人工种植和培育的树木所生产的木材。人工林可以根据市场需求进行规划和管理，在一定程度上保障了木材的稳定供应，但在某些性能上可能与天然林木材存在差异。

4）按木材的品质分类

根据木材的品质，可以将木材分为特级材、一级材、二级材、三级材四个级别。特级材纹理美观、无缺陷、材质均匀，属于顶级品质的木材，价格昂贵，多用于高端定制家具和艺术品制作；一级材含有少量天然瑕疵，但不影响整体性能和外观，广泛应用于高档家具和室内装修；二级材存在着一些明显的缺陷，但经过适当的加工和处理，仍可用于一般性的建筑和家具制造；三级材则缺陷较多，通常用于对外观和性能要求不高的场合，如包装材料或临时结构。

7.1.3 木材的成分组成

木材性能和用途在很大程度上取决于其复杂的组成成分。

1）木材的主要化学成分

木材的主要化学成分包括纤维素、半纤维素、木质素等。其中，纤维素是木材的最主要成分，约占干重的 40% ～ 50%。它是由葡萄糖分子通过 β-1,4 糖苷键连接而成的线形大分子聚合物。纤维素分子链相互平行排列，形成结晶区和非结晶区。结晶区具有较高的强度和稳定性，赋予木材良好的力学性能。半纤维素约占木材干重的 20% ～ 30%，其化学组成较为复杂，一般由多种不同的糖单元组成，如木糖、甘露糖、半乳糖等。半纤维素的分子链较短且分支较多，其作用是连接和填充纤维素微纤丝之间的空隙，增加木材的柔韧性和吸水性。木质素约占木材干重的 15% ～ 30%，是一种无定形的三维网状高分子聚合物。木质素由苯丙烷结构单元通过醚键和碳—碳键连接而成，具有较高的化学稳定性。它填充在纤维素和半纤维素之间，起到增强木材强度和硬度的作用，同时也使得木材具有一定的防水和防腐性能。纤维素、半纤维素和木质素在木材中并非孤立的存在，它们之间存在着复杂的相互作用。

2）木材中的次要成分

木材中的次要成分主要为提取物和一些无机物。木材中的提取物包括树脂、单宁、色素、精油等，其含量通常较少，但对木材的颜色、气味、耐腐性等特性有一定影响。例如，某些树种中的树脂可以提高木材的耐腐性，而单宁则可能影响木材的加工性能。木材中的无机物主要是含钾、钙、镁等元素的矿物质，其含量一般不超过 1%。这些无机物在木材的燃烧、灰分生成等过程中发挥一定作用。

天然木材的组成成分是其具有独特性能和广泛应用的基础。深入研究木材的组成成分不仅有助于更好地理解木材的性质和行为，还能为木材的高效利用和改性提供科学依据。随着科技的不断进步，对木材组成成分的研究将不断深入，将为开发更多高性能的木材产品和创新应用开辟新的途径。

7.1.4　木材的结构特征

木材的结构是其性能和应用的基础。通过对木材宏观结构和微观结构的深入研究，我们能够更好地理解木材的物理、化学和力学性能的本质，从而为木材的科学加工和高效利用提供指导。

1）年轮

年轮是木材生长过程中形成的最显著的宏观特征之一。树木每年都会形成一个新的生长层，这些生长层在横切面上呈现出同心圆环，即年轮（图 7.1）。

图 7.1　木材的横截面

2）心材与边材

心材和边材是木材在纵切面上呈现出的不同区域。心材是由早期边材逐渐转化而成的靠近中心部分的木材。随着树木的生长和老化，其内部的细胞逐渐失去生理功能，细胞中的一些物质（如树脂、单宁等）发生沉积和变化，使得心材的颜色通常较深，一般呈褐色至红褐色（图 7.1）。心材的密度相对较高，具有较好的耐腐性和耐久性，因此在一些对木材耐久性要求较高的应用中（例如建筑结构、高档家具等），心材往往更受欢迎。边材则是靠近树皮的较新部分，承担着树木的水分和养分传输功能。边材的细胞仍然具有活性，含水量较高，颜色较浅，通常为浅黄色至白色。边材的密度相对较低，耐腐性也较差，但在某些情况下，如需要快速干燥和加工的木材制品，边材也具有一定的优势。

3）纹理

纹理是指木材细胞和组织的不同排列方式所形成的宏观图案，主要包括直纹理和斜纹理（图 7.2）。直纹理是指木材细胞的长轴方向与树干的轴线基本平行。这种纹理的木材在加工过程中表现出较好的稳定性和均匀性，不易发生扭曲和变形，因此在建筑结构、地板和家具制造中被广泛使用。直纹理的木材通常具有较高的强度和良好的外观，其表面光滑，易于涂饰和装饰。斜纹理是指木材细胞的长轴方向与树干的轴线成一定角度。斜纹理的木材在加工和使用过程中可能会出现一定程度的变形和翘曲，但其独特的纹理图案可以为木材制品增添艺术效果，常用于一些装饰性较强的家具和工艺品制作。交错纹理则是指木材细胞的排列方向不规则，相互交错。这种纹理的木材加工难度较大，容易出现开裂和毛刺，但在某些特殊的设计中，可以利用其不规则的纹理创造出独特的质感和视觉效果。纹理的粗细和均匀程度也会影响木材的外观和性能。纹理较细且均匀的木材通常具有更加细腻的质感和较高的美观度，而纹理较粗且不均匀的木材则可能给人一种粗犷和自然的感觉。

图 7.2　木材纹理图案（左：直纹理，右：斜纹理）

木材的结构特征不仅反映了树木的生长过程，也直接影响着木材的物理化学性质、力学性能以及加工和使用方式。在木材的选择和应用中，充分考虑这些结构特征对于实现木材的最优利用和确保木材制品的质量具有至关重要的作用。以制作实木家具为例，如果选择具有均匀年轮和直纹理的木材，例如某些优质的橡木，那么在加工过程中更容易进行切割、钻孔和拼接，制成的家具结构稳定、外观美观。如果选用了纹理交错、年轮不规则、心边材差异大的木材，加工过程中可能会出现开裂、变形等问题，需要采取特殊的处理工艺来保证最终产品的质量。又如在建筑领域，使用年轮宽且均匀、纹理直的心材木材作为承重梁，能够提供更好的支撑力和稳定性，保障建筑结构的安全。

7.2　木质材料的性能特点与改性处理

木材作为一种自然材料，具有质轻、强重比高、弹性好、耐冲击、纹理色调丰富美观、容易加工等优点，自古至今都被列为重要的原材料。常用木材的种类繁多，各种原木、合成木材和人造板应有尽有，在使用时，应结合具体用途和环境特点选择适合的木材种类，并注意进行防腐、防潮等相关处理，以保证其使用寿命和安全性。木材改性是指通过物理或化学方式令其拥有本身之外的一些功能。木材改性处理能够提高木材的应用价值，延长木材的使用寿命，是促进木材高值化利用的重要途径之一。

7.2.1　木材的性能特点

木材的性能取决于以下几个方面：

1）密度与比重

不同树种的木材密度和比重存在显著差异。例如，橡木、胡桃木等硬木通常具有较高的密度和比重，而软木如松木、杉木则相对较低。生长条件也会对其产生影响，生长环境恶劣、生长缓慢的木材往往密度较大。这种差异会影响木材的硬度、强度和加工难度。密度大的木材通常更坚硬、强度更高，加工时需要更大的力量和更锋利的工具。

2）含水率与吸湿性

木材的含水率和吸湿性对其物理性能和加工性能有着至关重要的影响。含水率较高时，木材的强度降低，尺寸稳定性变差，容易发生变形和开裂。在加工过程中，含水率过高会导致切割困难、胶合效果不佳等问题。而吸湿性的不同使得木材在不同湿度环境中吸收或释放水分，从而改变其尺寸和性能。

3）渗透性与吸液性

木材的渗透性和吸液性在处理和应用中表现各异。渗透性较好的木材能够更容易地吸收防腐剂、涂料等处理剂，但也可能导致液体过快渗透，影响处理效果。吸液性则决定了木材在接触液体时的吸收能力，这对于木材的防火、防腐处理以及在某些液体环境中的使用具有重要意义。

4）热学性质

木材的导热性较差，热稳定性也相对较低。在不同环境中，较差的导热性使得木材在保温方面具有优势，但在高温环境中容易燃烧。热稳定性差的木材在温度变化较大时容易发生变形和开裂，影响其使用性能。

5）力学性能

木材的弹性模量决定了木材在承受外力作用时的表现和抵抗变形的能力，主要受木材的纹理、密度、含水率等因素影响。纹理顺直的木材通常具有较高的拉伸强度，而密度大、含水率低的木材弹性模量较大。压缩强度与木材的纹理、密度密切相关，纹理垂直方向的压缩强度通常低于顺纹方向。木材的弯曲性能取决于其纤维结构和纹理方向，顺纹弯曲时，木材能够承受较大的弯曲应力，但容易在纤维断裂处发生破坏；横纹弯曲时，木材的承载能力较弱，通常会出现分层、开裂等破坏形式。硬度和耐磨性是衡量木材质量和耐用性的重要指标，硬木通常具有较高的硬度和耐磨性，适用于高磨损的场合，如地板；而软木则相对较软，耐磨性较差，但在一些对柔软度有要求的应用中具有优势。

7.2.2 物理改性

物理改性中最常用的方法是高温热处理法和压缩密实法。

1）高温热处理法

高温热处理法是以氮气、水蒸气、高温水、热油等作为传热介质，在160℃～250℃温度范围内，对木材进行一段时间热解处理的改性技术。热处理后的木材颜色会发生变化，通常从原本的浅黄色变为深褐色甚至黑色，提升了木材的美观度和装饰性。木材的吸湿性也显著降低，这是由于半纤维素的降解减少了亲水性基团的数量，从而提高了木材的尺寸稳定性，使其在不同湿度环境下的膨胀和收缩幅度减小。此外，热处理还能降低木材的平衡含水率，增强其抗生物侵蚀的能力，提高耐久性。高温热处理法因其操作简单、环境友好和改性后的木材无毒无害等优点，是目前工业化最成功、经济效益最显著的木材改性方法。

2）压缩密实法

与高温热处理法不同，压缩密实法是先将木材进行加热软化处理，在不破坏细胞壁的前提下，采用机械加压设备使其密度增大，从而增强木材力学性能的改性技术。压缩可以分为单向压缩和多向压缩。单向压缩主要是沿着木材的纹理方向施加压力，使木材细胞在纵向发生变形。这种方法适用于需要提高木材纵向强度和硬度的情况，例如制作地板和梁柱等结构材料。多向压缩则是从多个方向对木材进行均匀施压，使木材的细胞结构在三维空间内发生改变。多向压缩处理后的木材在各个方向上的性能都得到了增强，尤其适用于需要承受复杂应力的场合，如机械零部件和运动器材。压缩处理后的木材密度显著增加，孔隙率减小，从而提高了木材的硬度、耐磨性和抗压强度。同时，压缩处理还可以改善木材的声学性能，使其在音响设备和乐器制造等领域得到应用（图7.3）。

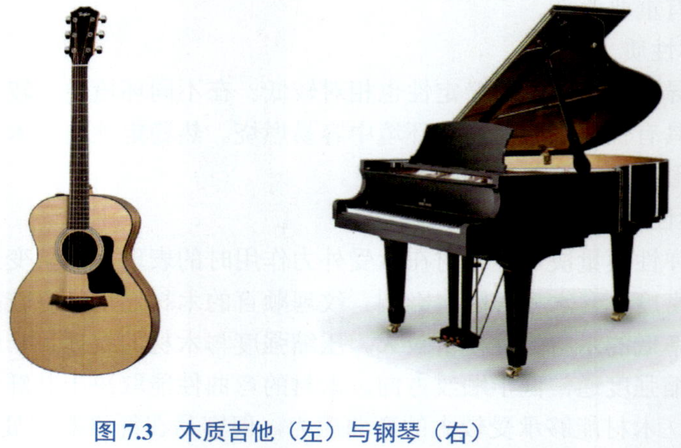

图7.3 木质吉他（左）与钢琴（右）

7.2.3　化学改性

化学改性是通过一定手段将化学药剂浸入木材内部结构中，使其填充在木材的细胞腔甚至细胞壁中，使木材细胞壁组分发生反应形成化学连接，从而优化木材性质的一种改性技术。化学改性能够从根本上改变木材的成分，改善其尺寸稳定性、力学性能、耐久性等，还能赋予木材一些新的特性，如防水性、防火性、防虫性等，从而进一步拓展木材的应用范围。

根据化学药剂是否与木材组分发生化学反应，化学改性方法可分为填充型和反应型；根据化学药剂在木材中填充部位的不同，填充型方法又分为细胞腔填充型和细胞壁填充型。因此，木材的化学改性方法又可分为以下 3 类：①对木材细胞腔进行物理填充；②对木材细胞壁进行充胀；③与木材细胞壁组分发生化学键结合。常用的化学改性方法有热固性树脂改性、乙酰化改性、多元羧酸改性、氨羟甲基树脂改性等。

传统未经改性的木材在制作家具时，可能会因为湿度变化而产生膨胀、收缩、变形甚至开裂等问题，影响家具的外观和使用寿命。通过化学改性处理，能够显著提高木材的尺寸稳定性，使家具在不同的环境条件下保持良好的形状和结构。例如，经过乙酰化改性的木材可以有效地减少吸湿和膨胀，用其制作的桌椅、橱柜和床铺等家具，在长期使用中不易出现扭曲或接缝开裂的情况。此外，化学改性还可以改善木材的表面性能，增强其耐磨性和耐刮擦性，使家具表面更加光滑、耐用，不易留下划痕和磨损痕迹。对于需要进行涂饰和染色的家具部件，改性后的木材能够更好地吸收、保持涂料和染料，呈现出更加均匀、鲜艳的颜色和光泽，提高家具的美观度和装饰效果（图 7.4）。

图 7.4　实木门（左）与茶几（右）

在文物保护和珍贵木材保存方面，木材化学改性技术具有不可替代的作用。对于历史悠久的木质文物，如古建筑构件、木雕艺术品和古籍装帧等，由于年代久远木材本身的结构和性能已经受到一定程度的损害。通过温和的化学处理，可以增强木材的强度和稳定性，防止进一步腐朽和损坏，延长文物的寿命。对于珍贵的木材品种，如红木、黄花梨等，化学改性可以提高其抗虫蛀和抗腐蚀的能力，在保存过程中保持木材的品质和价值。同时，在木材的运输和储存过程中，化学改性也可以起到有效的防护作用，减少因环境因素造成的损失。

7.2.4 阻燃处理

木材是一种天然有机物质，易燃且散发大量热量，容易引发不易控制的火灾。木材易燃的特性使它在使用时具有一定的局限性。木材想要变成难燃固体，就需要在木材中加入木材阻燃剂，因此对木材进行阻燃处理极其重要。

当前的阻燃剂可分为磷、氮、硼系阻燃剂、纳米阻燃剂及其他类型阻燃剂。磷系阻燃剂通过促进材料表面形成致密焦炭层，隔绝氧气和热量而阻燃；氮系阻燃剂则通过释放惰性气体，稀释可燃气体来阻燃；硼系阻燃剂是将木材表面与氧气隔绝以达到阻燃目的；磷、氮、硼复合能形成一种常见的有机阻燃剂，相互之间通过阻燃协同效应，达到良好的阻燃效果，还能在不改变木材颜色的条件下增加其胶合强度；绿色环保的纳米阻燃剂是纳米技术与无机阻燃剂的有机结合，可在降低燃烧性能的同时增强界面结合的效果，还能改善木材的相容性。与其他阻燃剂相比，纳米阻燃剂最显著的特点是只需要添加少量的纳米阻燃剂即能降低材料的燃烧性能。除了目前最常用的磷、氮、硼系阻燃剂和纳米阻燃剂外，还有一些木材阻燃剂如树脂型阻燃剂、水性聚电解质复合阻燃剂等。

7.2.5 防腐处理

木材在户外环境中受温湿度、酸碱度影响以及被真菌、虫蚁侵蚀易发生腐蚀破坏，从而明显缩短其服役期。通过对木材采取适当的防腐措施，可有效改善和提高材料利用率，增加其使用寿命，达到节约木材资源的目的。常见的木材防腐方法包括化学防腐和物理防腐两种方法。

化学防腐方法主要通过使用防腐剂来抑制木材中的微生物生长和繁殖。常用的防腐剂有水溶性防腐剂和油溶性防腐剂。水溶性防腐剂通过渗透到木材内部，与木材中的化学成分发生反应，形成不溶性的化合物从而固定在木材中起到防腐的作用。常见的水溶性防腐剂有铜铬砷（CCA）、季铵铜（ACQ）等。油溶性防腐剂通过在木材表面形成一层保护膜，阻止水分和空气的渗透进入木材，从而达到防腐的目的，常见的油溶性防腐剂有五氯酚、煤焦油等。

物理防腐方法主要包括木材的干燥、通风、浸没与深埋等。木材的干燥是防腐的关键步骤之一，通过降低木材的含水率至一定程度以下（通常为 20% 以下），可以有效地抑制真菌和昆虫的生长繁殖。良好的通风条件对于木材制品的保存非常重要，良好的通风可以有效降低木材周围环境的相对湿度，减少水分在木材表面的积聚，从而降低木材发生腐蚀的风险，同时，良好的通风还可以带走木材释放的挥发性有机化合物和其他有害物质，改善木材的使用环境。浸没法是将木材完全浸没在防腐液或水中，使其与空气隔绝，阻止真菌和昆虫的接触，从而达到防腐的目的。深埋法是将木材埋在干燥的土壤中，深度一般在地下 1 米以上，利用土壤的干燥和隔绝作用，降低木材周围的湿度和氧气含量，抑制真菌和昆虫的生长，适用于一些长期储存或不需要频繁移动的木材，如园林景观中的木材立柱等。

7.3　木质材料的造型工艺

木材的造型工艺是将木材原料通过木工手工工具或木工机械设备加工成构件，并将其组装成制品，再经过表面处理、涂饰，最后形成一件完整的木制品的加工工程。在手工艺术的领域，天然木材的造型工艺一直占据着独特而重要的地位。从古老的木雕技艺到现代的创新设计，木材以其温暖的质感、独特的纹理和无限的可塑性，为艺术家和工匠们提供了广阔的创作空间。

7.3.1　木材雕刻艺术

木材雕刻艺术的起源可以追溯到远古时代，当人类第一次拿起简单的工具在木头上留下痕迹时，这门艺术便悄然诞生。早期的木雕或许只是为了满足实用需求，如制作工具手柄或宗教祭祀用品，但随着时间的推移，它逐渐演变成一种具有高度审美价值的艺术形式，所呈现出的艺术美感的精湛程度令人赞叹。

在雕刻题材上，传统木雕涵盖了丰富多样的内容。神话故事是木雕最为常见的主题之一。木材人物雕刻注重对人物神态和姿态的捕捉，无论是端庄优雅的仕女还是威武雄壮的武士，都被刻画得入木三分，展现出人物的性格和情感。此外，动物、花卉、风景等也是常见的题材，工匠们以细腻的笔触和生动的表现手法，将大自然的美妙与生机定格在木材之上。

在雕刻技法上，浮雕、透雕和圆雕是最为常见的几种形式（图 7.5）。浮雕是在木材表面进行雕刻，使图案凸出于背景之上，具有层次感和立体感；透雕则是在浮雕的基础上，将背景部分镂空，营造出玲珑剔透的效果，使作品更加精致和富有艺术感染力；圆雕是对木材进行全方位的雕刻，作品可以从各个角度欣赏，其造型饱满、生动逼真。

图 7.5　木质浮雕（左）、透雕（中）和圆雕（右）

木材的雕刻常常采用各种刀具，主要包括平刀、圆刀、斜刀等，每一种刀具都在工匠熟练的手中发挥着独特的作用。平刀用于平整木材表面和削切大面积的部分，圆刀则用于雕刻圆润的曲线和弧面，而斜刀则能精准地刻画出细腻的线条和细节。在雕刻过程中，工匠们需要根据木材的纹理和质地，巧妙地运用这些刀具，使木材的天然特性与雕刻的形象完美融合。

7.3.2 创新的拼接与胶合技术

拼接与胶合工艺为木材造型带来了更多的可能性。通过将不同颜色、纹理和形状的木材小块巧妙地拼接在一起，可以创造出富有层次感和视觉冲击力的图案。这种工艺常用于制作家具、地板和墙面装饰等，使木材在大面积应用中展现出独特的艺术效果。而胶合技术的不断进步，也让木材的结合更加牢固和美观，为设计师们提供了更多发挥创意的空间。

拼接工艺是一门将不同木块组合在一起的艺术。它并非简单地堆砌，而是精心策划和设计的过程。工匠们首先会根据设计需求，挑选出在颜色、纹理、质地和形状上相互匹配或形成鲜明对比的木材。这些木材可能来自同一树种的不同部位，也可能来自完全不同的树种。在拼接过程中，精准地切割和测量至关重要。每一块木材都要经过精确地加工，以确保它们能够完美地拼接在一起，形成平整而紧密的连接。拼接的方式多种多样，有直线拼接、曲线拼接、几何形状拼接等。直线拼接可以营造出简洁明快的效果，常用于制作桌面和柜门；曲线拼接则能赋予作品更加流畅和灵动的感觉，常见于艺术雕塑和家具的扶手部分。

胶合技术则是拼接工艺的有力支撑。现代胶水的发展使得胶合的强度和稳定性得到了极大的提升。优质的胶水能够确保拼接处的牢固连接，同时不影响木材的外观和质感。在胶合过程中，需要严格控制胶水的用量和涂抹均匀度，以避免胶水溢出影响美观或造成胶合不牢固。

通过拼接与胶合，木材可以创造出令人惊叹的图案和效果（图 7.6）。比如，将颜色深浅不同的木材拼接成渐变的图案，或者将纹理独特的木块组合成富有韵律感的花纹。

图 7.6 地板的拼接（左）和木头的胶合（右）

这种工艺不仅能够充分利用木材的边角料，减少浪费，还能为设计师提供更多的创意空间，打破了单一木材在尺寸和形状上的限制。在家具制造中，拼接与胶合技术得到了广泛的应用。设计师可以将小块的珍贵木材拼接成大型的桌面或柜体表面，既节省了成本，又展现了木材的美丽。在建筑装饰领域，拼接而成的木墙板和天花板能够为空间增添独特的个性和温暖的质感。此外，还可以将木材与金属、玻璃、石材等材料巧妙地拼接在一起，形成独特的混合材质作品，融合了不同材料的优点，展现出更加丰富的视觉和触觉效果。创新的拼接与胶合工艺为天然木材注入了新的活力，使它们能够以更加多样和精彩的形式呈现在我们的生活中，不断刷新我们对木材造型艺术的认知。

7.3.3 独特的弯曲与塑形技术

木材的弯曲与塑形工艺让其能够适应更加复杂和流畅的设计需求。不管是古代还是现代，弯曲与塑形工艺广泛见于家具设计、建筑装饰、艺术创作等领域，可以将原本笔直的木材变成优美的弧形或者其他异形结构（图 7.7）。一把拥有优美曲线的木椅，能够为使用者带来更加舒适的体验；一座造型独特的木质拱门，能够为建筑增添别样的风情；一件通过巧妙的弯曲与塑形的精美木雕艺术品能够展现出艺术家丰富的想象力。

图 7.7　采用木质弯曲工艺的古代太师椅（左）和现代座椅（右）

弯曲工艺是对木材自然属性的巧妙运用和创新挑战。传统方法中，蒸汽处理是获得木材弯曲形状常见的手段之一。将木材置于高温蒸汽环境中，木材内部的纤维结构会在一定程度上变得柔软且具有延展性，此时，工匠们可以运用模具或夹具，对木材施加外力，引导其逐渐弯曲成所需的形状。这种方式能够实现较大幅度的弯曲，如制作优雅的弧形椅背、弯曲的扶手等。另一种方法是层压弯曲。将多层薄木板按照纹理交错的方式胶合在一起，然后进行弯曲处理。由于多层木板的相互牵制和增强作用，使得弯曲后的木材具有更高的强度和稳定性。这种工艺常用于制造复杂的弯曲结构，如乐器的共鸣箱、船舶的部件等。弯曲工艺不仅需要工匠们对木材的特性有深入的了解，还需要精确的计算和高超的技巧。在进行弯曲操作之前，必须准确判断木材的纹理方向，因为纹理的走向会直接影响弯曲的效果和木材的强度。同时，控制弯曲的程度和角度也至关重要，稍有偏差就可能导致木材破裂或变形不符合预期。

相比于弯曲工艺，塑形工艺更加注重对木材局部的精细塑造。工匠们可以使用各种工具，如锉刀、砂纸、刨子等，一点点地削减和打磨木材，使其呈现出圆润、流畅的形状。例如，在雕刻人物雕像时，通过塑形工艺可以打造出柔和的面部轮廓、优美的肢体曲线。

独特的弯曲与塑形工艺让天然木材摆脱了原本的直线和规则形态，展现出无限的可能性和艺术感染力，是木材造型工艺中不可或缺的重要组成部分。现代技术的发展也为弯曲与塑形工艺带来了新的机遇，尤其是数控加工设备的应用使得弯曲和塑形的精度得到了极大提高，能够实现更加复杂和精确的形状设计。同时，新型材料和胶黏剂的出现也为木材的弯曲与塑形提供了更多的可能性。

7.3.4 精细的表面处理与涂装技术

天然木材的造型工艺是一门融合了技术与艺术的学问，它不仅展现了人类的智慧和创造力，也让木材这种大自然的恩赐在我们的生活中焕发出更加迷人的光彩。无论是传统工艺的传承还是现代创新的探索，都在不断推动着木材造型艺术的发展，为我们带来更多令人惊叹的作品。在天然木材的造型工艺中，精细的表面处理与涂装环节起着画龙点睛的关键作用，是提升木材作品品质的关键步骤。从打磨、抛光到涂上保护漆或者进行色彩处理，每一个环节都会影响木材的质感和光泽。合适的表面处理不仅能够突出木材的天然纹理，还能增加其耐久性和防水性，使作品在保持美观的同时更加经久耐用。

表面处理是一项细致而烦琐的工作。使用从粗到细不同粒度的砂纸，工匠们逐步去除木材表面的瑕疵、毛刺和不平整部分，使木材呈现出光滑细腻的质感。在打磨过程中，需要根据木材的硬度和纹理方向进行操作，以避免造成过度磨损或划痕。对于一些具有特殊要求的作品，还会采用抛光工艺，利用抛光轮和抛光膏进一步提高木材表面的光泽度，使其如镜面般亮丽。除了打磨，填补也是常见的表面处理方法之一。对于木材表面的细小裂缝、孔洞或凹痕，可以使用木蜡、腻子等材料进行填补。填补后再次进行打磨，使填补部分与周围木材表面平齐，确保整体的平整度和一致性。

在完成基础表面处理后，涂装环节可为木材赋予丰富的色彩（图 7.8 左）。涂装可以分为透明涂装和有色涂装两种方式。透明涂装旨在突出木材的天然纹理和色泽，通常使用清漆、木油等透明涂料。这些涂料能够渗透到木材内部，增强木材的纹理对比度，同时在表面形成一层薄薄的保护膜，防止水分、污渍和紫外线的侵蚀。有色涂装则为木材带来了更多的色彩选择。可以根据设计需求将木材涂成特定的色调，如复古的棕色、清新的蓝色或热烈的红色等。有色涂装不仅能改变木材的外观颜色，还能通过多层涂装和特殊的涂装技巧营造出丰富的质感和效果，如仿古、做旧、拉丝等。此外，还有一些特殊的表面处理和涂装技术，如烫印、贴金箔、镶嵌等。烫印可以在木材表面留下精美的图案和文字，增加装饰性（图 7.8 右）；贴金箔则能赋予木材奢华的质感；镶嵌则是将其他材料如贝壳、宝石等嵌入木材表面，创造出独特的视觉效果。

图 7.8　木材表面上漆（左）和烫印（右）

7.4　木质风华与工艺鉴赏

中国木雕艺术充分展示了木材自然美的属性，其起源可追溯到新石器时代，当时就有了简单的木雕制品。随着时间的推移，木雕技艺不断发展和完善。在商周时期，木雕开始应用于建筑装饰和祭祀器具；秦汉时期，木雕工艺得到了进一步的发展，木雕作品在造型和技法上都有了显著的进步；唐宋时期，木雕艺术达到了一个新的高峰，不仅在工艺上更加精湛，而且在题材和表现形式上也更加丰富多样；明清时期，木雕艺术进入了鼎盛阶段，木雕作品广泛应用于建筑、家具、工艺品等领域，形成了众多具有地域特色的木雕流派。

在众多的木雕流派中，东阳木雕、乐清黄杨木雕、潮州木雕和福州木雕因其鲜明的特色和广泛的影响力流传至今。每种木雕都有其独特的风格和精湛的技艺，反映了不同地域的文化传统和审美观念。除了木雕工艺品，中国古代木质建筑也因其精湛的工艺闻名海内外。本节就通过几种传统木雕工艺和中国古代木质建筑向读者展示木质风华。

7.4.1　东阳木雕

东阳木雕为中国四大木雕流派之一，是国家首批非物质文化遗产。传统东阳木雕作为民间手工艺的一个分支，千百年来始终以帝王将相、才子佳人、山水花鸟为主要雕刻题材，以平面浮雕为主要雕刻手法，具有鲜明的叙事性与丰富的画面感。东阳木雕已有一千多年的历史，明代以建筑纹样装饰为主，清代中后期受宫廷、民居建筑的影响，纹饰多样、寓意丰富，此时的技艺与图案都已发展成熟，形成了完整的工艺体系。

保存在上海国家会展中心迎宾大厅的木雕作品《锦绣中华》(图 7.9)，长 13m，宽 4.7m，乃全景式山水木雕鸿篇巨作，是首届中国国际进口博览会的艺术珍品之一。整件作品构图严谨大气，层次丰富细腻，融合了中国书画艺术的审美理念和表现技巧。用大、小斧劈皴，铁线描勾勒，皴擦兼用，表现了北方峻岭的山如刮铁、崇山雄厚、气势苍茫；中远景中万里长城立于高山之巅、逶迤连绵、气象万千；近景雕以苍松、红枫、红梅等繁花秀木展现春意盎然、生机勃勃。作品主题明确，具有时代特色，将中华巍巍群山与宛若巨龙的逶迤长城置于画面之中，表达了中华民族巍然屹立于世界之林的自信与百川汇海的壮阔气概。

图 7.9　东阳木雕作品《锦绣中华》

作品《高山流水》（图 7.10 左）以伯牙子期的故事为背景，创作了一幅古朴典雅的木雕精品。整个木雕雕工细致、构图巧妙、色彩庄重，将伯牙子期高山流水遇知音的故事展现得淋漓尽致，让观众在欣赏这幅作品时仿佛能听到琴声从作品中传来，产生一种身临其境的感觉。在传统的木雕工艺基础上，东阳木雕还在不断改良技法。作品《绿水青山》（图 7.10 右）的雕刻团队思考如何通过技法的创新，让山水的视觉效果焕发新意。雕刻团队在楠木上尝试一套处理云雾、流水的工艺和理念，经过长时间的反复试验，使作品呈现出了一种独特的云雾效果。该作品的云雾非常逼真，在周围的飞鹤、山川、树木的对比下带给人一种新奇的视觉体验。

图 7.10　东阳木雕作品《高山流水》（左）和《绿水青山》（右）

7.4.2 乐清黄杨木雕

乐清木雕是中国浙江省乐清市的一种传统民间雕刻艺术，主要以黄杨木为材料，具有悠久的历史和独特的艺术风格。乐清木雕的历史可以追溯到宋元时期，在明清时期得到了进一步的发展和繁荣。20 世纪 20 年代中后期，乐清黄杨木雕在国际展览中连连得奖，在国内外产生了极大的影响。乐清木雕是一门综合性的传统民间艺术，它几乎包含了历史、经济、文化、教育诸多方面的功能与作用，并且融入了绘画、髹漆、贴金、脱胎、泥塑等多种传统艺术的技艺和方法，具有较高的艺术研究价值。

乐清木雕的技艺特色包括因材施艺、精雕细刻、拼雕和镂雕等。这些技艺特色使得乐清木雕作品具有精致细腻、刀法清新、质感突出、刻工细美而不失高雅的特点。其人物造型艺术具有其特殊性和独立性，它虽不遵从西方现代绘画人体的比例划分，却有着个性鲜明和处置得当的创作方法和块面比例，条理分明、疏密合宜、刀法细腻，使人物栩栩如生。

乐清木雕的内容题材大多表现中国民间神话传说、文学作品中的人物，如八仙、寿星、关公、弥勒佛、观音等。作品《三英战吕布》（图 7.11）选取了“三英战吕布”这一激烈的战斗场景，以一块完整的千年黄杨木为原材料，充分融合圆雕、深镂雕和劈雕等传统和创新的黄杨木雕技法，通过巧妙的构图和动态的刻画将战场

图 7.11 乐清木雕作品《三英战吕布》

上的紧张气氛和激烈的战斗态势生动地呈现出来。整件作品布局合理、气势磅礴、形神兼备、细节丰富，刀剑相交、战马嘶鸣的瞬间在雕刻中被定格，给人以强烈的视觉冲击。

7.4.3 潮州木雕

潮州木雕以聚漆贴金的金木雕为特色，经过髹漆贴金等工艺处理，作品表面光彩夺目、金碧辉煌，蕴含着浓郁的岭南风情。潮州木雕拥有极为丰富的题材，仿佛是一部生动的民间文化百科全书，题材涵盖了神话、民间故事、戏曲、吉祥寓意、生活和历史等多个领域，反映了人们对美好生活的向往、对传统文化的传承以及对艺术的热爱。

《梅兰菊竹四季花》（图 7.12 左）高 48cm，宽 131cm，系潮州木雕典型的花鸟屏雕传统艺术，以四君子和众多姿态各异的瑞鸟为主题，花鸟呼应、花团锦簇，呈现出一派欣欣向荣、万象争辉的景象。花鸟枝叶的刻画皆栩栩如生、惟妙惟肖，花朵枝叶均不过盈寸、瑞鸟也不过六七厘米。作品采用多层次通雕手法，通过刀法技巧和立体层次的艺术处理来表现大小、主次、远近的关系，其布局巧妙、内容丰富、繁而不杂，所表现的透视感、层次感、立体感均非常强，极具精雕细琢之功。

图 7.12　潮州木雕作品《梅兰菊竹四季花》（左）和宣炉罩（右）

清代潮州木雕鼎盛时期的宣炉罩（图 7.12 右）被誉为木雕之极品，这件作品高 38cm，顶部正六边形边长 18cm，采用木质坚硬的名贵小叶紫檀进行雕刻，难度和精巧程度为潮州木雕之最。该宣炉罩呈六角形，造型端庄、古韵典雅。六个雕刻板面分别镂空雕刻了“郭子仪拜寿”“射锦袍”等古代人物故事。其中身着盔甲战袍、跃马挑枪的武士高不过盈寸，但神态逼真，眉眼神情生动毕现，周围有楼阁花木等景物衬托，在各个雕刻面上还各有两根龙柱。底座花纹雕刻优美精致，六个脚分别雕刻着六只不过拇指大的狮子并承托着炉罩。宣炉罩层层镂通，花纹纤巧繁缛，充分展示了潮州木雕的风采。

7.4.4　福州木雕

福州木雕是福建省传统雕刻艺术之一，源于唐宋时期的寺庙建筑和神像雕刻。明清时期，福州木雕在艺术风格上从粗犷流畅转为精雕细琢，这时期的木雕在寺庙、宗祠和民居建筑装饰上广泛运用。然而到了清末民国初期，因战争连绵、社会动乱、经济衰落，大量艺人改行，福州木雕生产进入低潮，雕刻技艺和艺术水平倒退。新中国成立初期以及随后的改革开放让福州木雕迎来了新的发展机遇，得到一定程度的恢复和发展。

现代的一些木雕艺人不断探索创新，在传承传统技艺的基础上，融合现代设计理念和审美，让福州木雕在艺术观赏品、文化创意产品等领域逐渐占有一席之地，并且不断培养新的传承人和扩大福州木雕的影响力，使这一古老技艺在新时代持续焕发生机和活力。福州木雕大师潘发清的作品《贵妃醉酒》人物体态婀娜、容貌娇媚，表情含蓄略带醉意，生动精妙（图 7.13 左）。该作品材质精良，使用质地坚韧的黄杨木，纹理细密、色泽温润。工艺上采用了福州木雕的传统工艺，雕刻精细、线条流畅，人物神态生动，表现出了较高的艺术水平，展现了中国传统文化的魅力。

图 7.13　福州木雕作品《贵妃醉酒》（左）和《弥勒佛坐像》（右）

木雕作品《弥勒佛坐像》（图 7.13 右）通高 60.5cm，座高 10cm，宽 55.6cm，厚 36.3cm。弥勒佛以一种洒脱不羁、自然随意的姿态斜坐于五谷袋之上，那右腿弯曲、左腿自然下垂的体态，既充满了生活的意趣又有着超脱之感，仿佛弥勒佛正处于尘世与佛境之间悠然自得。其比例精确，隆额广颐、笑态可掬的面容以及肥厚的双耳下垂至肩，给人一种亲切与和善之感。圆润多肉的肩头随意披着宽大衣衫，袒胸露腹更是将弥勒佛不拘小节、包容万物的形象展现得淋漓尽致，充分展现了作者高超的雕刻技巧。人物脸上那细腻的笑纹、衣物上自然流畅的纹理，衣褶线条圆润柔和且贴体，既有着粗犷有力的斧劈刀凿之感，又有着精细自然的浑圆细腻。作品肌肉感强，把木雕工艺“依形就势”的精髓发挥到了极致。材质上选用了福建当地的龙眼木，其天然的红棕色泽古朴稳重，木材纹理致密坚实，与弥勒佛的形象相得益彰，为雕像增添了一份岁月沉淀和天然的质感。

作为一门独特的艺术形式，木雕工艺凝聚了人类的智慧和创造力。通过对木雕工艺的鉴赏，我们能够深入了解不同文化和地域的特色，感受艺术的魅力和力量。传承和弘扬这一传统工艺，将推动木雕艺术的不断创新和发展。在未来的艺术领域中，木雕工艺将继续绽放光彩，为人类的文化生活增添丰富的色彩。

7.4.5 应县木塔

除了木雕工艺品，木质建筑也有独特的美。应县木塔建于辽代，作为世界上现存最高、最古老的纯木结构楼阁式建筑，在中国乃至世界建筑史上都具有举足轻重的地位（图 7.14 左）。它不仅是中国古代建筑技艺的杰出代表，更是中华民族智慧的结晶。这座木塔历经了多个朝代的风雨洗礼依然屹立不倒，这是因为斗栱把大结构构件变成很多以榫卯联结的小块，地震时可以获得缓冲消耗掉破坏力（图 7.14 右）。应县木塔拥有多达 54 种斗拱，包括柱头斗拱、转角斗拱、补间斗拱等，因而被誉为“斗拱博物馆”。这些斗拱不仅在外观上展现出精美的装饰效果，更在结构稳固中发挥着关键作用。尤为令人惊叹的是，应县木塔全靠木构件互相卯榫咬合而成，未使用一颗铁钉。这种建造方式不仅体现了古代工匠的高超技艺，更展示了其对力学原理的深刻理解和巧妙运用。这种连接方式在地震发生时，能够通过构件之间的微小移动和变形，吸收和分散地震能量，有效地减轻了地震对木塔的破坏，展现了古代工匠在抗震设计方面的卓越智慧。

然而，在经历了多次大地震、数次战争后木塔开始倾斜，其中二层局部倾斜尤为突出。为了不使这一文化瑰宝消失在历史的长河中，实现有效的保护传承，应采用先进的

图 7.14 应县木塔全景（左）和局部（右）

科学技术手段进行精准的监测和修复工作。同时，需要加强对其历史文化价值的研究和宣传，提高公众的保护意识，使应县木塔这一珍贵的文化遗产得以传承和发扬，继续闪耀中国古代木质建筑的艺术光辉。

7.4.6　北京故宫——世界上现存规模最大、最完整的古代木构建筑群

北京故宫，又称紫禁城，是中国明清两代的皇家宫殿，其始建成于明代永乐十八年（1420），此后不断维修改建，集历代宫殿建筑之大成，成为我国古代宫殿建筑的典范。这座宏伟壮丽的古代木构建筑群不仅是中华文明的瑰宝，也是世界建筑史上的璀璨明珠。

故宫内的建筑均为木结构，兼以黄琉璃瓦为顶，显得庄严而肃穆。它是世界上规模最大、保存最完整的木构古建筑群。其中，九五之尊的太和殿是紫禁城内规模最庞大、等级最高、体量最大的建筑（图 7.15），也是中国现存最大的木结构宫殿建筑。虽然历史上曾遭遇数百次地震，但仍然保存完好，关键在其科学合理的斗栱撑梁榫卯连接结构，能很好地传导和释放瞬间多余的外力，起到良好的抗震作用。

在建造维修故宫建筑的过程中，形成了一套完整的、具有严格形制的宫室古建筑营造技艺。它由瓦、木、土、石、油漆、彩画、镶嵌、裱糊等多种匠作技艺组成，营造中选料上乘，工艺严谨，做工精细，宫殿各部位的做法和施工工序都有严格的定式。正是由于工艺技术的保证，以故宫为代表的中国宫殿才能在数百年间始终保持其华贵精美、壮丽辉煌的建筑特色。

天然木材作为大自然馈赠给人类的宝贵资源，其重要性在建筑、家具、艺术以及环境保护等多个领域都得到了充分的体现。尽管天然木材具有重要的价值，但我们也必须认识到其资源的有限性。为了实现可持续发展，我们需要采取合理的采伐策略，鼓励植树造林，推广木材的高效利用和回收再利用技术。同时，加强对非法采伐和森林破坏的监管和打击力度，保护森林生态系统的平衡和稳定。在享受木材带来的便利和美好的同时，我们有责任和义务确保其合理利用和保护，以实现人与自然的和谐共生，让这一古老而珍贵的材料在未来的岁月里继续为人类的美好生活发挥力量。

图 7.15　故宫太和殿外景（左）及角楼（右）

参考文献

埃弗雷特·爱伦伍德 . 2014. 木工雕刻全书 [M]. 薛涛，译 . 北京：北京科学技术出版社 .
顾炼百 . 2011. 木材加工工艺学 [M]. 北京：中国林业出版社
李飞 . 2006. 中国传统木雕艺术鉴赏 [M]. 杭州：浙江大学出版社 .
王晓戈，汪亮亮 . 2021. 闽南木偶头雕刻 [M]. 福州：福建美术出版社 .
徐有明 . 2019. 木材学 [M]. 2 版 . 北京：中国林业出版社 .
英国 DK 出版社 . 2014. 木工全书 [M]. 张亦斌，李文一，译 . 北京：北京科学技术出版社 .
张慈贇，陈洁 . 2020. 中国古建筑及其故事 [M]. 上海：上海译文出版社 .

第8章 复合材料及其造型艺术

“复合”是当今世界材料设计的缩影，是人类社会智慧的结晶。伴随时代的进步，传统的均质材料已无法满足发展的需求，将几类不同的材料巧妙复合起来就能达到“合则兼美”的效果。复合材料的迅猛发展已经在潜移默化中改变了我们的生活，工程建筑用的水泥浆料、玻璃纤维、碳纤维、碳化硅纤维等强韧纤维，智能手机、笔记本电脑外壳，以及飞机与汽车的发动机叶轮都与复合材料密切相关。复合材料对社会发展的重要性，促使我们有必要全面了解其优势特性和应用领域，从而更好地利用它造福人类。复合材料的相关知识体系庞大，本章将对复合材料的基本概念、性能特点以及应用发展这三个方面做一些简单的介绍，希望增进读者对复合材料的认识和了解。同时，由于本书的主旨在于揭示材料美学特性与科学及工业设计的关系，本章最后一节专门介绍了若干复合材料工艺制品。

8.1 复合材料的基本知识

8.1.1 复合材料——人类进步与发展的里程碑

复合材料的使用历史可以追溯到人类早期。我国古代由于物质条件的限制往往使用泥土建造房屋，这样的土房子强度和硬度差，遇到恶劣天气很容易倒塌。劳动人民充分发挥自己的聪明才智，想到在泥土中添加一些稻草或秸秆，使土房子的强度和硬度获得大幅提升。古人当时可能没有意识到这就是典型的纤维增强复合材料。其中的稻草或秸秆作为纤维，与基体泥土复合后提高了泥土的强度。在埃及金字塔建造过程中，人们利用泥和其他物质混合制成了一种高强度的材料。随着科技发展，今天的复合材料已经被广泛应用于艺术、生活、军事、工业等多个领域，下面就分别从艺术、生活、军事、工业这四个领域对复合材料进行介绍。

珐琅器是一种在金属基底上涂覆珐琅彩而成的器物，如莫高窟中的珐琅佛像，通常由金属、彩料和玻璃等组成。珐琅彩工艺品是一种将特殊配方的釉料施加于金属胎体上，并通过高温烧结制成的装饰艺术品。这种釉料通常由石英、长石、氧化金属等矿物质制成，这些矿物质按照适当比例混合，并加入各种颜色的金属氧化物，经过研磨和焙烧制成粉末状的彩料。珐琅彩料的特点是色彩凝重、鲜艳且具有油画效果（图 8.1）。清康熙后期，将铜胎上画珐琅的技术成功移植到瓷胎上而创造了彩瓷（图 8.2）。珐琅彩瓷是中国瓷器生产技术发展高峰期的产物，堪称中国古代彩瓷中的精品。

图 8.1　掐丝珐琅彩图案

图 8.2　中国宫廷珐琅彩瓷器

除了珐琅器，金属漆器也是典型的复合材料艺术品。金属漆器以金属制品为基础，通过底漆、彩绘、抛光涂蜡等复合工艺技术制作而成。图 8.3 展示了不同时代的金属漆器用品，经历时代变迁流转，这些物件依然保持较好的造型和色彩光泽，这是因为金属坚固不易变形，而特别的底漆增加了器件的耐久性和质感，使器件保持鲜艳的色泽，这正是复合材料优点的体现。

图 8.3　明代描金圆盒（左）和汉代描金漆器三足盆尊（右）

木雕漆器与金属漆器类似，它是以木材为基础，经过雕刻成型，再经表面上漆等多道工艺制成。该工艺充分利用了各类材料的特点，也属于复合材料的一种。例如常见的镶嵌漆雕屏风，就是由木材、漆料、各种宝石等复合而成。图 8.4 至 8.6 展示了不同时期造型各异的木雕漆器，经历时代变迁依然保持较好的色泽。

图 8.4　战国时期彩漆木雕小座屏

图 8.5　楚彩漆木雕镇墓兽：怪异的守护者

图 8.6　金虫圆盘 - 木胎漆器

以上的珐琅器、金属漆器、木雕漆器等艺术品，不但体现了我国古代人民的高超技艺和聪明才智，也见证了人类的时代变迁与社会的发展。随着科技的不断进步，越来越多的具有时代特性的新型复合材料艺术品不断涌现，它们凝聚着人类的智慧，承载着人类社会的文明成果。

除了在精美的艺术品中得到应用，复合材料在生活中也被广泛使用。例如，在五谷去壳的过程中，人们早期使用石臼木杵去壳，后来人们发明了一种用复合材料制成的舂米神器——土砻（lóng），利用它可以轻松完成谷物脱壳的整个过程（图 8.7）。土砻的砻墩是用竹篾围成的圆柱体，分为上下两个部分，外壳使用竹编围着，里面使用红土做成。这种红土是经过精细加工研磨后获得的纯红土，再加入糯米混合后形成有特殊黏性的复合材料。这种复合材料能够牢牢地黏住竹片，使竹片起到齿轮作用。

图 8.7 民国时期舂米神器——土砻

复合材料的发展同样见证了武器的发展。早在二战时期，复合材料便作为新材料用于武器的制造。例如，在飞机制造过程中研究人员认识到纯金属具有缺陷，并在不断试验中发现复合材料可以有效克服纯金属的缺陷，大大提高了飞机的性能。1945 年，美军在阿伯丁试验场测试了新式的谢尔曼坦克 HCR 装甲，这种装甲由不同材料复合而成，可以看作是一种早期的复合装甲。第一代 HCR 由 50% 的铝材料、10% 的木屑和 40% 沥青复合而成，然而测试表明该复合装甲对穿甲弹的防护性能并不好。通过不断尝试和改进，研发人员开发出了第二代 HCR（图 8.8），它由两层 25 毫米的铝板构成，铝板中间填充碎石英石、树脂和木屑，比例为 8 ∶ 1.5 ∶ 0.5。测试表明第二代 HCR 复合装甲相当于 75mm 厚的钢装甲，完全能应对单兵火箭筒等武器。

在工业生产中，复合材料一直大放异彩。20 世纪 40 年代，因航空工业的需要，发展了玻璃纤维增强塑料（俗称玻璃钢），从此出现了复合材料这一名称。50 年代，斯派里公司开先河，大规模生产树脂和玻璃纤维增强聚合物。这种材料在航空业、汽车制造业、建筑业等领域的应用逐渐普及。根据统计数据玻璃纤维增强聚合物的用量在过去几十年中增长了至少 20 倍。

图 8.8　安装 HCR2 复合装甲的 M4 坦克

20 世纪 60 年代，为满足航空航天等尖端技术所用材料的需要，先后研制和生产了以高性能纤维（如碳纤维、硼纤维、芳纶纤维、碳化硅纤维等）为增强材料的复合材料。其中碳纤维复合材料是当前复合材料中强度最高、刚度最大的一种材料，其应用范围相对较窄，大多用于制造高强度轻质材料，如现代高速列车和航空航天等领域。为了与第一代玻璃纤维增强树脂复合材料相区别，将新一代复合材料称为先进复合材料。

20 世纪 70 年代以后，为制作出高性能的复合材料而进行的研究和试验越来越多，并逐步出现了芳纶纤维和碳化硅纤维。这些高强度、高模量纤维与树脂、碳、石墨、陶瓷、橡胶等非金属基体或铝、镁、钛等金属基体复合，构成了各具特色的复合材料。20 世纪 90 年代开始，导热高分子复合材料的研究与开发成为功能性复合材料的研究热点之一，受到各国科学家的关注。

我国对复合材料在工业制造领域的研究较晚。自 20 世纪 70 年代开始，经过 40 多年的研究与发展，我国复合材料的研发技术水平不断提高。例如，在航空航天领域，我国的复合材料逐渐实现了从次承力构件向主承力构件的转变，被广泛地推广和应用在军机、航空发动机、无人机、卫星、导弹及火箭等领域。然而，我国先进复合材料技术与国外发达国家仍有一定差距。在我国军用战斗机中，复合材料的用量低于国外先进战斗机中复合材料的用量，仅有少数的军用战斗机超过 20%（例如 J-20 的复合材料用量约为 27%）。我国近年成功研制的大型民用飞机 C919 的单架飞机先进复合材料用量超过 16 吨，标志着我国先进复合材料在航空航天领域的应用水平在不断提高。

进入 21 世纪以来，全球复合材料市场快速增长，亚洲尤其中国市场增长较快。2003 ～ 2008 年间中国年均增速为 15%，印度为 9.5%，而欧洲和北美年均增幅仅为 4%。复合材料的长期向上发展，使得需求大幅增长，复合材料的生产能力也不断提高，从而推动行业产能的快速增长。复合材料的不断迭代升级不但会为人类造福，同时也将见证人类社会的进步与发展。

8.1.2 复合材料的定义及其分类

复合材料是人们运用先进的材料制备技术将两种或两种以上不同性质的材料，通过组分优化并采用一定工艺复合而成的新材料。复合材料具有以下基本特点：

（1）材料是人们根据需要设计制造的，是人造的；

（2）材料由两种或两种以上化学、物理性质不同的材料组分，以所设计的形式、比例、分布组合而成，各组成材料含量一般不少于5%，各组分之间有明显的界面存在；

（3）材料的整体性质不同于其各组分材料；

（4）材料具有结构可设计性。

复合材料根据组分材料的作用，可分为基体和增强体。基体即为复合材料中连续分布且含量占比较高的材料；增强体为不连续分布的组成材料，通常为颗粒、层片状或纤维状，主要用于改善基体的性质。增强体主要有玻璃纤维、碳纤维、硼纤维、芳纶纤维、碳化硅纤维、石棉纤维、晶须、金属丝等。图8.9和图8.10为不同形状的陶瓷增强体和金属纤维增强体。

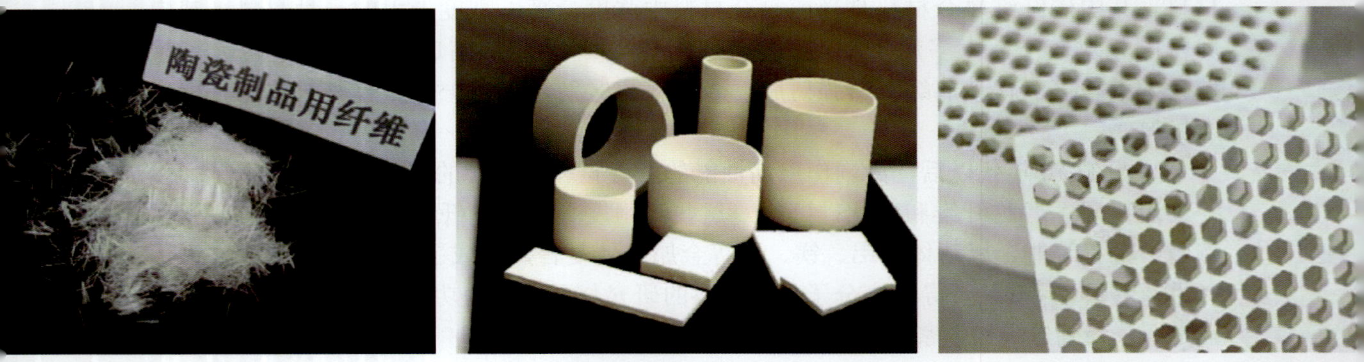

图 8.9 陶瓷纤维及其异构件

图 8.10 金属纤维

根据需求和工艺设计可以形成各式各样的复合材料体系，复合材料按不同标准有较多分类。

（1）按基体材质不同可将其分为金属基和非金属基复合材料。

金属基复合材料是以金属或合金为基体，以硼、碳、陶瓷等纤维、晶须、颗粒为增强体的复合材料。通过合适的设计和工艺，使材料兼具金属良好的韧塑性、加工性能和增强体的高比强度、比刚度、耐磨性等优点。按照基体不同，金属基复合材料还可进一步分为黑色和有色金属基复合材料。常见的黑色金属基复合材料即钢铁基复合材料。

非金属基体主要有合成树脂、陶瓷、石墨、碳、橡胶等。非金属基复合材料在很多领域都发挥了很大的作用，代替了很多传统的材料。以陶瓷基复合材料为例，它是以陶瓷材料为基体，以陶瓷纤维、晶须、晶片或者颗粒为补强体，通过适当的复合工艺制备且性能可设计的一类新型材料。陶瓷基复合材料在航空航天、医疗器械、国防军工、能源、化工等领域具有广阔的应用前景，是先进材料领域的研究前沿之一。

（2）按结构特点可将其分为：①纤维增强复合材料。将各种纤维增强体置于基体材料内复合而成，如纤维增强塑料、纤维增强金属，玻璃、纤维、碳纤维、芳纶纤维、金属纤维、天然纤维增强树脂基复合材料，以及特种纤维增强聚合物基复合材料等。②夹层复合材料。由性质不同的表面材料和芯材组合而成。通常面材强度高、薄，芯材质轻、强度低，但具有一定刚度和厚度，分为实心夹层和蜂窝夹层两种。③细粒复合材料。将硬质细粒均匀分布于基体中，如弥散强化合金、金属陶瓷等。④混杂复合材料。基体相材料中混杂有两种或两种以上增强相材料。相比于普通单增强相复合材料，混杂复合材料的冲击强度、疲劳强度和断裂韧性显著提高，并具有特殊的热膨胀性能，主要包括层内混杂、层间混杂、夹芯混杂、层内 / 层间混杂和超混杂复合材料等。

（3）按材料功能特点可将其分为结构复合材料、功能复合材料和智能复合材料。①结构复合材料是作为承力结构使用的材料，由能承受载荷的增强体与能连接增强体的基体构成。增强体包括玻璃、陶瓷、碳素、高聚物、金属以及天然纤维、织物、晶须、片材和颗粒等，连接增强体的基体则有高聚物（树脂）、金属、陶瓷、玻璃、碳和水泥等。②功能复合材料是指除机械性能以外还提供其他物理性能的复合材料，如：导电、超导、半导、磁性、压电、阻尼、吸波、透波、摩擦、屏蔽、阻燃、防热、吸声、隔热等功能。功能复合材料主要由功能体和增强体及基体组成。功能体可由一种或以上功能材料组成，多元功能体的复合材料可以具有多种功能，是功能复合材料的发展方向。③智能材料一般由两种或两种以上的材料复合构成一个智能材料系统，具备感知、驱动和控制这三个基本要素。主要由基体材料、传感器部分（敏感材料）、驱动器部分和信息处理器部分构成。智能材料的设计、制造、加工和性能结构特征涉及了材料学的最前沿领域，代表了材料科学的最活跃和最先进的发展方向。

（4）按性能优劣可将其分为常用和先进两类。常用复合材料由于价格低廉，例如玻璃钢，已广泛用于船舶、车辆、化工管道和贮罐、建筑结构、体育用品等。先进复合材料是由高性能增强体（如碳纤维、芳纶等高性能耐热高聚物）构成的复合材料，包括金属基、陶瓷基和碳（石墨）基以及功能复合材料。先进复合材料性能优良，但价格相对较高，主要用于国防、航空航天、精密机械、深潜器、机器人结构件和高档体育用品等。

图 8.11 至图 8.13 展示了一些典型的复合材料及其制品。

图 8.11　玻璃纤维复合材料

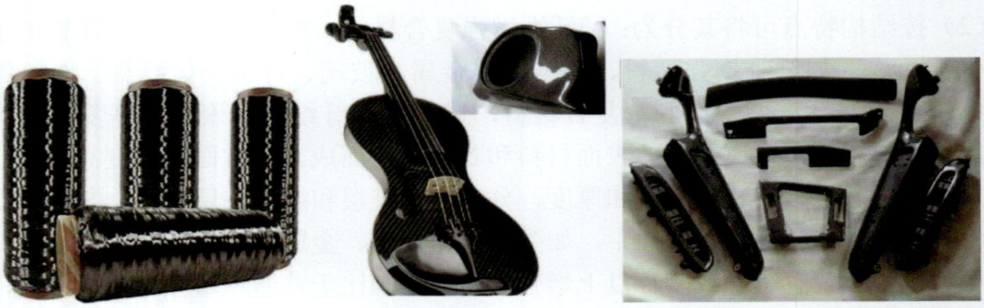

图 8.12　碳纤维及其制品

图 8.13　复合材料工艺品

8.1.3 复合材料的性能特点

复合材料除保留原组分材料的主要特点外，复合效应赋予材料原组分材料不具备的优异性能，因此复合材料一般具有优于普通材料的优异综合性能。

1）比强度、比刚度高，质量轻

复合材料中纤维增强材料具有比重小、比强度和比模量大的特点。材料的比强度越高则零件质量越小，比模量越高零件刚性越大。如碳纤维与环氧树脂复合的材料具有较低的密度，其比强度和比模量均比钢和铝合金大数倍，从而显著降低了产品的重量，还具有优良的化学稳定性、减摩耐磨性、自润滑性、耐热性、耐疲劳性、耐蠕变性、消声性、电绝缘性等性能。例如，以碳纤维和碳化硅纤维增强的铝基复合材料，在 500℃时仍能保持足够的强度和模量；以氧化铝增强的铝基复合材料，其比模量和比强度是纯铝和软钢的数倍；用碳纤维和玻璃纤维混合制成的复合材料片弹簧，其刚度和承载能力与重量大 5 倍多的钢片弹簧相当。

2）抗疲劳

复合材料具有比基体材料更高的抗疲劳性能。例如，碳纤维增强聚合物基复合材料的疲劳强度极限可达拉伸强度的 70% ～ 80%，远高于普通金属材料的 30% ～ 50%。因此复合材料在长期交变载荷环境下具有更长的使用寿命和较大破损安全系数。此外，金属材料的疲劳破坏通常是突发的，没有任何预兆，危险系数高，而复合材料在疲劳破坏前具有明显征兆，在增强体与基体的结合面上能提前观察到裂纹，可实现一定预防效果。

3）耐腐蚀

复合材料的基体材料如树脂等通常具有优异的化学稳定性，能够抵御多种化学介质的侵蚀。同时，复合材料的增强材料，如玻璃纤维、碳纤维等，因其高纯度和特殊结构也不易被腐蚀。另外，复合材料优异的硬度和韧性使其在面对较强冲击力的腐蚀环境时更具优势。例如，在海洋环境中，复合材料制造的管道系统和设备能够在保持硬度和韧性的同时有效抵御海水的腐蚀。复合材料优异的耐蚀性使其在海洋环境、化工设备与航空航天领域具有重要应用价值。

4）可设计性

复合材料可以通过不同的纤维和基体材料组合以及成型工艺来满足特定的设计要求，为设备的创新设计提供了更多可能性。另外，纤维增强材料具有各向异性，因此可按制件不同部位的强度要求设计纤维的排列，大大提升了复合材料的可设计性。

5）功能特性

除了基本的机械性能外，复合材料还可以提供导电、超导、磁性、压电、阻尼、吸波、透波、阻燃等多种功能。例如，碳化硅纤维与金属钛复合后，钛的耐热性提高的同时还表现出优异的耐磨损性能；碳化硅纤维与陶瓷复合后，使用温度可达 1500℃，远高于超合金涡轮叶片的使用温度 1100℃，表现出良好的耐高温性；碳纤维增强碳、石墨纤维增强碳或石墨纤维增强石墨，可构成性能优异的耐烧蚀复合材料，广泛用于航天器、火箭导弹和原子能反应堆中。

图 8.14　应用了复合材料的“毅力号”火星车（构想图）

8.1.4　复合材料的应用

复合材料的应用领域十分广泛，尤其在航天、飞机和汽车制造领域发挥了非常重要的作用。另外，在医疗卫生、建筑材料等领域复合材料也逐渐崭露头角。

（1）在航天领域，复合材料一直是材料使用的中流砥柱。例如，在美国“毅力号”火星车中大量采用了复合材料，其中降落伞的绳索、隔热屏障以及结构支撑材料都使用了复合材料，在其登陆火星过程中起到了很大的作用（图 8.14）。

（2）在飞机制造领域，复合材料的使用使得今天的飞机能够在保持更轻质量的基础上获得更优异的性能。例如，在以 B787、A350 为代表的双通道飞机上，机身结构复合材料用量超过 50%（图 8.15），使得飞机重量更轻、结构耐久性提高，并具备更好的耐腐蚀特性，更好地满足了民用飞机对安全、经济、舒适和环保性的发展需求。

图 8.15　复合材料在飞机上的应用

（3）在汽车制造领域，复合材料在包括赛车、跑车、高端价值车等乘用车以及重型卡车、大巴车、轻型卡车等商用车上也有广泛应用（图 8.16）。复合材料的使用使跑车性能更安全，车身轻量化，同时复合材料的可塑性也大大提高了汽车舒适度。目前超级跑车上复合材料用量达 50% 以上。高性能汽车的刹车材料要求高比热容、高熔点以及高温下的强度，传统的金属材料难以满足。碳 / 碳复合材料刹车片具有重量轻、耐温高、比热容高的优点（图 8.17）。同金属刹车相比，碳 / 碳复合材料刹车片可节省 40% 的结构重量，使用寿命是金属基的 5 ～ 7 倍，并且刹车力矩平稳，刹车时噪声小。

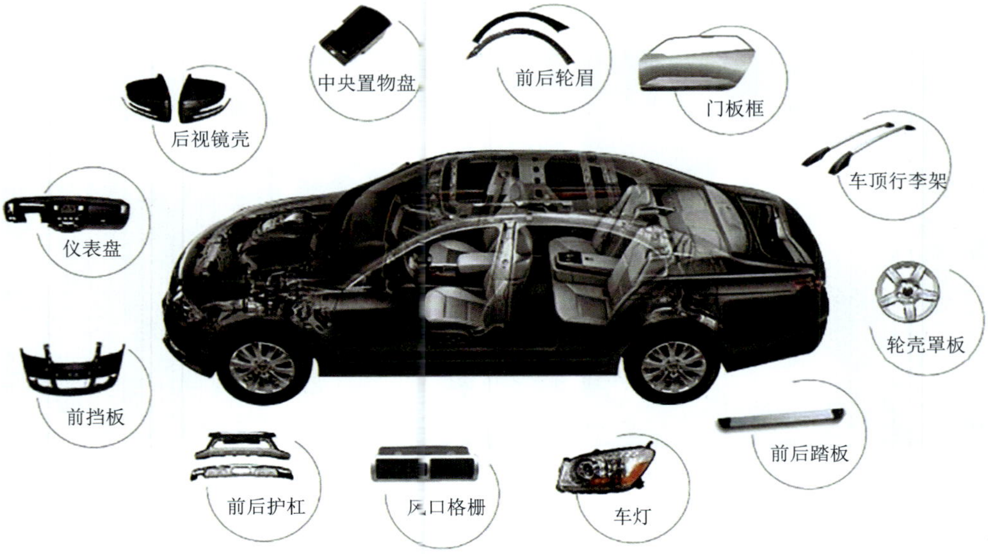

图 8.16　复合材料在汽车内外饰件上的应用

（4）在医疗卫生领域，复合材料由于独特的轻质、高强度、生物相容性好、抗腐蚀、可塑性强等特点，能够更好地满足医学领域对材料的特殊要求（图 8.18）。例如，有机无机复合材料包括生物玻璃和生物陶瓷具有良好的生物相容性和机械性能，可用于制造人工关节、牙科修复材料、骨修复材料等；聚合物基复合材料被广泛应用于药物输送系统和生物成像以及轻量、高强度的医疗设备中；先进复合材料的牙科充填材料和牙科修复材料，可改善修复的持久性和美观性；碳纤维复合材料制作的人工骨和关节，其抗弯曲强度较其他生物材料制成的人工骨更接近于真实的人骨。

图 8.17　碳 / 碳复合材料刹车片

（5）在建筑材料领域，复合材料在建筑外墙、轻质梁和柱、节能建筑、环保建筑、桥梁以及室内装饰中发挥了重要作用（图 8.19）。例如，人造复合石板材具有无毒性、无放射性、高阻燃性、不粘油、不渗污、抗菌防霉、耐磨、耐冲击、易保养、拼接无缝、任意造型等优点，多项理化指标均优于普通微晶石和天然石，并可根据需求制成各式各样的板材、护栏、罗马柱、廊柱、石狮、艺术摆件等，正逐步成为装修市场上的新宠。

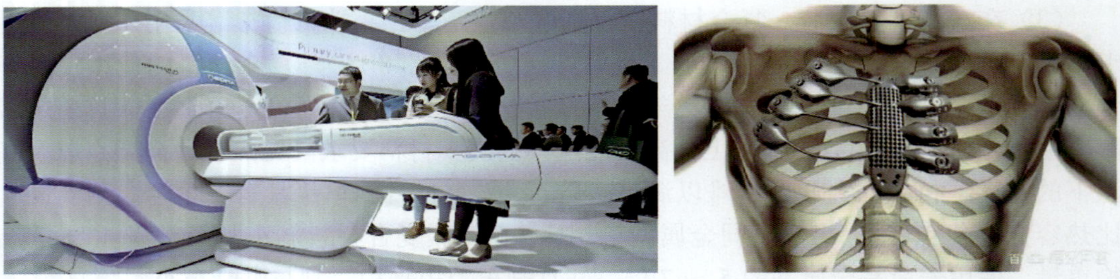

图 8.18　复合材料应用于医疗产品

图 8.19　时尚插花瓶（左）和木塑复合装饰板材（右）

8.2　复合材料的技术美学发展

材料之美，在于形态之幻、色彩之绚、工艺之巧，更在于其展现的自由艺术形态。复合材料是人造合成材料，种类繁多、性能突出，为美学设计提供了广阔的选择空间。在科技高速发展的当下，越来越多的复合材料在新设计中展现出令人惊叹的力量，也展现出复合材料在可持续设计与未来设计中的发展潜力。

8.2.1　复合材料所用原材料的选取

复合材料由人们根据需求选取不同的原材料进行工艺制造合成，原材料的选取通常需要综合考虑性能、成本、工艺适应性等多个因素。复合材料的原材料主要包括基体材料、增强材料以及如固化剂、促进剂、脱模剂等的辅助材料。

基体材料是复合材料的重要组成部分，常见的基体材料主要包括金属和非金属材料。金属基体材料包括铝、镁、铜、钛及其合金等，具有良好的强度和延展性，适用于各种工程应用。非金属基体材料主要包括合成树脂、橡胶、陶瓷、石墨、碳等。

增强材料如碳纤维、芳纶、玻璃、硼、钢筋、石子、石棉等，包括颗粒、不连续短纤维、晶须、连续纤维等形态，具有高强度、高模量、低密度、绝缘或耐蚀等特点，能够有效提高复合材料的物理化学性能。玻璃纤维具有良好的绝缘性和耐腐蚀性；碳纤维具有低密度和高强度；硼纤维具有高强度、刚度和良好的耐高温性能；芳纶纤维（也称为凯夫拉尔纤维）具有优异的耐磨性和抗冲击性；碳化硅纤维具有高强度和高硬度。

随着生态环境问题受到越来越多的关注，在原材料选取时应尽量考虑无毒、无害、可回收或可降解的原材料，以减少对环境的污染和破坏。澳大利亚设计师 Brodie Neill 利用海滩上打捞上来的塑料袋设计并制作成桌子 Gyro（图 8.20）。塑料袋被制成了塑料碎片，形成斑点花纹，呈现出水磨石的感觉。从蓝到白的渐变，仿佛深邃的星空与大海。

图 8.20　Gyro 桌子

除了采用废弃的塑料袋，基于藻类和树叶等的生物聚合物（即生物塑料）也可以作为原材料用以制作海藻容器，如花瓶、碗、杯子等。该材料可以被大规模工业应用并像传统塑料一样加工，还可用作 3D 打印材料。斯洛伐克设计师 Simon 利用树叶作为原材料，将其与从“地沟油”提取的“生物树脂”结合，制造了一把环保树叶椅子（图 8.21）。

图 8.21 树椅

8.2.2 复合材料成型工艺

复合材料成型工艺是复合材料制造过程中的关键环节，具有材料生产与制品成型同时完成、制品成型简便的特点。目前主要的成型工艺包括手糊成型、缠绕成型、拉挤成型、液体成型、热压罐成型、注塑成型等。

手糊成型是一种传统的复合材料成型工艺，通过人工将增强材料和树脂在模具上交替铺层、黏结并固化成型。手糊成型工艺简单、成本低，制品质量受工人技术水平影响较大。常用于需求量较小的大型构件、复杂的复合材料制品生产中，如汽车车壳、机器盖、游艇船体等。图 8.22 所展示的张家界景区游览车车体就采用了手糊成型工艺。

图 8.22 张家界景区手糊成型的游览车复合材料车体

缠绕成型，是指将浸过树脂胶液的连续纤维（或布带、预浸纱）按照一定规律缠绕到芯模上，然后经固化、脱模获得制品的过程（图 8.23）。根据纤维缠绕成型时树脂基体的物理化学状态不同，缠绕成型工艺可以分为干法缠绕、湿法缠绕和半干法缠绕三种。缠绕成型工艺适合于制备要承受一定内压的中空型容器，如固体火箭发动机壳体、压力容器和管道、药品贮罐等制品。缠绕制品比强度高，制品质量较好。

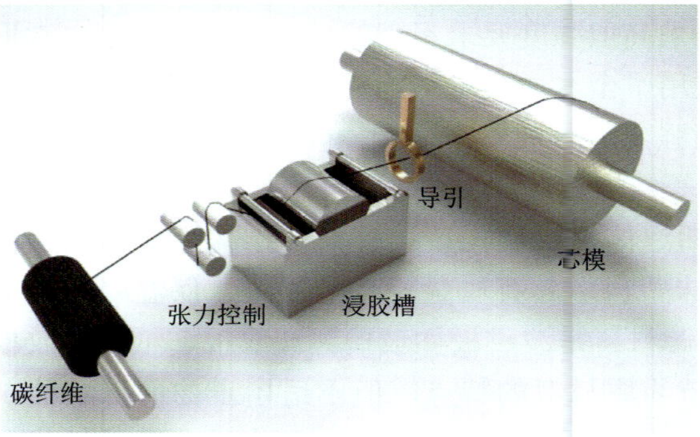

图 8.23　碳纤维缠绕成型复合材料流程示意图（左）与缠绕成型的压力容器（右）

拉挤成型是一种连续生产的复合材料成型工艺，将连续纤维及其织物、毡类增强材料添加在树脂中并从模具中连续通过，经挤压成型、加热固化，再根据需求切割加工形成制品。拉挤成型工艺的生产效率高，适用于各种截面形状的复合材料型材生产，广泛应用于建筑、交通等领域。

液体成型技术是指将干纤维预制体铺放于闭合模具型腔中，合模后将液体树脂注射到模腔中，在压力作用下树脂流动并浸润纤维的一系列复合材料成型技术。该工艺能够满足严格的尺寸精度容差要求，适宜多品种、中批量、高质量的复合材料制品生产，如汽车车身板、保险杠等部件。

热压罐成型是在手糊成型和模压成型基础上发展起来的一种高温高压的复合材料成型工艺。将预浸料按预定方向和顺序人工或自动铺叠在模具上，封制真空袋，放入热压罐中，在高温高压下固化、脱模、修整获得制品。成型过程常使用真空技术，也称真空袋热压成型，是制造连续纤维增强热固性复合材料制件的主要方法，目前广泛应用于先进复合材料结构、蜂窝夹层结构以及金属或复合材料胶接结构的成型中。热压罐成型的复合材料制品性能好、质量高，但设备投资大，一般用于飞机、导弹等高性能要求的领域。

注塑成型，又称注射模塑成型，是一种将熔融的塑料通过高压注入模具中，再经过冷却固化后得到成型品的方法，是目前制备长玻纤增强热塑性材料最为重要的工艺。该工艺具备稳定性高、可自动化和效率高等优点，是目前应用较为广泛的成型工艺。

除以上所列工艺外，还有各类复合材料成型工艺。各种成型工艺各有优缺点，选择适合的成型工艺对于提高制品质量和生产效率至关重要。复合材料成型工艺逐渐由最初的手工操作发展到机械化，现在又逐步发展到自动化和智能化。随着科技发展，尤其是 AI 技术和机器人技术的高速发展，新型复合材料成型工艺也将不断完善和发展。

8.2.3 复合材料夹层结构

复合材料夹层结构是一种复合构造的板、壳结构，由高强度的蒙皮面层与轻质芯材组成。蒙皮面层材料一般具有高强度，是夹层结构的主要受力部分。芯层具有质量轻的特点，主要起连接和支撑面层作用，承受剪切应力。复合材料夹层结构的主要特点是质轻、刚度大，多用于尺寸较大，刚度要求高但强度要求不高的场景。例如，第二次世界大战时，英国的“蚊式”轰炸机上就采用了全木质夹层结构。与薄壁结构的薄蒙皮相比，夹层板的厚度大得多，抵抗失稳能力强，用于机翼、尾翼、机身、箭体、箭头、减速板、发动机短舱、隔音装置、防火隔板等结构部件。

如果按芯层分类，夹层结构主要包括泡沫夹层结构、波板夹层结构和蜂窝夹层结构。泡沫夹层结构的夹芯材料一般是泡沫塑料，具有质量轻、刚度大、保温隔热性能好、强度不高的特点；波板夹层结构的夹芯材料是波纹板如玻璃钢波纹板、纸基波纹板和棉布波纹板等，具有制作过程简洁、节约原材料的特点，但不适用于曲面形状的制品；蜂窝夹层结构是一种典型的夹层结构，具有极大的弯曲刚性、气密性和隔热性优异的独特优势，强度和刚度也比较高。由于是黏接结构，蜂窝夹层结构的表面可以做得很平滑，同时结构衰减大，由冲击而引起的破坏停留在局部，龟裂难以扩展。图 8.24 是蜂窝夹层结构示意图和常见的蜂窝纸板。

图 8.24 蜂窝夹层结构（左）与蜂窝纸板（右）

8.2.4 复合材料连接技术

复合材料具有质量轻、强度高等特点，目前已广泛应用于航空、汽车、轨道车辆以及机械设备等领域的制造中。虽然复合材料整体成型技术已取得一定发展，但复合材料结构不可避免地要与各类零部件相连接，而连接处往往是破坏高发区，因此复合材料的连接技术是复合材料应用中的关键一环。

经过多年的发展，复合材料的连接技术目前主要包括机械连接、胶接连接、混合连接、Z-pin 连接和缝合连接，以及新发展的混合胶接、特殊连接和创新连接等连接方法。目前，传递载荷应用较多的是机械连接和胶接连接，Z-pin 连接和缝合连接作为辅助手段，主要用于提高连接的抗剥离应力的能力。

机械连接是指将一种复合材料和另一种复合材料（或金属、合金）通过紧固件连接成为一个整体，例如利用螺纹连接、铆接、插销连接、卡口连接等方式将金属和复合材料连接在一起，是工程中组装复合材料部件时最常使用的连接方法（图 8.25）。机械连接一般具有结构强度高、可重复装配、便于检修拆卸、抗冲击性能好、安全可靠性高与受环境影响小的优点。但是机械连接形成的孔会损伤复合材料，同时孔周局部应力集中会降低连接强度。另外，紧固件与复合材料接触存在电化学腐蚀问题。

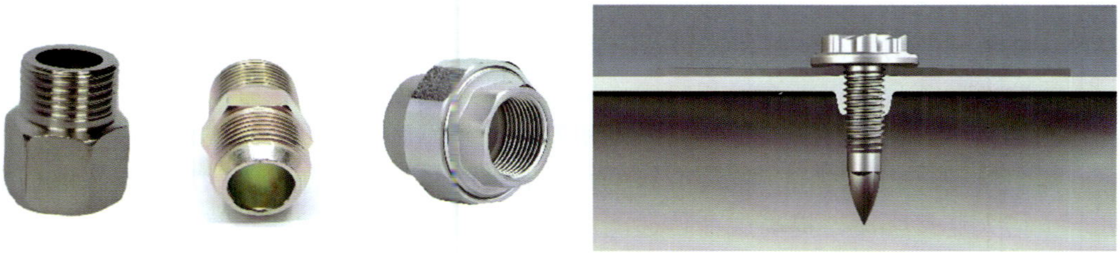

图 8.25　从左至右：外螺纹、锥螺纹、内螺纹、铆钉工艺

胶接连接是采用胶黏剂将零件连接成整体的工艺。胶接可使金属和复合材料无缝连接，承载较大的拉伸、剪切力和扭矩，同时对材料的性质改变较小，是一种较实用有效的连接工艺技术。胶接技术古已有之，图 8.26 展示的兵马俑是秦始皇陵陪葬体系的重要组成部分，凝聚了秦朝工匠的智慧。秦朝对于器物建筑等的制造实行“物勒工名，以考其诚”制度，研究人员曾在一号坑兵马俑中发现在其颈部、左臂和脚踏板上分别刻有不同的姓名，推测兵马俑可能是工匠按部位流水线式制作完成，再通过材料将这些部位黏合连接。这种材料在兵马俑战士颈部和头部、手臂和身体、袖子和手掌、袖子内侧，马的头部和颈部、四肢和蹄子等结合处均有发现，呈青灰色，被广泛用于兵马俑制作中

图 8.26　秦兵马俑

的修补、黏接、抹平等工艺。经分析，这一复合材料由含有动物胶和鸡蛋的蛋白质黏合剂及研磨陶器颗粒的无机填料组成。有机组分蛋白质黏合剂与无机组分研磨陶器颗粒复合，性能互补，实现了单一材料不能达到的综合性能。这一复合材料的发现为了解兵马俑的制作工艺及保护与修复工作提供了新的依据，也为修复材料的研究提供了新思路。

胶接连接没有钻孔引起的应力集中，因此层压板强度不受影响，抗疲劳、密封、减震、绝缘性好，不存在材料间电化学腐蚀问题，破坏安全性好。但胶接连接的强度分散性大，剥离强度低，难以传递大载荷。还存在受环境影响大，易老化的问题。另外，作为一种永久性连接，胶接后不可拆卸，修补、回收再利用困难。胶接连接适用于传递均匀载荷或承受剪切载荷的部位，以及有密封、减震、绝缘等要求的部位。

混合连接结合了机械连接和胶接连接的优点，避免单一连接方式带来的弊端，通过合理的结构设计使各种连接优势互补且相互关联与协调，可以阻止或延缓胶层损伤的扩展，提高抗剥离、抗冲击、抗疲劳和抗蠕变等性能，在满足密封、减震、绝缘的情况下进一步增大连接强度，提高载荷传递能力，同时隔离金属紧固件与复合材料，避免电化学腐蚀。适用于要求安全余度较大的连接部位，以及需要综合性能提升的连接场景。

Z-pin 连接指在固化前的预浸料或泡沫夹层厚度方向直接嵌入刚性的短棒，即 Z 形细棒（金属或纤维增强复合材料），以提高层间性能，这种短棒通常称为 Z-pin。Z-pin 材料可以是不锈钢、铝合金和钛合金等金属，或碳纤维、玻璃纤维和芳纶等非金属。Z-pin 技术是一种复合材料层间增强技术，主要用于增强铺层预浸料或泡沫夹层复合材料，提供夹层结构抗压塌和剪切能力。该技术可提高层间韧性、抗冲击性能、损伤容限等，配合胶接可提高局部结构的强度。

随着复合材料行业的不断发展，复合材料连接技术也在不断创新和完善。智能设计与制造技术的发展有利于提高连接技术的精准度和效率，同时应关注连接技术的环保性和可持续性，推动循环材料经济和生物材料的应用。连接技术是复合材料应用中不可或缺的关键技术，连接技术的不断创新可以进一步提高复合材料的性能，拓宽其应用范围。

8.2.5 复合材料的面饰技术

为提高材料表面美观性、保护基材、增加材料功能性，逐步发展了复合材料的面饰技术，主要包括涂饰、贴面、表面压花与拉毛、覆膜、浸涂及一些特殊面饰技术。通过不同的面饰方法，有效保护基材免受外界环境的侵蚀和破坏，延长材料的使用寿命，部分面饰技术可以有效改善材料的各种性能，例如防火、防水、耐磨等。同时，通过面饰技术可以在材料表面呈现出丰富多彩的图案和纹理，满足不同场合和消费者的审美需求。以下介绍几种常见的面饰技术。

表面涂饰采用抗老化、工艺简易、成本低廉的涂饰和印刷技术，如使用热塑性丙烯酸树脂漆、醇酸调和漆等装饰颜料，形成一层保护膜或装饰层。喷漆技术可以提高材料表面的光泽度、耐磨性、耐候性等。根据具体需求，可以选择水性漆、油性漆、UV 漆等，从而获得良好的装饰效果和经济效益。

压花与拉毛技术指通过压花机与拉毛机等设备在复合材料表面形成一定的装饰纹

理，增加材料的观感和手感，适用于需要特定表面纹理的复合材料制品，如人造革表面纹路、花纹（图 8.27）。

图 8.27　压花图案

覆膜技术是一种将透明塑料薄膜通过热压覆贴到材料表面，以增加光泽及保护表面的技术。复合材料覆膜技术广泛应用于包装、建筑、电子、汽车等领域，以提高产品的耐用性、美观性、功能性等。

浸涂技术是一种将复合材料浸入涂料中，使涂料均匀附着在材料表面，然后通过加热或自然干燥固化的技术。浸涂技术具有生产效率高、操作简单、涂料损失少、适用范围广等特点，广泛用于大型或复杂形状的复合材料部件。

复合材料 flocking 工艺是一种将纤维短丝黏附在基材表面的技术。通过静电力将纤维短丝均匀地吸附到基材上，形成一层均匀而密集的纤维覆盖层。基材可以是塑料、金属、纸张等，短纤维可以是尼龙、聚酯、腈纶等纤维材料。该工艺可以增加材料的触感和视觉效果。flocking 工艺是一种创新的面饰工艺，可以应用于各类领域和行业，如用于改善汽车内饰中仪表盘、门板和座椅的触感和外观，提升家居用品中家具、玩具和装饰品的质感和美观度。在纺织品中，可以用来制作各种颜色和纹理的绒布（图 8.28）。

图 8.28　flocking 植绒

复合材料面饰技术丰富多样，面饰技术可以有效提高复合材料的美观性和耐久性，增强材料之间的兼容性，广泛应用于各个领域，如建筑领域中墙面、天花板、柜体、家具等室内装饰及建筑外墙装饰，汽车、飞机、轮船等交通工具的内饰和外饰，手机、电脑等电子产品的外壳等。随着技术的进步，新型面饰技术如激光雕刻、3D 打印等不断涌现，为复合材料面饰技术提供了更多选择从而拓宽了其应用和发展。

8.3 合则兼美——复合材料的应用鉴赏

8.3.1 复合材料在建筑中的应用——欧洲检察署大楼

玻璃纤维、碳纤维、玻璃钢等纤维增强复合材料作为建筑材料已经得到较多运用，主要集中在结构加固、玻璃钢瓦及玻纤增强拉挤型材等。复合材料的轻质高强特性使其成为大跨度建筑和薄壁结构的理想选择。

欧洲检察署新总部大楼位于荷兰海牙，嵌于一片起伏的沙丘景观之中（图 8.29），大楼的设计充分考虑了功能性和美观性相结合。在建筑过程中，复合材料发挥了重要作用。荷兰 TGM 建筑公司与 Indupol 公司、力联思以及 BüFA 和 Solico 公司合作，成功实现了欧洲检察署大楼外立面独特的设计和造型，为建筑业注入创新的复合材料应用技术。复合材料部件由 IndupoL 公司制造，采用手糊工艺在模具里成型获得特定的形状和尺寸，使用的树脂来自力联思和 BüFA。模压之后，制品表面经过处理并覆以白色面漆。由复合材料构成的纯白立面为建筑赋予了一种永恒而富有韵律的古典美。

图 8.29 欧洲检察署大楼

8.3.2　复合材料在潜艇中的应用——水下滑翔机“海翼”号

复合材料在潜艇中的应用，特别是“海翼”号水下滑翔机，是复合材料技术在海洋工程领域的重要应用案例（图 8.30）。

水下滑翔机是一种新型的水下机器人，能够利用净浮力和姿态角调整获得推进力，在深海环境下以极小的能源消耗获得较大的续航能力和工作效率。深海环境如高水压、低温和腐蚀等极端条件对材料选择提出苛刻要求。复合材料因其优异的性能，如质量轻、强度高、耐腐蚀等，成为水下滑翔机制造的理想选择。为达到 7000m 级的下潜深度，“海翼”号使用了一种特殊抗压材质——碳纤维复合材料，在减轻自身重量增加滑翔机内有效体积的同时，实现了承受深海下超大水压的目标。碳纤维复合材料具有优异的耐腐蚀性，能够有效抵抗深海环境下海水和其他腐蚀性介质的侵蚀，从而延长滑翔机的使用寿命。

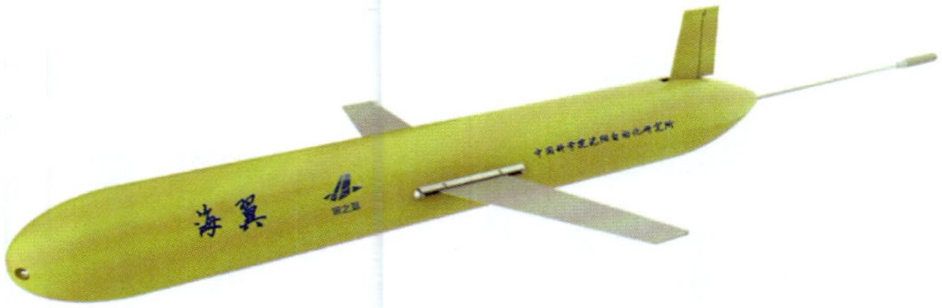

图 8.30　水下滑翔机“海翼”号

除了水下滑翔机外，复合材料在其他水下航行器中也具有广泛应用。如一些潜艇耐压壳逐渐由碳纤维复合材料制造，以承受深海的高压环境。碳纤维复合材料螺旋桨和推进轴在减轻重量的同时，提高了效率和耐用性。复合材料还被用于潜艇的声学隐身设计，通过减少声波的反射和传播，提高潜艇的隐蔽性。

随着复合材料技术的不断进步和创新应用，未来我们可以期待更多类似“海翼”号的深海探测设备在海洋探索中发挥重要作用。

8.3.3　复合材料在轨道交通中的应用——和谐号与复兴号

复合材料在轨道交通，尤其是和谐号与复兴号高速列车中具有广泛而重要的影响，主要体现在列车的轻量化设计、隔音与隔热、安全性与耐久性、环保节能等方面。例如，和谐号与复兴号均采用了大量复合材料以实现列车的轻量化从而提高运行效率；另外，基于纳米微孔结构的无机隔热复合功能材料具有优异的隔热保温和防结露效果，显著提升了列车的乘坐舒适度，有效降低了列车运行过程中的噪声，提供更加宁静的乘车环境；除此之外，车门、洗手间、座椅等总成件以及转向架、车体、闸瓦、齿轮箱等主承力件和关键部件中均有复合材料的应用，有效提高了这些部件的强度和刚性，整体提高了列车的安全性和耐久性，延长了列车的使用寿命。

相比于和谐号动车组，复兴号列车采用了更多的复合材料，例如选用了具有更轻、更强特性的碳纤维复合材料用于车体的局部结构件中，实现更高的轻量化目标和更好的性能，性能也比和谐号有了更大的提升（图 8.31）。未来，随着新材料、新技术和新工艺的不断发展，复合材料在轨道交通领域的应用将会更加广泛和深入。

图 8.31　和谐号和复兴号列车组

8.3.4　复合材料在医疗器械中的应用——重构生活的植入物

复合材料由于其高强度、高模量、优异的耐蚀性和生物相容性特点，在医疗领域发挥着重要作用（图 8.32）。复合材料结合了多种不同组分的性能优势，为医疗植入物带来了前所未有的性能提升和更多可能性。

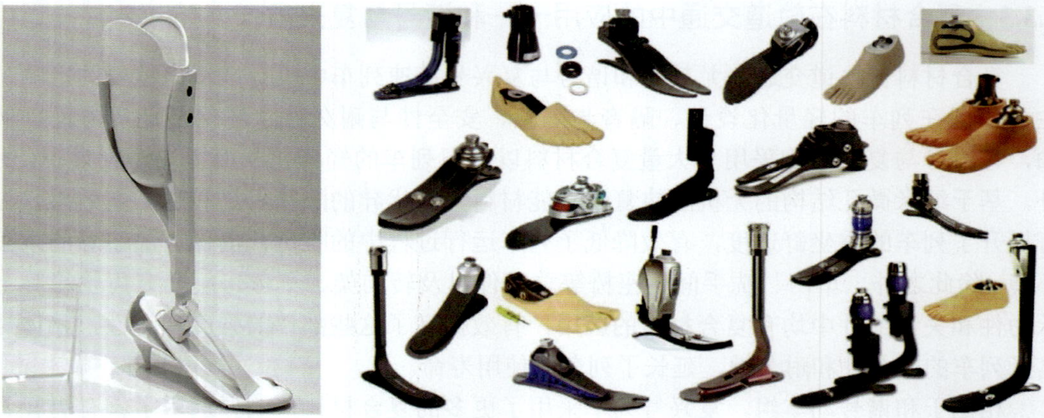

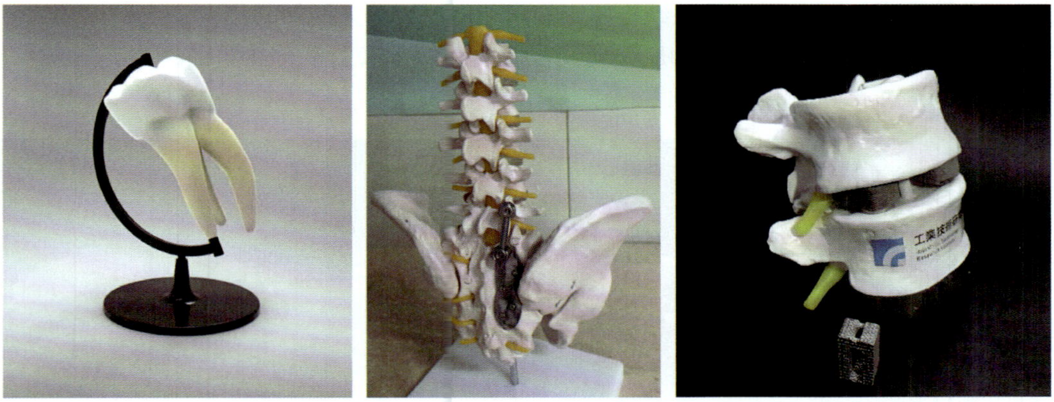

图 8.32　复合材料用于医疗器件

碳纤维复合材料具有高强度、高模量、低密度和优异的生物相容性，其力学性能接近甚至超越人体骨骼，使用碳纤维增强聚醚醚酮制造的人工骨和关节，抗弯曲强度和耐磨性均优于传统材料，提升了患者的康复效果和生活质量。碳纤维复合材料还可以用作牙体修复材料和种植牙基体，促进了牙周组织的愈合和再生。聚合物基复合材料由于其生物可降解性，可用于骨折固定的临时固定器和组织工程支架。高分子复合材料具有优良的力学性能、化学稳定性和生物相容性，如聚氨酯、硅橡胶等被用于制造导管、人工血管等医疗器械，在具有良好的生物相容性基础上，还能够满足医疗器械对材料耐用性和安全性的要求。热塑性碳纤维复合材料赋予了医疗器械更高的品质和更安全的性能，连续碳纤维增强聚醚醚酮复合材料可以替代传统的钴铬合金、钛、钢等金属材质，用来制作髓内钉瞄准杆支架、远端锁定用瞄准架、医疗器械外固定支架等。利用 3D 打印技术发展钛金属与高分子复合材料的骨修复医材，如骨钉、牙钉等，刚性接近人体，并可做空洞设计，是优秀的骨修复医材。

随着医疗技术的不断进步和人们对健康需求的不断提高，复合材料在医疗器械领域的应用前景十分广阔。复合材料在重构生活的植入物方面发挥着重要作用，为医疗领域的创新和发展注入了新的活力。

8.3.5　复合材料在航天航空中的应用——共谋云端新蓝图

航空航天领域特殊的工作环境对飞机、卫星、火箭等设备制造提出了严苛的性能要求，对新材料技术发展提出了严峻挑战。先进复合材料具有质量轻、比强度高、比模量高、导热隔热、隔音、减振等特点，受到航空航天领域的青睐。

碳纤维增强复合材料由于密度低成为轻质复合材料的重要组成部分，目前已用于飞机的主翼、机尾、机身、水平稳定器和垂直稳定器等主要结构组件，以及机翼活动翼、襟翼、扰流板、方向舵、座椅、肋骨、室内装饰、舷窗、扶手等辅助组件（图 8.33）。例如，空客 A380 是第一款使用碳纤维增强聚合物复合材料制成中央翼盒的飞机，与使用铝合金的飞机相比，空客 A380 的重量减轻了 1.5 吨，大大提高了飞机的燃油经济性。碳纤维复合材料还可用于导弹的舵面、天线罩、整流罩、进气道、导弹弹头、弹壳等组件，以及人造卫星结构体、太阳能电池板和天线的制作。

复合材料独特的性能优势为航天航空领域的发展带来了革命性变化，为航空航天领域绘制了一幅“云端新蓝图”。

(a) (b) (c)

图 8.33 空客 A350（a）、波音 747（b）和 C919（c）

参考文献

常启兵 . 2018. 复合材料 [M]. 南京：江苏凤凰美术出版社 .
陈华辉，刘瑞平，汪长安 . 2021. 复合材料 [M]. 北京：北京大学出版社 .
冷卫红，罗大为 . 2022. 先进复合材料热压罐成型工艺入门 [M]. 北京：化学工业出版社 .
刘伟庆，方海，王俊，等 . 2022. 复合材料结构 [M]. 北京：中国建筑工业出版社 .
谢鸣九 . 2016. 复合材料连接技术 [M]. 上海：上海交通大学出版社 .
中国复合材料学会 . 2020. 2018-2019 复合材料学科发展报告 [M]. 北京：中国科学技术出版社 .

第9章 纳米材料及其应用发展

“纳米”是当今世界的时髦词汇。与本书前面章节介绍的金属、陶瓷、玻璃等材料相比，纳米材料的历史并不悠久，但它却是过去几十年里发展最为迅猛的科技领域之一。纳米材料的发展正悄悄地改变着我们的生活。隐形飞机上的隐身涂料、手机的显示屏、电脑中的硬盘、补牙用的义齿都与纳米材料密切相关。纳米材料的重要性使得我们有必要全面地了解纳米材料的特性和应用领域，从而更好地利用它造福人类。纳米材料的相关知识体系非常庞大，仅用一个章节很难对纳米材料开展全面的讨论。因此，本书在本章只能对纳米材料的特性、制作技术以及应用这三个方面做简单的介绍。同时，由于本书的主旨在于揭示材料特性与科学美学及工业设计的关系，本章最后一节专门介绍了若干纳米工艺制品。

9.1 纳米结构及其特性

9.1.1 纳米材料的起源

纳米材料兴起于20世纪中期。1959年12月召开的美国物理学会年上，诺贝尔物理学奖得主、美国物理学家理查德·费曼（Richard P. Feynman）教授做了题为“底部还有很大空间”（There is plenty of room at the bottom）的著名演讲。费曼提出，如果我们可以按照自己的意愿操作原子和分子，将会出现怎样的奇迹呢？费曼首次阐述了自下而上（bottom-up）制造材料的思想，即通过操纵原子和分子来构筑新材料。随后的1974年，日本东京理科大学谷口纪男（Norio Taniguchi）教授首先提出了纳米技术（nanotechnology）一词。这一词汇的出现表明当时的科技已不能满足工业界的需求，需要更高的技术和精度标准。

1981年，IBM公司瑞士苏黎世研究中心的科学家格尔德·比尼格（Gerd Binnig）和海因里希·罗雷尔（Heinrich Rohrer）博士共同发明了扫描隧道显微镜（scanning tunneling microscope，STM），使人类首次直接观察到了原子，这是科技史上划时代的里程碑，两人也因此获得了1986年的诺贝尔物理学奖。除了扫描隧道显微镜，比尼格还与他人合作于 1986 年发明了原子力显微镜（atomic force microscope，AFM），弥补了扫描隧道显微镜只能测试导电材料的不足。时至今日，STM 和 AFM 越来越方便，功能也更加先进（图 9.1）。以 STM 和 AFM 为代表的扫描探针显微镜已成为纳米尺度材料检测的重要手段之一，为测量和操控原子、分子等技术奠定了基础，对促进纳米科技的发展起到了非常积极的作用。

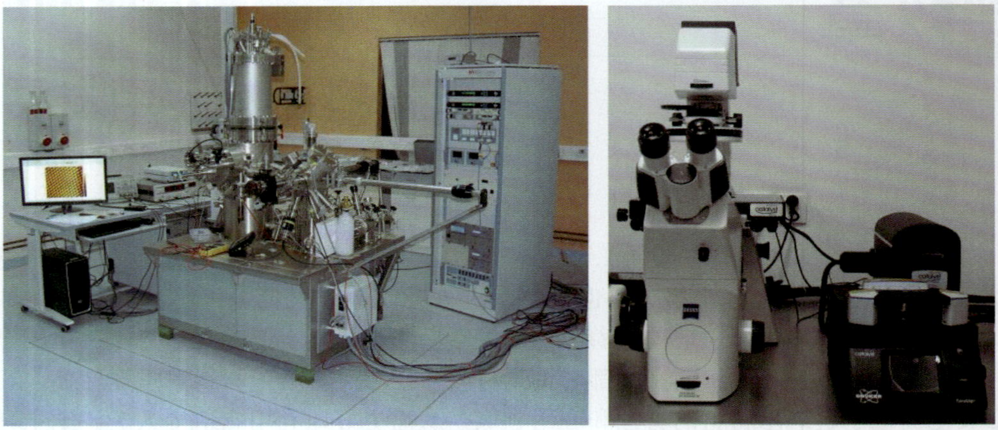

(a) 扫描隧道显微镜　　(b) 原子力显微镜

图 9.1　扫描探针显微镜

1985 年，英国萨塞克斯大学的哈罗德·克罗托（Harold W. Kroto）教授与美国莱斯大学的理查德·斯莫利（Richard E. Smalley）教授以及罗伯特·科尔（Robert F. Curl）教授合作，采用激光加热石墨蒸发的方式，得到了金刚石和石墨之外的第三种稳定碳单质 C_{60}（图 9.2），三人也因此荣获 1996 年诺贝尔化学奖。C_{60} 被称为富勒烯（fullerene），由于其碳原子构成足球状，也被称为“足球烯”（footballene）。在得到 C_{60} 的同时，还可以得到 C_{70}、C_{76}、C_{84}、C_{90} 等多种纯碳结构，这些都是典型的零维纳米材料。

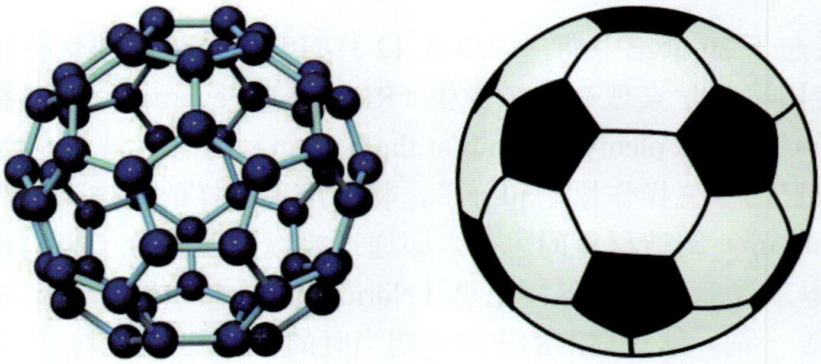

(a) C_{60}的原子结构示意图　　(b) 足球

图 9.2　C_{60} 的原子结构示意图与足球的类比

1986 年，美国科学家埃里克·德雷克斯勒（K. Eric Drexler）发表了世界上第一部有关纳米科技的书籍《创造的发动机：纳米科技时代的到来》（*Engines of Creation*：*The*

Coming Era of Nanotechnology），该书首次系统地阐述了纳米科技的重要意义与美好未来。1990 年，在美国巴尔的摩举办了第一届国际纳米科学与技术会议，会议提出了纳米材料学、纳米生物学、纳米机械学和纳米电子学的概念，并决定出版《纳米技术》《纳米结构材料》以及《纳米生物学》三种国际期刊。这次会议以及三种纳米国际期刊的出版引起了全球的广泛关注，掀起了全球性的纳米科技研究热潮，标志着纳米科技时代的正式开始。

自 20 世纪 90 年代以来，纳米科技稳步发展。如图 9.3 所示，美国 IBM 公司的研究人员使用扫描隧道显微镜在金属镍表面移动氙原子，将 35 个氙原子排布成世界上最小的 IBM 公司商标，实现了费曼教授直接操纵原子的设想。IBM 公司研究人员还利用扫描隧道显微镜操纵铁原子，用 48 个铁原子在铜表面构造了一座“铁原子”栅栏，栅栏的半径仅 7nm 左右，铜表面的电子就像被关在栅栏里逃不出去。1991 年，日本 NEC 公司的饭岛澄男（Sumio Iijima）发现了碳纳米管（carbon nanotube，CNT），它是由石墨碳原子层弯曲而成的一维管道，直径为几个到几十个纳米，管壁厚度仅为几个纳米。

(a) 35个氙原子排布成的IBM公司商标　　(b) 48个铁原子构造的“铁原子”栅栏

图 9.3　原子操纵技术

进入 21 世纪以来，纳米科技已成为全球最热门的研究领域之一。世界各国都认为纳米科技将成为 21 世纪经济发展的主要增长点，并投入了大量的人力物力开展研究。在 Web of Science 搜索引擎上使用“nano”关键词进行主题搜索，得到 2002 ～ 2022 年各年发表的文章数目（图 9.4）。可以看到，近 20 年来有关纳米的文章数量呈现逐年增加的趋势，2022 年的文章总量比 2002 年的增加了近 7 倍。与此同时，各种纳米相关的新产品和新成果不断涌现，影响着我们每个人的日常生活。相信纳米科技在将来一定会不断发展，造福人类。

9.1.2　纳米材料和纳米科技的定义

纳米材料并没有一个非常明确而统一的定义。纳米材料的一个简单的定义为：三维外观尺度中至少有一维处于纳米级（1 ～ 100nm）的物质以及利用这些物质为结构单元所构成的材料。我国制定了《纳米材料术语》标准（GB/T 19619—2004），从纳米尺度和纳米结构单元的角度对纳米材料进行了定义：

（1）纳米尺度指材料应具有 1 ～ 100nm 范围的几何尺度。

（2）纳米结构单元指具有纳米尺度结构特征的物质单元，包括稳定的团簇或人造原子团簇、纳米微粒、纳米晶、纳米棒、纳米管、纳米线、纳米单层膜等。

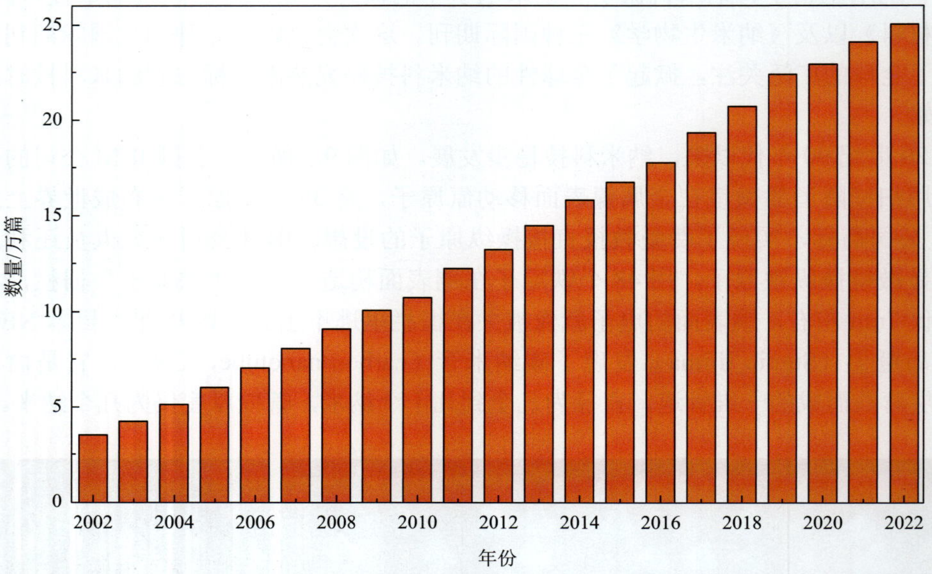

图 9.4 在 Web of Science 搜索引擎中使用“nano”关键词进行主题搜索得到的 2002 ～ 2022 年各年的论文篇数

（3）基于上述纳米尺度和纳米结构单元的定义，材料结构在三维空间至少有一维处于纳米尺度，或者由纳米结构单元组成的具有特殊性质的材料被称为纳米材料。

纳米材料的诞生打开了纳米研究的大门，并逐步形成了一个新的科技领域——纳米科技。国际标准化组织 ISO 对纳米科技的定义是：在纳米尺度上理解和控制物质以及生产过程，利用纳米材料不同于单个原子、分子和体相材料的性质，制造出可以利用这些新特性的材料、仪器和系统。美国 Foresight 研究所对纳米科技的定义是：在纳米科技中，物质的结构被控制在纳米尺度，从而生产具有非常有用的、独一无二特性的新颖材料或装置。美国国家纳米技术研究院从三个方面定义了纳米科技：

（1）在原子、分子和大分子尺度（1 ～ 100nm）进行技术研究和开发。

（2）所制造的结构、装置和系统由于纳米尺度的效应必须具有新颖的性质和功能。

（3）具有在原子和分子尺度上的控制和操作能力。

9.1.3 纳米材料的分类

纳米材料可按照不同的角度进行分类。按照化学组分不同，可分为纳米金属、纳米晶体、纳米陶瓷、纳米玻璃、纳米高分子材料、纳米复合材料等；按照纳米材料的物性不同，可以分为纳米半导体、纳米磁性材料、纳米光学材料、纳米压电材料、纳米铁电材料、纳米热电材料、纳米超导材料、纳米催化材料等；按照纳米材料的应用领域不同，可分为纳米电子材料、纳米光电子材料、纳米生物医用材料、纳米敏感材料、纳米储能材料、纳米建筑材料等。

由于纳米材料的独特性质主要来源于尺寸效应，从三维外观尺度上对纳米材料分类是较为流行的分类方法。按照维度，纳米材料可分为零维纳米材料、一维纳米材料、二维纳米材料和三维纳米材料。表 9.1 列举了四种维度纳米材料的结构特征和若干典型例子。

表 9.1　四种维度纳米材料的结构特征和若干典型例子

维度	结构特征	典型例子
零维	三维尺度均为纳米级，各向同性	团簇（cluster）、纳米微粒（nanoparticle）、量子点（quantum dot）
一维	两个方面为纳米级，另一方向大尺度延伸	纳米棒（nanorod）、纳米线（nanowire）、纳米管（nanotube）
二维	只有一个方向是纳米级，一般为平面状	纳米片（nanoflake）、纳米膜（nanofilm）、纳米涂层（nanocoating）
三维	三个方向都超过纳米尺度，但由纳米结构单元组成	纳米陶瓷（nanoceramics）、纳米金属（nanometals）

9.1.4　纳米材料的基本效应和特性

特殊的尺寸和形貌使得纳米材料具有非常特殊的效应。长期以来，各国科研人员对纳米材料开展了深入的研究，逐步发现了纳米材料的若干基本效应，例如量子尺寸效应、小尺寸效应、表面效应、库仑堵塞和量子隧穿效应等。纳米材料的这些基本效应，使其具有不同于块体材料的特殊物理和化学性质。

1）量子尺寸效应

任何材料都存在一个临界尺寸，小于该尺寸时就会出现量子尺寸效应。以纳米金属为例，金属费米能级附近的电子能级在高温或宏观尺寸情况下一般是连续的。然而，当金属粒子的尺寸下降到某一极限值时，金属费米能级附近的电子能级由准连续变为离散能级，这就是纳米金属的量子尺寸效应。对于纳米半导体微粒，量子尺寸效应会导致最高被占据分子轨道和最低未被占据分子轨道的能级间隙变宽。

量子尺寸效应使得纳米材料的能级间隙变宽，低温下的热扰动不足以使电子克服能带间隙而移动，这将增大电阻从而使金属由导体变为绝缘体。量子尺寸效应还会使纳米材料的光学吸收向短波方向移动，直观上表现为样品颜色改变以及吸收光谱的蓝移。

2）小尺寸效应

当纳米微粒的尺寸与光的波长、德布罗意波长、超导态的相干长度或透射深度等物理特征尺寸相当或更小时，对于晶态纳米微粒其周期性边界条件被破坏，对于非晶态纳米微粒其表面层附近的原子密度减小。这将进一步导致纳米材料的力、热、光、电等物理性质发生变化，这就是纳米微粒的小尺寸效应，又称体积效应。

在力学性质上，小尺寸效应使纳米材料的界面增多，界面上的原子易于迁移。这使得界面在外力的作用下容易变形，从而获得良好的韧性和延展性；在热学性质上，小尺寸效应使纳米材料的熔点相对于块体材料发生显著下降，这是由于大量原子处于能量相对较高的界面处，颗粒熔化需要增加的内能比块体材料熔化所需增加的内能要小，从而降低熔点；在光学性质上，由于纳米微粒的尺寸与光波波长相当，微粒对光的吸收大幅增加，反射大幅下降，这使得纳米材料具有高效的光热和光电转换能力。

3）表面效应

纳米颗粒的表面原子数与总原子数之比随着纳米颗粒粒径的减小而大幅地增加，颗粒的表面能和表面张力也随之大幅增加，从而引起纳米颗粒物理和化学性质的变化，这就是纳米颗粒的表面效应。由于纳米颗粒的粒径减小也带来了颗粒间界面面积的大幅增加，纳米材料的表面效应又被称为界面效应。

表面效应使纳米材料具有极高的表面化学反应活性。与块体材料的表面相比，纳米材料的表面更活泼，这是因为纳米材料的表面不饱和悬挂键更多。表面活性位点的增多使纳米材料非常容易吸附原子或分子发生吸附反应，大幅增强了纳米材料的吸附和催化能力。目前的表面吸附储氢、光催化、光电化学催化等领域正是利用了纳米材料的表面效应。

4）库仑堵塞与量子隧穿效应

库仑堵塞效应是电子在纳米尺度导电物质间传输时的一种物理现象。当材料的尺寸达到纳米量级时，其电容也会小到一定程度，这时材料的充放电过程是不连续的，即量子化的，此时充入一个电子所需的能量称为库仑堵塞能。小体系中这种单电子不连续传输行为被称为库仑堵塞效应。库仑堵塞能可以看成是前一个电子对后一个电子的库仑排斥能，它的存在使得对一个纳米体系进行充放电时，电子不能连续地集体传输，只能以单电子的形式一个一个地传输。如果两个量子点通过一个“结”连接起来，单个电子从一个量子点穿过能垒到另一个量子点上的行为被称作量子隧穿效应。

库仑堵塞和量子隧穿效应主要影响纳米材料的电学性质。根据欧姆定律，电流与电压是线性关系，即电流随电压的上升呈直线上升（图 9.5（a））。然而，库仑堵塞和量子隧穿效应使纳米材料的电流和电压不再具有线性关系，而是出现了台阶（图 9.5（b））。利用库仑堵塞效应和量子隧穿效应可以设计新颖的纳米结构器件，例如单电子晶体管和量子开关等。

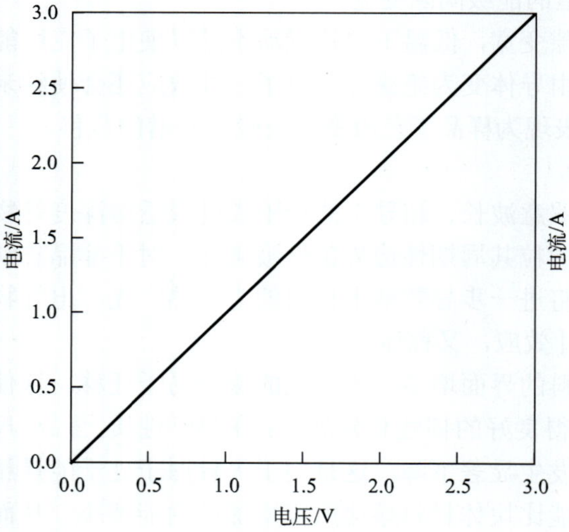

(a) 基于欧姆定律

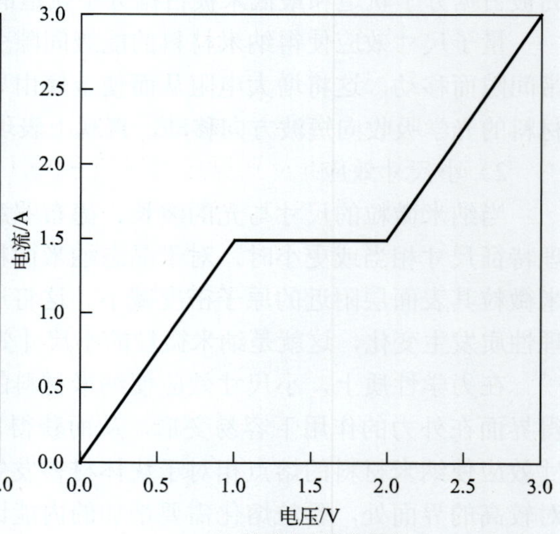

(b) 基于库仑堵塞效应

图 9.5　基于欧姆定律和基于库仑堵塞效应的电流 - 电压关系

9.2　纳米结构的制作技术

9.2.1　纳米材料制作技术的分类

应用纳米材料的关键在于纳米材料的制备。纳米材料发展至今出现了很多制备方法。根据制备状态的不同，分为气相法、液相法和固相法三类；根据是否发生化学反应可分为物理制备方法和化学制备方法两类；按照纳米材料的形貌和维度可分为零维、一维、二维和三维纳米材料制备方法共四类。表 9.2 按照物理和化学的分类方法列举了纳米材料常见的几种制备方法。除表中所列方法外还有很多纳米材料的制备方法，本节不再一一列举。下面我们选取物理气相沉积法、高能球磨法、大塑性变形法这三种物理制备方法，以及化学气相沉积法、溶胶 - 凝胶法、水热合成法这三种化学制备方法做详细的介绍。

表 9.2　纳米材料常见的制备方法

物理制备方法	化学制备方法
物理气相沉积法	化学气相沉积法
高能球磨法	溶胶 - 凝胶法
大塑性变形法	水热合成法
非晶晶化法	沉淀法
惰性气体冷凝法	电沉积法

9.2.2　物理气相沉积法

物理气相沉积（physical vapor deposition，PVD）是指在真空条件下，采用低电压、大电流的电弧放电技术，利用气体放电将靶材料蒸发并使其与气体混合后发生电离，在电场的加速作用下，使被蒸发物质及其反应产物沉积在工件上的工艺。物理气相沉积工艺具体的制备方法包括真空蒸镀、热蒸发、电子束蒸镀、溅射、离子镀和分子束外延等。尽管物理气相沉积有多种具体的制备工艺，但它们都必须遵循气相沉积三个环节：靶材气化—气相输运—沉积成膜。

物理气相沉积是制备纳米薄膜的常用方法。以真空蒸镀法为例，其制膜原理如图 9.6 所示。在真空条件下，通过加热装置对靶材加热，使其蒸发为气体。镀件放置在靶材的上方，蒸气流往靶材上方流动与镀件接触后逐渐凝固并在镀件表面成膜。

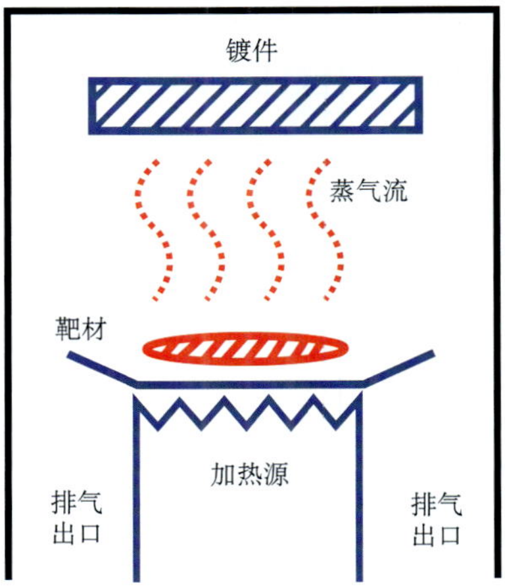

图 9.6　真空蒸镀制膜的原理示意图

真空蒸镀法的优点主要包括：①靶材料及镀件的适用材料范围广，可以同时蒸镀不同材料得到多层膜，以及多种组分混合的薄膜；②对膜的厚度可以比较精确地控制，保证了膜厚度的均匀性；③镀膜过程可连续进行，大幅提高产量；④镀膜的附着力较强。膜的纯度高、密实性好，机械性能和化学性能较高。然而，真空蒸镀法也有其缺点。例如，靶材料的熔点不能太高，否则难以通过热蒸发的方式使之气化。

9.2.3 高能球磨法

高能球磨法（high energy ball milling，HEBM）是目前制备纳米材料的重要方法之一。由于该方法是利用机械能而不是用电能或热能，故又称为机械合金化方法（mechanical alloying）。高能球磨法的原理如图 9.7 所示。粉末材料在高能球磨机内被磨球介质反复碰撞，承受冲击、剪切、摩擦和压缩多种作用力，经历反复的挤压、变形以及断裂。粉体在球磨初期具有一定的塑性，产生塑性变形并经冷焊合形成复合粉粒子。进一步球磨后粒子的塑性下降产生裂纹，被磨球碰撞至破碎。此时粒子焊合与破碎的趋势平衡，粒子尺寸恒定，复合粉的组织结构细化并发生扩散和固态反应最终形成合金粉。

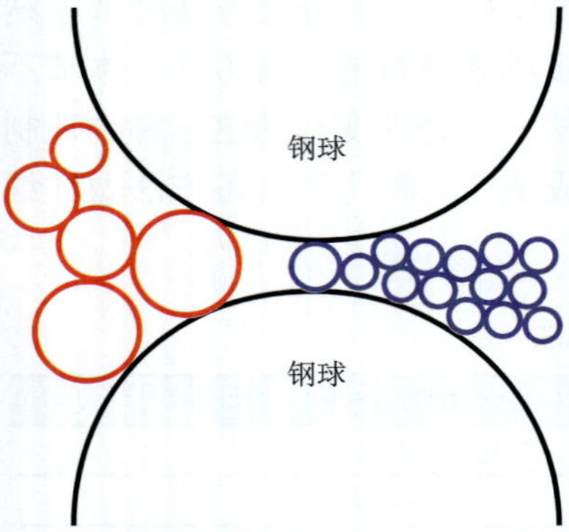

图 9.7 高能球磨法的原理示意图

高能球磨法的优点主要包括：①高能球磨过程中引入较大的晶格畸变、高密度的缺陷以及纳米级的精细结构，使得球磨过程的热力学和动力学不同于普通固态反应过程，可以制备在常规条件下难以获得的高熔点金属或合金的纳米晶体材料；②与传统低能球磨相比，高能球磨法的球磨运动速度更大，能量利用率大大提高，不受临界转速的限制，易使粉体产生塑性变形及相变；③高能球磨法的工艺简单、产量大，易于实现工业化生产。高能球磨法的缺点在于球磨后的粉体晶粒尺寸不均匀且容易引入杂质。另外，球磨过程中产生的大量粉体对环境有害。

9.2.4 大塑性变形法

大塑性变形法（severe plastic deformation，SPD）是在不改变复合材料尺寸的前提下，通过施加较大的剪切应力引入高密度位错，将平均晶粒尺寸细化到 1μm 或者 100nm 以下，从而获得由均匀等轴晶组成、大角度晶界占多数的超细晶纳米材料的方法。大塑性变形技术的具体实现技术包括高压扭转、等径角挤压、往复挤压、累积叠轧等。

在各种大塑性变形法中，等径角挤压（equal channel angular pressing，ECAP）是发展最为迅速的技术之一。等径角挤压技术起源于 20 世纪 80 年代，其技术原理见图 9.8。试样在冲头的压力作用下通过两个通道后被挤出，在两通道的转角处经受很大的剪切力发生大塑性变形，而试样横截面的形状和面积保持不变。经过这样多次反复的挤压最终可获得组织均匀、晶粒细小的超细纳米晶材料。

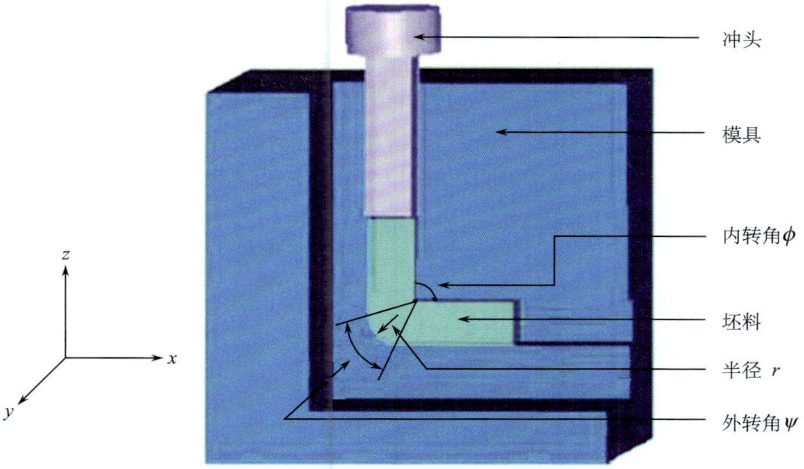

图 9.8　等径角挤压的原理示意图

等径角挤压的优点包括：①挤压的次数和试样的挤压方向可控；②与高能球磨法等制备超细晶材料的方法相比，等径角挤压避免了研磨中可能带入的杂质和微空隙，是制备大尺寸致密超细晶块体材料的有效工艺；③与传统的金属材料塑性加工工艺相比，等径角挤压过程中不改变试样的截面形状和横截面积，故只需较低的工作压力。等径角挤压的缺点在于加工效率不高，并且可挤压的试样尺寸有限。

9.2.5　化学气相沉积法

化学气相沉积（chemical vapor deposition，CVD）是利用气态物质在固体表面发生化学反应产生固态沉积物的方法，它是大规模集成电路材料、医用材料、宇航工业等高科技领域非常重要的材料制备手段。图 9.9 为热壁化学气相沉积系统的示意图。试样放置在加热容器内部，气态反应物和载气的混合气通入容器内部。在加热源的加热作用下，气态反应物与试样表面接触并发生化学反应。随着加热时间的延长，在试样表面逐步生长出纳米薄膜或镀层。化学气相沉积主要包括金属有机化学气相沉积、等离子体化学气相沉积、激光化学气相沉积、原子层沉积等。

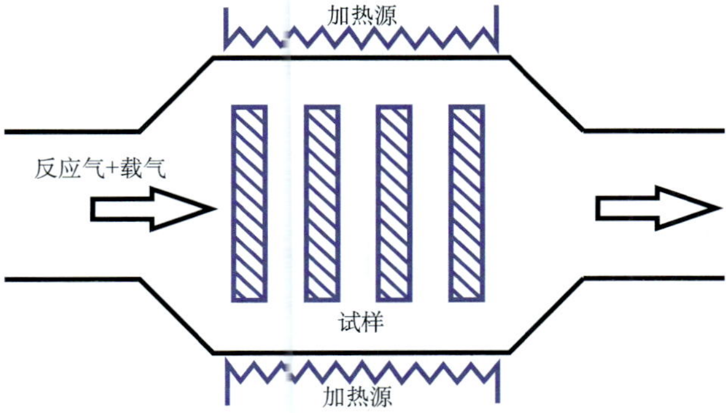

图 9.9　热壁化学气相沉积系统的示意图

化学气相沉积的优点包括：①灵活性强，改变原料可制备性能各异的单一或复合膜层；②对试样的形状依赖性低，可以在形状复杂的，例如带有孔、沟、槽的工件上制膜；③涂镀层致密均匀并且镀层的密度、纯度和结构可控；④化学气相沉积基于化学反应，涂镀层与基体的结合强度高。化学气相沉积的缺点在于反应温度很高，限制了该方法的应用范围。化学气相沉积一般要求在1000℃左右，很多试样材料可能无法耐受这样的高温而发生变形，甚至影响试样基体材料的性能。

9.2.6 溶胶 - 凝胶法

溶胶 - 凝胶法（Sol-Gel）起源于19世纪60年代，是一种制备玻璃、陶瓷等无机材料的工艺。发展至今，该方法已成为纳米材料的重要制备方法之一，可以制备零维到三维的所有维度纳米材料。溶胶 - 凝胶法的基本原理是将金属醇盐或无机盐经水解直接形成溶胶，然后使溶质聚合凝胶化，再将凝胶干燥、焙烧去除水分和有机成分，最后得到纳米材料。

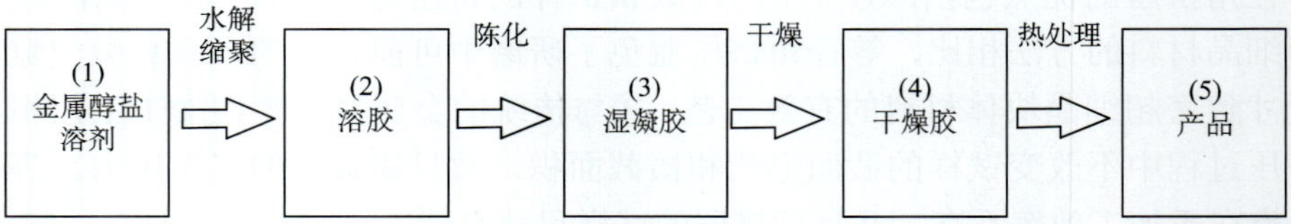

图 9.10 溶胶 - 凝胶法的工艺流程图

图9.10是溶胶 - 凝胶法的基本工艺流程图。溶胶 - 凝胶法制备纳米材料包括5个步骤：①制取包含金属醇盐和水的均相溶液，以保证醇盐的水解反应在分子级别的水平上进行；②通过水解或者缩聚反应制备溶胶；③将溶胶陈化得到湿凝胶；④湿凝胶内包裹着大量溶剂和水，对其进行干燥得到干燥胶；⑤最后对干燥后的凝胶进行热处理得到成品。干燥的目的是消除凝胶中的气孔，使产品的相组成和显微结构能满足性能要求。

溶胶 - 凝胶法的优点主要包括：①溶胶 - 凝胶法的原料可以用蒸馏方法或结晶方法提纯，保证了原料的纯度。并且制备过程中没有杂质引入，从而保证了最终产品的高纯度；②产品的化学组成均匀。各组分在分子级别混合，可以得到化学组成准确、相结构均匀的多组分固溶体；③加工温度较低，可以控制颗粒尺寸；④工艺流程和设备都比较简单，易于工业化生产。溶胶 - 凝胶法的缺点在于生产工艺周期较长、原材料利用不够充分以及产物易团聚。

9.2.7 水热合成法

水热合成法起源于19世纪地质学家对自然界成矿作用的模拟研究，建立水热合成理论后科学家们又利用该方法开展功能材料的制备研究。水热合成法以水为溶剂，在高温高压的条件下进行化学反应制备纳米材料。图9.11是水热合成法所使用的反应釜。在反应釜中，原料在水热介质里溶解，以离子、分子团的形式进入溶液。釜内上下部分的温差引起溶液的强烈对流，继而将离子或分子团运输到放有籽晶的生长区形成过饱和溶液，最终结晶形成纳米材料。水热反应依据反应类型的不同可分为水热氧化、还原、沉淀、水解、结晶等，其中水热结晶用得最多。

图 9.11　水热合成法所使用的反应釜

水热合成法的主要优点包括：①相比于常温常压下的合成反应，水热合成反应的速度更快，提高了效率；②明显降低了反应温度，通常在 100 ～ 200℃下进行；③能够以单一反应步骤完成，不需要研磨和焙烧步骤，避免了杂质的进入；④所得产物纯度高、分散性好、粒度可控。水热合成法的主要缺点在于整个反应都在密闭的容器中进行，无法直观地观察生长过程。另外，水热合成法所需的设备应满足耐高温高压、耐腐蚀的条件，对设备的要求较高，且具有一定的安全隐患。

9.3　纳米材料的应用发展

9.3.1　概述

古人其实很早就使用了纳米材料，只是那时的人们并不了解“纳米”的概念。早在 2000 多年前，古埃及人就掌握了一种把头发染黑的技术，其机理是通过原位反应的方式，在头发的皮质层及表层形成平均粒径约 5nm 的方铅矿纳米微粒；我国古代利用蜡烛的烟灰作为墨的材料，创作的书画作品历经千年不褪色（图 9.12（a）），主要原因在于使用的墨原料是纳米级的炭黑；我国古人使用的铜镜能长年保持表面不发生锈蚀，其原因就在于铜镜表面有一层氧化锡颗粒构成的纳米薄膜（图 9.12（b））。

纳米材料在 20 世纪末期才真正兴起。随着材料加工工艺和设备的进步、材料基础理论的发展以及人类对于高精密产品的需求，纳米材料得以在短短几十年间高速发展并很快为人类所用。今天的纳米材料和纳米科技已经深入到各行各业，在医学医药、国防军事、信息科技、能源环境、食品安全等诸多关键领域发挥着重要的作用。

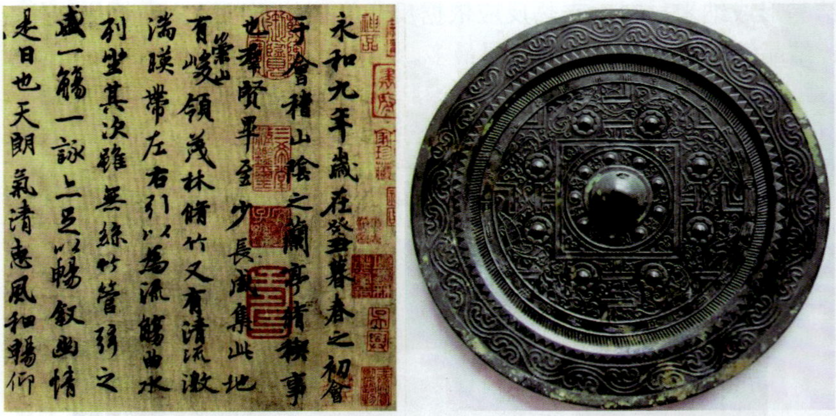

(a) 古代书法作品　　(b) 古代铜镜

图 9.12　古代纳米材料相关物品

在医学医药领域，基于纳米微粒的比表面积大、活性中心多、表面反应活性高、吸附能力强、低毒性以及不易被体内和细胞内各种酶降解等优势，纳米微粒在医学医药方面得到广泛的应用。目前纳米微粒已经在生物芯片、纳米生物探针、核磁共振成像技术、细胞分离和染色技术、药物或基因载体、生物替代纳米材料、生物传感器等很多领域得到应用。除了纳米微粒，一维纳米材料如纳米管在生物医药领域也得到了广泛的研究和应用。由于纳米管内部空腔体积大，小分子和蛋白质大分子等许多化学或生物物质都可被填充其中。此外，纳米管具有明显的内、外表面和开放的端口，便于进行不同的化学或生物化学修饰改性。

在国防军事领域，纳米材料正发挥着至关重要的作用。纳米科技可以改进材料性能和武器装备质量，例如使用特殊的纳米覆盖件可以提高坦克装甲的抗攻击能力；纳米材料可以使武器装备尤其是飞机、舰艇具有隐身能力；使用纳米科技可以使武器装备轻量化、智能化，提高单兵作战能力。随着纳米科技的发展，其在国防军事领域的作用将越来越重要。科学家预测，未来有可能出现“纳米卫星”“蚊子导弹”“袖珍飞机”“蚂蚁士兵”等基于纳米科技的高尖端武器装备。未来世界各国军事力量的较量本质上就是包括纳米科技在内的高科技较量，谁掌握了更高级的科学技术，谁就具有军事上的主动权和话语权。

信息科技领域是纳米科技应用最为广泛、也是最为人们所熟知的领域。我们日常使用的电脑就与纳米科技紧密相关。电脑中的中央处理单元（CPU）就是使用纳米工艺制造的。从最初 4004 微处理器的 10μm 工艺发展到今天的 3nm 工艺，CPU 的性能在大幅提升，而成本却在逐步下降，这都归功于纳米科技的巨大进步。以碳纳米管、石墨烯为代表的新一代纳米材料正引导着新一代产业革命，有望替代硅基半导体使计算机的运行速度与存储容量产生质的飞跃。

在能源环境领域，纳米材料正主导着整个行业的发展。能源环境领域主要关心两个问题，一个是能量的转换和利用，另一个是环境污染物的净化。然而，不管是解决哪个方面的问题，关键在于合适的材料。目前，纳米材料在能源环境领域应用非常广泛，例如用纳米半导体材料可以进行光催化或光电化学分解水，将水分解为氢气和氧气后可以存储利用；含纳米材料的催化剂可以净化汽车尾气、洁净发动机气缸；含纳米材料的石油脱硫剂以及煤炭助燃催化剂可以大大降低有害气体的排放，同时大幅提高燃料的使用效率；纳米材料在污水净化、海水淡化等方面也有非常广泛的应用，为人类提供洁净水资源做出了巨大的贡献。

在食品安全方面，纳米技术虽然起步较晚，但已经取得一定的成果并具有很大的发展潜力。纳米技术在食品安全领域的应用主要包括纳米食品加工、纳米包装材料和纳米检测技术等方面。在包装材料中加入特定的纳米微粒可使包装材料具有抗菌杀菌能力，这在目前的一些冰箱、卫浴产品中已经得到应用。加入纳米微粒可以改变现有包装材料的性能，例如，在塑料包装中加入特定的纳米微粒可以防止塑料包装的老化，延长使用寿命；利用纳米技术还可以延长食品的保质期，避免食品腐败。潜艇在水下需要新鲜的蔬菜和水果，但水下密闭环境很难保证食品的新鲜度，基于纳米材料的光催化就可以长时间保持食物新鲜度。

除了在上述五个方面的应用，今天的纳米材料在其他领域也有很多成功应用的例子。以上只对纳米材料的应用作一简单的概述，为了加深理解，下文将通过隐形飞机涂层、纳米半导体光催化、石墨烯、碳纳米管这四个实际例子来阐述纳米材料的应用，这四个例子都是比较经典的，或者是当前比较热门的纳米材料应用领域。另外，目前纳米材料很少被单独使用，更多的是将纳米材料与其他材料复合，利用纳米的特性改善复合后材料的总体性能。因此，后文还对纳米复合材料作了简单介绍。

9.3.2 隐形飞机涂层

隐身技术始于第二次世界大战，是继雷达和喷气式发动机之后最重要的军事发明之一，它改变了未来作战的方式，可以很快地建立起战场优势并掌握战场主动权。简单地说，隐形技术是通过降低目标可探测信号的特征，从而减小目标被敌方各种探测设备发现概率的综合性技术。隐形飞机的隐形并非让人的肉眼都看不到它，而是让雷达无法侦察到飞机的存在，从而起到隐藏并保护自己的作用。隐身飞机实现隐身的技术途径很多，但外形隐身和涂层隐身是最主要的两个途径。

外形隐身是高性能隐身最直接有效的手段，美国著名的 F-117 隐形轰炸机就是外形隐身的典型代表（图 9.13）。F-117 于 1989 年首次公开时引起轰动，它奇异的外形打破了人们对飞机的一贯认知。F-117 这种多棱面体的外形设计正是利用外形技术达到隐身的目的。然而，为了照顾外形隐身的需要，F-117 也有许多缺点，例如它的速度慢、机动能力较差、气动性能不佳等。尽管如此，作为世界上第一种隐身战斗轰炸机，F-117 在世界航空史上具有重要的里程碑意义。

随着雷达探测技术的发展，外形隐身技术面临着很大的挑战。与此同时，纳米材料隐身技术获得蓬勃发展。纳米材料具有量子隧穿效应、表面效应、小尺寸效应、量子尺寸效应等这些特殊的基本效应，而纳米隐身材料的隐身原理正是基于这些基本效应。随着纳米颗粒尺寸减小到一定程度，电导率降低，材料的比饱和磁化强度下降，但磁化率

图 9.13　著名的隐形战斗机和轰炸机

和矫顽力大幅上升。在尺寸减小的过程中，材料表面的原子数逐渐增大，提高了纳米材料的表面活性，使得在一定波段电磁波的辐射下原子和电子的运动更加激烈，这将促进磁化使电磁能转化为热能，从而增加材料的吸波性能。

纳米隐身材料按照吸波机制可分为电损耗型和磁损耗型两种。电损耗型隐身纳米材料包括 SiC 粉末、SiC 纤维、金属短纤维、钛酸钡陶瓷体以及导电石墨粉等；磁损耗型隐身纳米材料包括铁氧体粉、羟基铁粉、超细金属粉末或者纳米相材料等。随着反隐身技术的发展，目前的隐形飞机大都采用了多种隐身技术的结合，例如将外形隐身和涂层隐身相结合。美国的 F-22“猛禽”战斗机、B-2 轰炸机以及我国的歼 -20 都是这方面的典型代表（图 9.13）。

9.3.3　纳米半导体光催化

能源是经济发展和社会进步极为重要的战略物资。然而，随着石油、煤、天然气等不可再生资源的日益消耗，人类正面临着严峻的能源危机。能源的大量消耗，以及由能源消耗引发的环境污染等问题，使开发和利用高效清洁的可再生能源迫在眉睫。光催化（或光电化学）分解水制氢气是解决能源短缺和环境问题的理想途径之一。首先，光催化技术不但可以利用太阳光的能量分解水制取清洁的氢能，而且能还原二氧化碳制取甲烷等燃料；其次，光催化技术可以降解水中的有机污染物、还原有毒重金属离子，起到绿色生产、保护环境的有益作用。

光催化分解水的反应原理是这样的：首先，光照射到半导体材料上，处于价带的电子（e^-）吸收入射光的能量后被激发到导带，同时在价带留下一个空穴（h^+），这样，就形成了电子空穴对（e^-—h^+）。这一过程可以表示为

$$\text{Semiconductor} + h\nu = e^- + h^+ \tag{9.1}$$

其次，电子空穴对形成后具有多种继续运动的方式，其中一种，也是保证光催化反应能够顺利进行的一种，是电子和空穴彼此分离并且向半导体材料的表面迁移。到达表面后，电子的强还原性使得它可以将水中的 H^+ 还原成 H_2，即发生如下反应：

$$2H^+ + 2e^- = H_2\uparrow \tag{9.2}$$

而空穴的氧化性很强，可以氧化水生成 O_2，即发生反应：

$$2H_2O + 4h^+ = 4H^+ + O_2\uparrow \tag{9.3}$$

实现光催化分解水反应的关键是寻找和开发理想的纳米半导体材料。自 20 世纪 70 年代日本科学家 Fujishima 和 Honda 发现 TiO_2 光催化分解水制氢现象后，开发高效的半导体光催化材料就成为国际材料领域的前沿科学探索之一。理想的半导体光催化材料应满足两个基本条件（图 9.14）：一是半导体的带隙应在 2.0eV 左右，这样太阳光谱中占据能量较多的可见光才能被最大限度地吸收利用；二是半导体的价带顶和导带底应将水的氧化（O_2/H_2O）和还原（H^+/H_2）势能夹在中间，以确保光催化分解水产氢气和产氧气的反应能够进行。

在过去的数十年里，以 TiO_2、$BiVO_4$、Fe_2O_3 为代表的金属氧化物，以及 Ta_3N_5、TaON 为代表的金属氮化物纳米半导体材料受到广泛而深入的研究（图 9.14）。研究发现，纳米半导体的形貌是影响光催化性能的重要因素之一。以 Ta_3N_5 纳米半导体为例，将 Ta_3N_5 制备成多孔状或纳米粒子能够提高 Ta_3N_5 的光催化性能。例如，利用多孔 Ta_2O_5 作为前驱体进行氮化处理可以得到多孔的 Ta_3N_5。多孔 Ta_3N_5 的产氢气性能是普通方法制备的 Ta_3N_5 的三倍，这主要归因于多孔 Ta_3N_5 较小的孔壁厚度和较大的比表面积。较小的孔壁厚度使电子和空穴从体内向表面迁移的距离缩短，而较大的比表面使得更多的表面能够和反应溶剂接触。除了多孔和纳米粒子这些形貌调控方法，将 Ta_3N_5 制备成针状、垂直棒状或碳纳米管状也可以大幅提高其光催化性能。

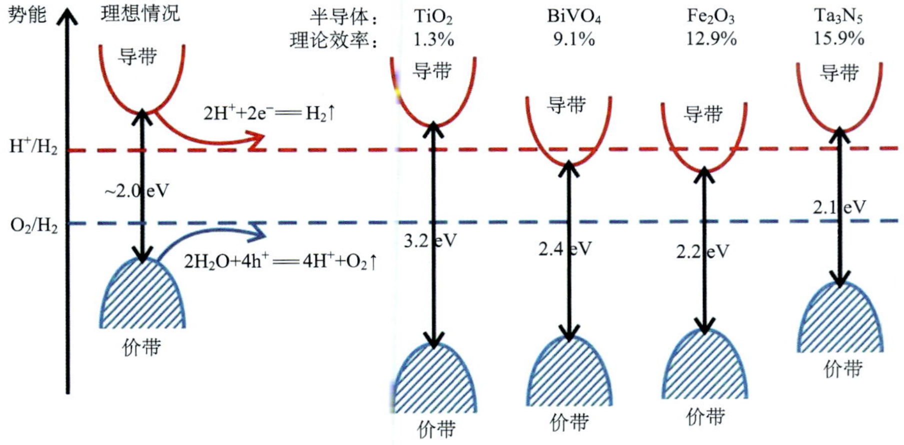

图 9.14　若干半导体材料的带隙、导价带位置和理论太阳能转换效率（阴影部分为电子占据态）

9.3.4 石墨烯

石墨烯被称为“黑金”，是“新材料之王”。自2004年石墨烯问世以来，它就引起世界各国的广泛关注，是新一代材料革命的重点研究领域。如图9.15所示，石墨烯是一种二维晶体，由碳原子按照六边形排布相互连接形成。石墨烯的结构决定其具有非常特殊的性能：

图9.15 石墨烯的原子结构示意图

（1）石墨烯是世上最薄的材料。石墨烯的厚度只有0.34nm，即便是100 000层石墨烯叠加起来其厚度也只有一根头发丝的直径大小。

（2）石墨烯是已知强度最高的物质。石墨烯比钻石还坚硬，其强度比世界上最好的钢铁还要高100倍。

（3）石墨烯导电性能优异。在石墨烯中，电子迁移效率非常高，其迁移速率为光速的1/300，远远高出电子在硅、铜等传统半导体中的迁移速率。

（4）石墨烯几乎完全透光。石墨烯的透光率在97%以上，可用于某些对材料透光性能要求较高的特殊领域。

石墨烯的特性使其具有广阔的应用前景。目前，石墨烯的应用领域主要集中在以下四个方面：

（1）传感器领域。石墨烯传感器具有体积小、表面积大、灵敏度高、响应时间快、电子传递快、易于固定蛋白质并保持其活性等优点，能提升传感器的各项性能，可用于制作气体、生物小分子、酶等物质的电化学传感器。新加坡南洋理工大学开发出了敏感度是普通传感器1000倍的石墨烯光传感器。

（2）储能和新型显示领域。石墨烯在电子触摸屏、液晶显示、储能电池等方面有很好的应用。三星、索尼、辉锐、东芝等大型企业均在此领域作了重点研发布局。美国得克萨斯大学奥斯汀分校制造的石墨烯超级电容的储能密度接近铅酸电池。日本东芝公司研发出石墨烯与银纳米线复合透明电极，并实现了大面积化。

（3）半导体材料领域。石墨烯是替代硅的理想材料。长期以来，硅材料是半导体工业的基础材料。然而，石墨烯以其优异的稳定性、良好的导电性成为硅的最理想替代材料之一。石墨烯替代硅材料将大大提高半导体设备的性能，同时大幅降低生产成本。目前，大量有实力的企业开展了石墨烯半导体器件的研发。

（4）生物医学领域。石墨烯及其衍生物在纳米药物运输系统、生物检测、生物成像、肿瘤治疗等方面具有广阔的应用前景。石墨烯在生物医学领域的应用研究虽处于起步阶段，但却是产业化前景最为广阔的应用领域之一。

9.3.5　碳纳米管

碳纳米管是典型的一维纳米材料，它的径向尺寸为纳米量级，而轴向尺寸为微米量级。碳纳米管是由六边形排列的碳原子构成的单层或数层同轴圆管。前文介绍过的石墨烯也是由六边形排列的碳原子构成，因此碳纳米管可以看作石墨烯片层卷曲而成。如图 9.16 所示，按照卷曲的石墨烯片的层数我们可将碳纳米管分为单壁碳纳米管（或称单层碳纳米管，single-walled carbon nanotubes，SWCNTs）和多壁碳纳米管（或多层碳纳米管，multi-walled carbon nanotubes，MWCNTs）。

碳纳米管的奇特结构使其具有特殊性能。例如，在力学性能上碳纳米管具有高强度和高模量。其抗拉强度达到 50 ～ 200GPa，是钢的 100 倍，密度却只有钢的 1/6。它的弹性模量与金刚石的弹性模量相当，约为钢的 5 倍。碳纳米管具有良好的传热性能。碳纳米管的一维结构使其具有非常大的长径比，因而碳纳米管长度方向的热交换性能很高，而径向的热交换性能较低。利用这一特点，碳纳米管可以被制成高各向异性的热传导材料。

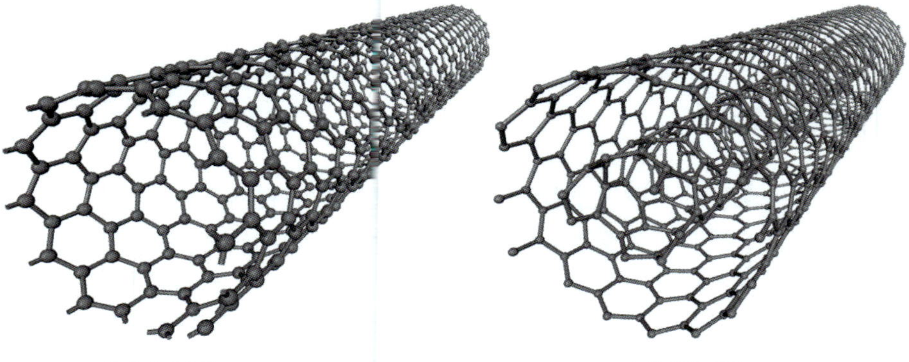

(a) 单壁碳纳米管　(b) 多壁碳纳米管

图 9.16　碳纳米管的结构示意图

碳纳米管的优异性能使其在诸多方面都有应用。早期碳纳米管被认为是储氢的理想材料之一。然而，多年的研究表明碳纳米管用于储氢的难度很大，主要问题有两个：一是碳纳米管作为容器储氢无法对其进行可控的封闭和开启；二是碳纳米管用于氢气吸附的吸附率不超过 1%（质量分数）。目前，碳纳米管的潜在应用集中在电容器、场效应晶体管、催化剂和药物载体等方面。

1）电容器

电容器在声频、视频、电话机和电视机等各种家用电器中被广泛应用。电容器的电极材料要求结晶度高、导电性好、比表面积大、微孔大小集中在一定的范围内。目前电容器一般采用多孔炭作电极材料，然而多孔炭的微孔分布宽，结晶度低、导电性较差，导致生产出的电容器容量小。碳纳米管的比表面积大、结晶度高、导电性好，微孔大小可通过加工工艺进行精确控制，因而是一种理想的电容器电极材料。由于碳纳米管具有开放的多孔结构，并能在与电解质的界面形成双电层聚集大量电荷，其功率密度可达 8000W/kg。

2）场效应晶体管

场效应晶体管是各种集成电路系统中重要的电子元器件。长期以来，硅材料是场效应晶体管的主要制作材料。然而，由于硅自身的物理特性以及加工技术的限制，基于硅材料制造的场效应晶体管的性能将达到性能极限。碳纳米管是替代硅材料制备场效应管的理想材料之一。相比于传统的硅基场效应管，碳纳米管场效应管的响应速度更快、效率更高，通过碳纳米管场效应管的电流密度比一般的金属高 4 个数量级。随着理论研究和制备工艺的不断进步，以碳纳米管场效应管为代表的新型电子元器件必将在纳米电子学领域展现出更广阔的应用前景。

3）催化剂和药物载体

碳纳米管的比表面积很大，表面原子约占总原子数的 50%，这使得碳纳米管表现出非常特殊的电子效应和表面效应。气体分子通过碳纳米管管内时的扩散速度是通过常规催化剂颗粒的数百甚至上千倍，若负载催化剂可进一步提高催化剂的活性和选择性。另外，碳纳米管可容纳生物和药物分子，它优良的细胞穿透性能可使其作为载体运送药物分子进入细胞或病灶部位，从而在癌症治疗、生物工程和基因治疗等领域展现出令人瞩目的应用前景。

9.3.6 纳米复合材料

复合材料是由两种或两种以上物理和化学性质不同的材料组合而成的非均匀多相材料。复合材料制备的核心思想是扬长避短，即复合材料的性质并不是各组分性能的简单相加，而是尽可能地发挥各组分的优点，避免各组分的缺点。在复合材料中，通常有一相为连续相，被称为“基体”；另一相是分散相，被称为“增强体材料”。纳米材料独特而优异的性能使其被更多地用于制作复合材料，利用纳米材料的优异性能对其他材料进行改性。

纳米复合材料是以金属、陶瓷、高聚物等基体为连续相，以纳米尺寸的金属、半导体、纤维、碳纳米管等增强体材料为分散相，形成的一种含有纳米尺寸材料的复合体系。根据基体和增强体的不同，纳米复合材料常常有特定的称谓。例如，当基体为金属时，称为金属基纳米复合材料；当基体为陶瓷时，称为陶瓷基纳米复合材料；当基体相为聚合物时，称为聚合物基纳米复合材料。

纳米材料的加入可以改善基体材料的多方面性能。例如，纳米复合材料可以提高基体材料的力学性能，在基体材料中加入纳米粒子后，纳米粒子可以阻碍裂纹的生长，从而提高复合材料的整体强度；纳米复合材料可以提高基体材料的导热性能，前面我们提到的碳纳米管具有非常优秀的导热性能，在一些导热性差的基体材料中加入适量的碳纳米管可以大幅提高整体导热性能，这在印刷电路板、取暖器等热控制系统中具有广阔的应用前景；纳米复合材料还可以提高基体材料的阻燃性能，高分子材料大多为易燃物，在高分子材料中加入纳米微粒后，纳米复合高分子材料燃烧时表面会形成碳与纳米微粒的混合层，该混合层能够阻止内部高分子继续裂解生成可燃性分子，从而终止燃烧。

除了上述对于力学、热学和阻燃性的改善，纳米材料还可以对基体材料的其他方面性能加以改善。纳米复合材料的一个巨大优势是其可设计性，即可以根据使用条件和具体要求进行有目的的材料复合。世界上有近百万种不同的材料，而自然的材料仅占 1/20。因此，人工设计材料将成为未来材料的主要发展趋势。随着材料基本理论和制备工艺的发展，基于纳米材料的复合材料设计有望成为未来人工设计材料的主流。

9.4　纳米工艺制品鉴赏

谈到工艺制品，人们脑海中往往会浮现造型优雅的雕塑、精美的青花瓷、各色金属或宝石饰品等。这些工艺制品都包含了美学特性三要素所要求的形态、色泽、质地中的一个或多个。纳米工艺制品作为工艺制品的一种，当然也应满足美学特性三要素的要求。然而，与人们常识中的工艺制品不同，纳米工艺制品的美更多的是以科技产品的形态呈现。例如，我们常用的电脑中的中央处理器就是纳米工艺制品的典型代表。它一方面是纳米技术的产品，另一面也是一件优秀的纳米工艺制品，是科技与美学的完美结合。“百度百科”对工艺制品的定义是通过手工或机器将原料或半成品加工而成的产品，是对一组价值艺术品的总称。从这个定义来看，中央处理器应归属于工艺制品的分类，因为它是当前人类最高科技加工手段的产物，并且具有非常高的艺术价值。因此，本小节介绍的纳米工艺制品包含了中央处理器、手机屏幕一类的纳米工艺制品。另外，本节还从电子、离子和光子束技术与纳米合成（Electron, Ion, and Photon Beam Technology and Nanofabrication，EIPBN）会议的网站上选取了若干作品供读者欣赏。

1）荷叶

按照工艺制品的定义，荷叶不是手工所制，因此不能算作工艺制品，但荷叶却是源自大自然之手的纳米工艺品，这也说明纳米制品并非都是人类制造的。20 世纪 70 年代，植物学家在研究植物叶片表面时发现，一般植物的叶片表面有灰尘时要先清洗才能在显微镜下观察，而荷叶的表面却总是非常干净。研究发现，荷叶的表面有一层茸毛和一些微小的蜡质颗粒，水在这些纳米级的微小颗粒上不会向荷叶表面其他方向蔓延，而是形成一个个球体，这就是我们常常看到的荷叶上滚动的雨水或者露珠（图 9.17）。这些滚动的水珠会带走叶片表面的灰尘，从而清洁荷叶的表面。

(a) 水珠在荷叶表面　　(b) 荷叶表面的显微结构

图 9.17　荷叶结构

2）中央处理器

自 1971 年美国 Intel 公司发布第一款 4004 中央处理器以来，中央处理器已经发展到今天的 14nm 工艺（图 9.18）。14nm 不是指芯片上每个晶体管的大小，而是芯片上晶体管和晶体管之间导线连线的宽度，简称线宽。线宽越小，晶体管也越小，则晶体管工作需要的电压和电流就越低，晶体管开关的速度也就越快，从而可以在更高的频率下工作，同时带来芯片性能的大幅提升。

3）手机屏幕

我们平常见到的手机屏幕几乎都是平面状态。然而，借助于石墨烯的柔性特点，今天的手机屏幕可以变成折叠形状（图 9.19）。这种可折叠的屏幕具有更好的触控性能、更长的待机时间、更优的导热性能，色彩还原更真实，画面更纯净。未来人们可以把这种折叠式屏幕穿在身上或者戴在手上，这将极大地方便人类的生活。

图 9.18　Intel 公司的中央处理器

图 9.19　可折叠的柔性手机屏幕

4）EIPBN 竞赛获奖作品

本书只选取了若干获奖作品，感兴趣的读者可以访问网址 https://www.zyvexlabs.com/communications/micrograph-contests/ 或 https://eipbn.org 查看更多作品。

该作品是一系列纳米结构的组合。作品的左右两边是高耸的摩天大楼，中间规则排列的像是一个个城市街区（图 9.20）。这些结构组合在一起后非常像一座摩登的现代城市模型。

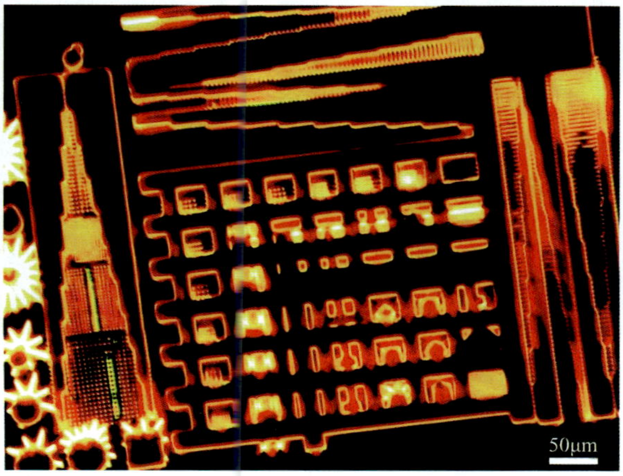

图 9.20　2001 年获奖作品：纳米城市模型（作者：David M. Tanenbaum）

该作品的获得并非来源于一般的纳米加工技术。该作品中的材料是聚甲基丙烯酸甲酯和聚苯乙烯的混合层状物（图 9.21）。该图是作者将层状混合物从中间切开后得到的横截面形貌，弯曲的线条看上去像是斑马的眼睛。

图 9.21　2002 年获奖作品：斑马的眼睛（作者：Frans Holthuysen）

该作品在硅基底上生长出硅的一维结构阵列，每个一维硅结构像是穿戴齐整的士兵（图 9.22）。由于这些一维硅结构排列十分规整且基本一样，总体看上去仿佛是一支整装待发的部队，这与中国的兵马俑也非常相像。

该作品利用化学气相沉积方法生长出一维纳米结构（图 9.23）。该结构呈现螺旋状并且有一定的斜度，使得它看上去非常像世界著名的比萨斜塔。作者在作品的描述中说这是世界上最矮的比萨斜塔。

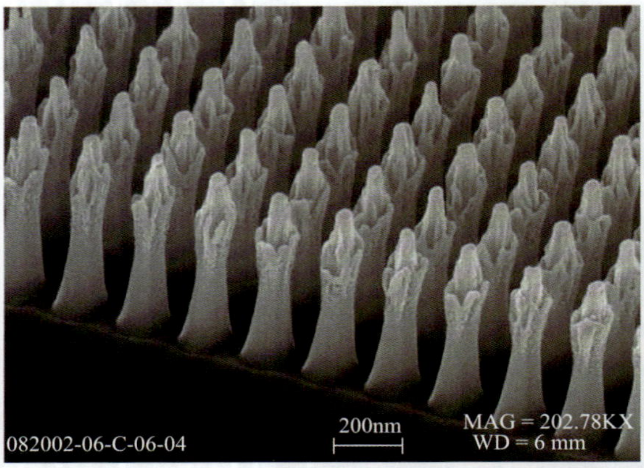

图 9.22 2003 年获奖作品：硅材料制作的克隆人部队（作者：Zhaoning Yu）

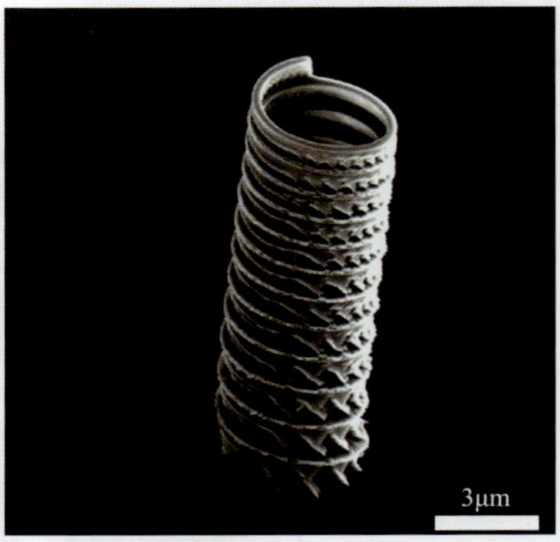

图 9.23 2004 年获奖作品：比萨斜塔的纳米模型（作者：Reo Kometani）

该作品的基底材料由纳米方形阵列组成，并没有什么特殊之处。然而其中几个方形阵列块上生长出凸起的纳米结构，使得整个图形好像三个棋子放在国际象棋的棋盘上（图 9.24）。

图 9.24 2005 年获奖作品：纳米国际象棋（作者：Raith）

该作品中五个重复的人形纳米结构围成一圈，每个人形结构都举起双手与身边的人形结构双手紧握（图 9.25）。作者认为这五个人形纳米结构代表了地球上的五大洲人民互相携手，为这幅图赋予了世界和平的美好寓意。

在对纳米材料进行腐蚀的过程中加上特定的掩模可以得到给定的形状。该作品在干法腐蚀的过程中通过掩模得到图中的腐蚀形貌，很像香港的城市天际线（图 9.26）。

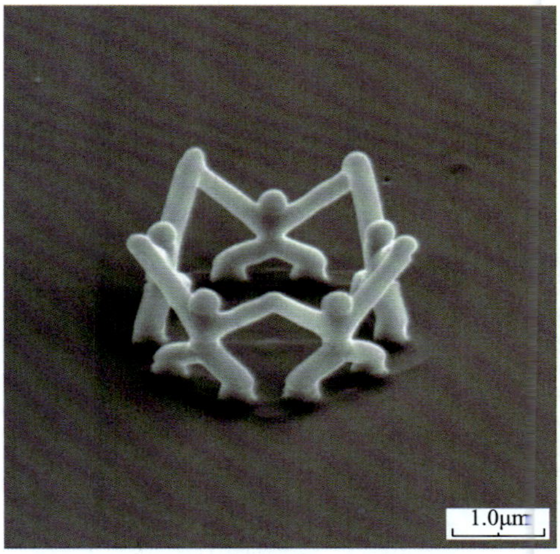

图 9.25　2006 年获奖作品：五大洲人民携手，寓意世界和平（作者：Chiaki Minari）

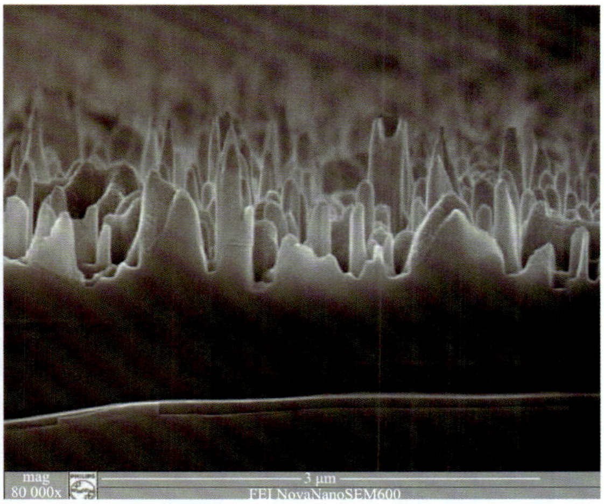

图 9.26　2007 年获奖作品：香港的城市天际线模型（作者：Frans Holthuysen）

化学气相沉积是纳米材料制备的常用方法，该方法常用来制备精细结构的纳米材料。该作品利用化学气相沉积得到大量碳纳米管的阵列（图 9.27）。作者在图中配上一个浇水的人，使整幅图看上去像是一个人在给农作物浇水。

等离子刻蚀技术是纳米材料加工的常用技术，利用该技术可以很容易得到各种纳米结构形状。该作品利用等离子刻蚀技术得到一根根的硅纳米线阵列，仿佛一个高楼林立的城市微缩模型（图 9.28）。

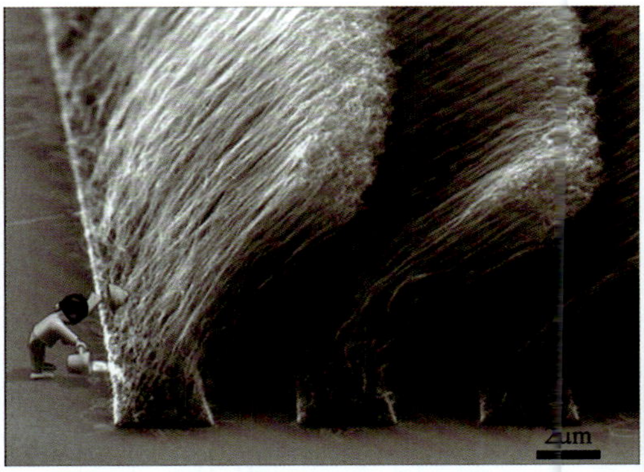

图 9.27　2008 年获奖作品：弯曲的碳纳米管好像弯曲的农作物（作者：Michael）

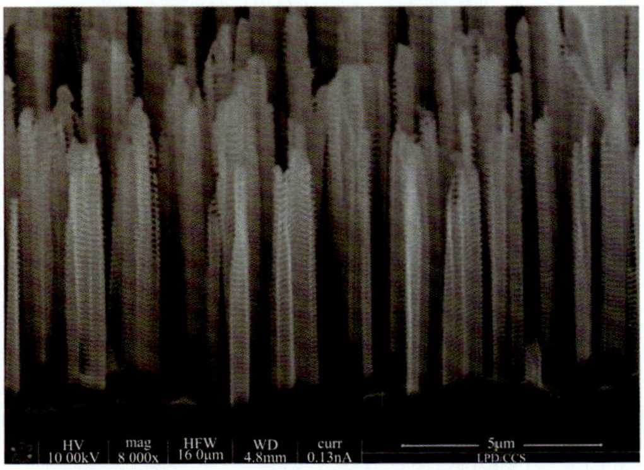

图 9.28　2009 年获奖作品：硅生长成的城市微观模型（作者：Alfredo Rodrigues Vaz）

球形结构是典型的零维纳米材料结构。该作品中利用乳化液方法制备出大量的纳米小球（图 9.29）。其中一些小球正好处于一个大的纳米柱子中，好像许多鸡蛋放在篮子中一样。

元素掺杂是纳米材料改性的常见手段之一。除了对材料性质的改变，元素掺杂有时又会影响纳米结构的形貌。该作品在 SiN_x 中掺杂 Er 元素后生长出钉子的形状，十分有趣（图 9.30）。

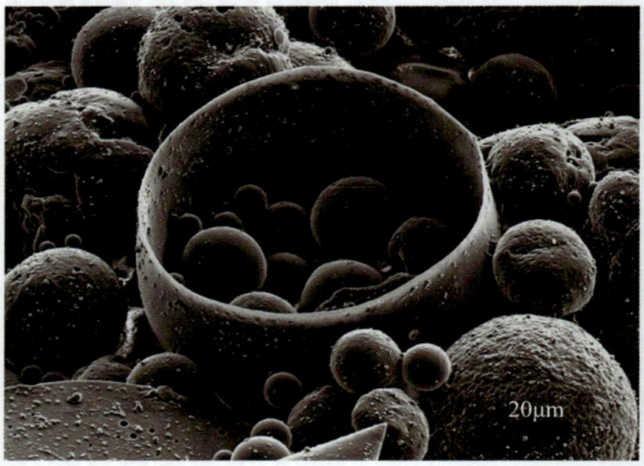

图 9.29　2010 年获奖作品：纳米微观结构，仿佛放着好多鸡蛋的篮子（作者：Scott Braswell）

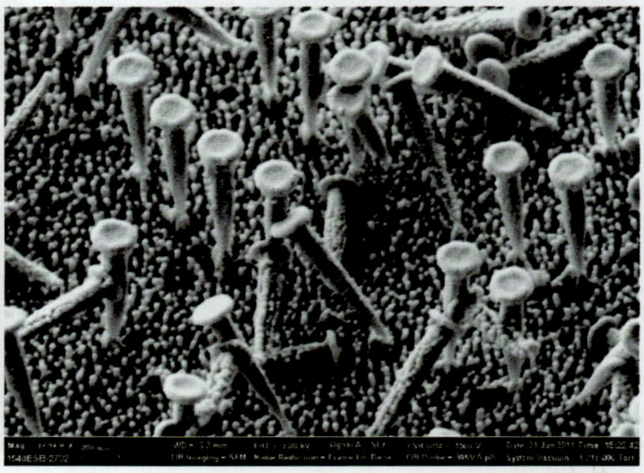

图 9.30　2011 年获奖作品：利用 Er 元素掺杂 SiN_x 得到的钉子状结构（作者：Jingyu Zhang）

二维平面结构是纳米材料的常见形貌之一。该作品利用重复的二维纳米平面构造出层叠的效果，仿佛蝴蝶的翅膀形状（图 9.31）。

纳米材料的加工技术非常多，综合使用多种技术可以获得自己需要的各种结构。该作品创造性地利用纳米压印和离子刻蚀相结合的方法，制备出黄金杯壁和铝杯底的杯子（图 9.32）。图中远处是黄金的杯壁，近处是铝杯底。

图 9.31　2012 年获奖作品：蝴蝶翅膀的微观模型（作者：Fei Ding）

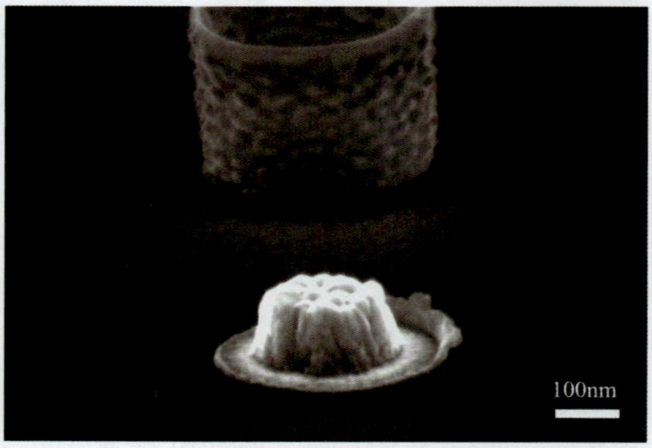

图 9.32　2013 年获奖作品：图片远处是金纳米杯，杯子底部是铝。近处的杯子没有了杯壁，只留下铝杯底（作者：Nerea Alayo）

碳纳米管是典型的一维纳米结构材料。作品中的树干是一根较粗大的碳纳米管（图 9.33）。该作品利用碳原子的扩散现象在碳纳米管的四周又生长出若干无规则的细小碳纳米管，形成树枝的效果，营造出栩栩如生的大树形状。

纳米结构的多样性往往会营造出意想不到的效果。图 9.34 作品中的一维纳米结构通过弯折形成了与奥地利格拉茨 Herz-Jesu 教堂类似的模型，尤其是教堂的大门和门两侧的塔状结构与真实的教堂非常相似。

图 9.33　2014 年获奖作品：碳纳米管中的碳原子向外扩散形成的树状结构（作者：Hai Hoang Van）

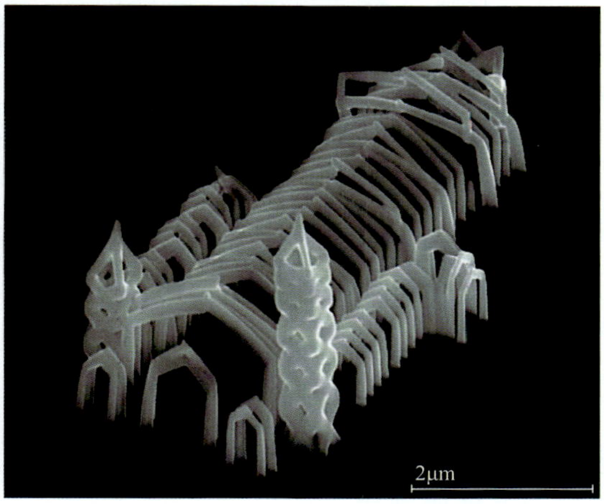

图 9.34　2015 年获奖作品：奥地利格拉茨的 Herz-Jesu 教堂模型（作者：Robert Winkler）

电化学刻蚀中改变电压和电流可以获得意想不到的纳米形貌。该作品（图 9.35）在电化学刻蚀中加载了击穿电压，获得白色树枝状纳米结构，仿佛雪后的圣诞树。虽没有花灯和彩带的点缀，仍散发出圣诞即将来临的节日气氛。

图 9.35　2016 年获奖作品：白色圣诞节（作者：Ferhat Aydinoglu）

双光子聚合是当前先进的纳米材料制备技术之一，它利用了物质发生双光子吸收后所引发的光聚合过程来生成纳米材料。该技术的优势在于可以制取形状十分复杂的纳米结构，图 9.36 就是联合双光子聚合和 3D 打印技术制备的纳米航天飞机。

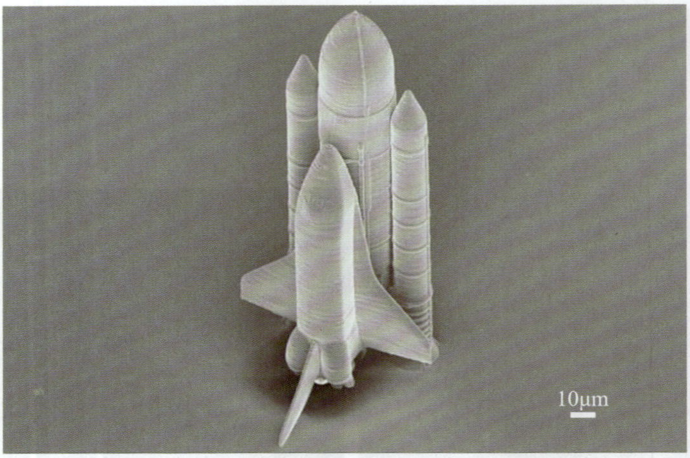

图 9.36　2017 年获奖作品：双光子聚合和 3D 打印纳米航天飞机（作者：Debashis Chanda）

图 9.37 中的作品采用深反应离子刻蚀技术获得纳米硅柱状结构。然而，由于样品受到污染导致刻蚀的硅柱结构粗细不一、高矮有别，反而无心插柳般地创造出一副海滨风貌，让人心驰神往。

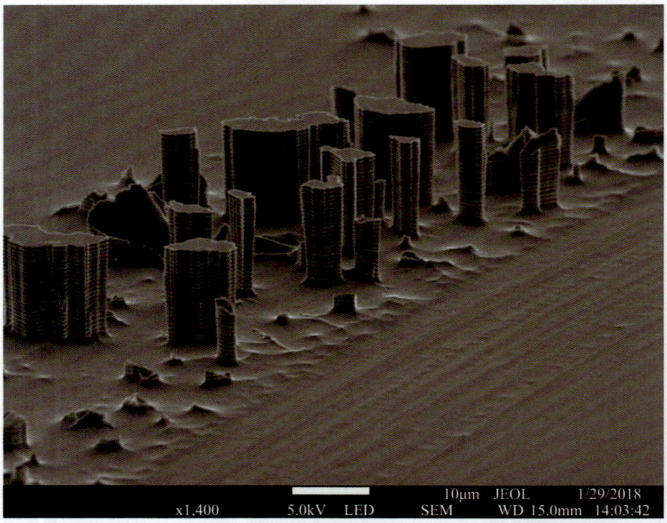

图 9.37　2018 年获奖作品：海滨天际线（作者：Greg Holloway）

光刻蚀是一种制备纳米材料的先进技术。该作品（图 9.38）采用氙灯作为光源，首先在玻璃表面研磨出微透镜，然后在微透镜的表面刻蚀出二维光栅，看上去就像一个用刀划开的杧果表面。

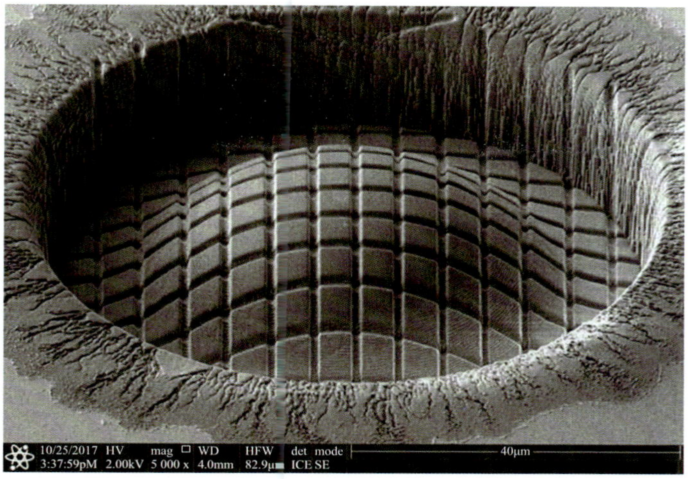

图 9.38　2019 年获奖作品：微型杧果（作者：Sergey Gorelick）

将不同的纳米材料复合在一起有时会产生更为优异的性能。该作品（图 9.39）将纳米金属镍覆盖在碳化硅基底上，营造出大海和沙滩的意境。有一小部分金属镍原子分布在沙滩上，就像一棵孤独的树眺望着大海，时刻想着回到大海的怀抱。

图 9.39　2021 年获奖作品：海边孤独的树（作者：Sofia Aslanidou）

刻蚀是制备纳米结构常用的手段之一。该作品（图 9.40）在硅片上使用了过量的刻蚀剂，残留在每个小“硅”人的头顶上的刻蚀剂就像一顶毕业礼帽，营造出一副热闹的毕业典礼场景。

该作品（图 9.41）制备了一个纳米尺度的国际象棋棋盘，棋盘的边长只有 160nm，每个棋格的边长只有 20nm，堪称世界上最小的国际象棋棋盘，只是要想用它下棋还得配上更小的棋子。

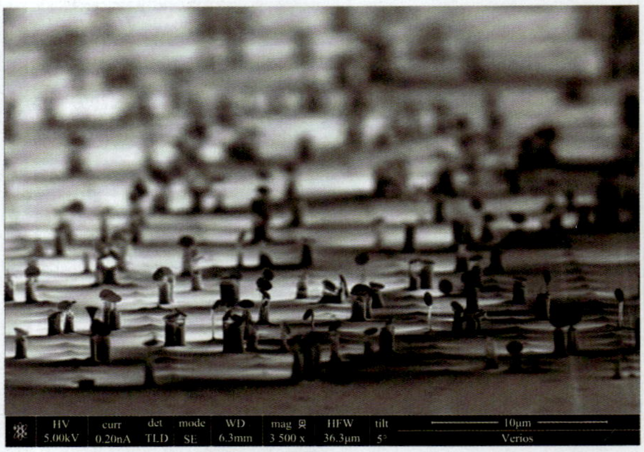

图 9.40　2022 年获奖作品：毕业典礼（作者：Ashish Pandey）

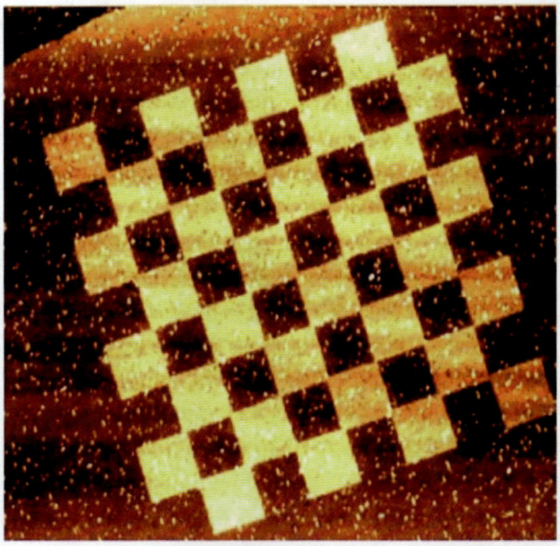

图 9.41　2023 年获奖作品：世界上最小的国际象棋棋盘（棋盘边长 160nm）（作者：James H. G. Owen）

参 考 文 献

陈翌庆 . 2009. 纳米材料学基础 [M]. 长沙：中南大学出版社 .
何丹农 . 2011. 纳米制造 [M]. 上海：华东理工大学出版社 .
黄开金 . 2009. 纳米材料的制备及应用 [M]. 北京：冶金工业出版社 .
李玉宝，刘东主 . 2005. 纳米材料研究与应用 [M]. 成都：电子科技大学出版社 .
林志东 . 2010. 纳米材料基础与应用 [M]. 北京：北京大学出版社 .
沈海军，时东陆 . 2010. 纳米艺术概论 [M]. 北京：清华大学出版社 .
杨志伊 . 2004. 纳米科技 [M]. 北京：机械工业出版社 .
曾令可，李秀艳 .2006. 纳米陶瓷技术 [M]. 广州：华南理工大学出版社 .
朱宏伟，吴德海，徐才录 . 2003. 碳纳米管 [M]. 北京：机械工业出版社 .